T0206426

Management, Organisation und ökonomische Analyse

Band 18

Herausgegeben von
P.-J. Jost, Vallendar, Deutschland

In den vergangenen zwei Jahrzehnten hat sich ein neuer mikroökonomischer Ansatz entwickelt, der nicht wie die traditionelle neoklassische Analyse auf den Marktbereich beschränkt ist, sondern der grundsätzlich für die Analyse sozialer Interaktionssituationen geeignet ist. Informationsökonomie, Spieltheorie, experimentelle Studien, Neue Institutionenökonomie und Ökonomische Psychologie sind wichtige Bausteine dieses ökonomischen Ansatzes.

Ziel der Schrift enreihe ist die Anwendung und Weiterentwicklung dieses Ansatzes auf betriebswirtschaft liche Fragestellungen. Gegenstand der Untersuchungen sind die unterschiedlichsten unternehmensinternen Probleme aus den Bereichen Finanzierung, Organisation und Strategisches Management. Die Reihe soll so zu einer mikroökonomischen Fundierung des Faches beitragen.

Herausgegeben von
Prof. Dr. Peter-J. Jost
WHU – Otto Beisheim School of Management
Vallendar, Deutschland

Steffen Reik

Der strategische Einfluss von Informationen in Vertrauensgütermärkten

Eine spieltheoretische Analyse

Mit einem Geleitwort von Prof. Dr. Peter-J. Jost

 Springer Gabler

Steffen Reik
Vallendar, Deutschland

Dissertation Wissenschaftliche Hochschule für Unternehmensführung (WHU) – Otto
Beisheim School of Management, Vallendar, 2015

Management, Organisation und ökonomische Analyse
ISBN 978-3-658-13391-7   ISBN 978-3-658-13392-4 (eBook)
DOI 10.1007/978-3-658-13392-4

Die Deutsche Nationalbibliothek verzeichnet diese Publikation in der Deutschen National-
bibliografie; detaillierte bibliografische Daten sind im Internet über http://dnb.d-nb.de abrufbar.

Springer Gabler

Gedruckt auf säurefreiem und chlorfrei gebleichtem Papier

Springer Gabler ist Teil von Springer Nature
Die eingetragene Gesellschaft ist Springer Fachmedien Wiesbaden GmbH

Meinen Eltern

Rosi und Klaus Reik.

Geleitwort

Vertrauensgüter sind allgegenwärtig: Ob beim Zahnarzt, in der Autoreparaturwerkstatt oder beim Anlageberater, stets fällt es einem in der Rolle des Konsumenten schwer, die tatsächliche Beratung als auch die dann erbrachte Dienstleistung adäquat einzuschätzen. So kann man im Allgemeinen bei einer defekten Waschmaschine weder einschätzen, ob der Motor tatsächlich die Ursache des Problems ist, noch, ob der Monteur tatsächlich einen neuen Ersatzmotor statt eines gebrauchten eingesetzt hat. Es sei denn, man ist selbst Experte und weiß, dass lediglich die Trommelaufhängung defekt ist.

Aus ökonomischer Perspektive sind solche Vertrauensgütermärkte aufgrund der bestehenden Informationsasymmetrien zwischen Verkäufer und Käufer sowie deren unterschiedlichen Interessen ausgesprochen spannend: Im Extremfall kennt der Verkäufer weder sein eigenes Bedürfnis – braucht die Waschmaschine einen neuen Motor oder eine neue Aufhängung – noch kann er die Qualität des gekauften Gutes beurteilen – war der Motor neu oder gebraucht. Hat der Verkäufer zudem noch ein vom Konsumenten abweichendes Interesse, etwa die höhere Provision beim Verkauf eines Motors statt die bei einer Aufhängung einzustreichen, dann hat der Käufer ein massives Problem: Statt einer ehrlichen Behandlung muss er gegebenenfalls mit einer Unter- oder Überversorgung oder einem Preisbetrug rechnen. Inwieweit es dabei zu einer dieser Betrugsarten kommt, ist natürlich von den Rahmenbedingungen des Marktes abhängig: Wettbewerb zwischen den Verkäufern, die Haftbarkeit des Verkäufers nach dem Kauf oder auch die Verifizierbarkeit der Reparatur nach der Versorgung sind hier wesentliche Eigenschaften.

An dieser Stelle knüpft die vorliegende Arbeit von Herrn Reik an: Trotz der sehr umfangreichen und breit gefächerten ökonomischen Literatur zu dieser Thematik identifiziert er mit der Heterogenität der Konsumenten hinsichtlich der bestehenden Informationsasymmetrien ein neues, zusätzliches Merkmal, das die Funktionsweise von Vertrauensgütermärkten entscheidend beeinflusst. Ziel seiner Arbeit ist es, in einem spieltheoretischen Modellrahmen die Auswirkungen dieser Annahme auf die Markteffizienz näher zu analysieren. Dies gelingt ihm hervorragend: Seine Arbeit ist innovativ und die hergeleiteten Ergebnisse gehen weit über die in der bisherigen theoretischen Literatur gewonnenen Erkenntnisse hinaus. Sie erweitert dabei nicht nur die bestehende Literatur um einen neuen wichtigen Einflussfaktor, sondern zeigt auch die entsprechenden Implikationen für die Praxis auf. Die Arbeit ist daher nicht nur für theoretisch interessierte Leser ein Gewinn, sondern auch für all diejenigen, die an Schlussfolgerungen für die Praxis interessiert sind. Ich wünsche ihr eine entsprechend breite Rezeption.

Vallendar, im November 2015

Peter-J. Jost

Vorwort

Bei der vorliegenden Arbeit handelt es sich um eine Untersuchung ganz alltäglicher Situationen. Es geht im Kern um die Frage: Darf man einem Experten vertrauen, wenn man seinen Ratschlag nicht überprüfen kann? Die richtige Antwort auf diese Frage ist allgemein bekannt und lautet: Es kommt darauf an. Diese Arbeit beschäftigt sich vor allem mit dem, worauf es dabei ankommt. Dazu werden diese Situationen – welche in der Spieltheorie im Rahmen von sogenannten Vertrauensgütermärkten beschrieben werden – mithilfe eines mathematischen Modells untersucht. Es zeigt sich hierbei, dass zusätzlich zu den vier wesentlichen Einflussfaktoren, welche bisher in der spieltheoretischen Literatur identifiziert wurden, noch ein fünfter Einflussfaktor besteht. Dieser kann sich entgegen naheliegender Annahmen nicht nur positiv, sondern auch negativ auf das Verhalten der Experten und damit auf die Effizienz und das Betrugsniveau in den Vertrauensgütermärkten auswirken.

Meinem Entschluss, eine Doktorarbeit über diese Thematik zu schreiben, gehen eigene Erfahrungen mit Vertrauensgütern voraus. Auch wenn es kein hervorzuhebendes Einzelereignis gibt, so habe ich mich doch oft in diesen Situationen gefragt, ob ich einem Experten vertrauen kann oder nicht. Bei wichtigen Entscheidungen habe ich daher andere Experten konsultiert oder mich selbst nach Möglichkeit in die Sachverhalte eingearbeitet. Das Ergebnis dieser Handlungen war die Erkenntnis, dass die ursprünglichen Leistungen der Experten häufig nicht der erwarteten Qualität entsprechen. Dies deckt sich mit den Aussagen der spieltheoretischen Literatur, welche bei Vertrauensgütern unter bestimmten Einflussfaktoren das systematische Auftreten von Betrug erwartet. Auch empirische Studien zeigen, dass die Dunkelziffer des Betrugs insgesamt als hoch anzunehmen ist. Die Forschung an Vertrauensgütern kann hier einen Beitrag leisten, die Märkte besser zu verstehen und deren Effizienz im Sinne des Gemeinwohls zu steigern. Ich hoffe, mit den Ergebnissen meiner Arbeit dazu beitragen zu können.

Mein besonderer Dank gilt meinem Doktorvater, Prof. Dr. Peter-Jürgen Jost, der mir den für meine Promotion notwendigen Freiraum ermöglicht hat und ohne dessen ausgezeichnete fachliche und persönliche Unterstützung es diese Arbeit nicht geben würde. Weiter bedanke ich mich sehr bei Prof. Dr. Markus Reisinger für die Übernahme der Zweitbetreuung. Für die Ermöglichung meines Forschungsaufenthaltes an der University of California at Berkeley und die intensive fachliche Betreuung vor Ort danke ich herzlich Prof. Benjamin Hermalin, Ph.D. Mit großem Dank bin ich zudem der Friedrich-Ebert-Stiftung in Bonn für die ideelle und finanzielle Förderung meiner Promotion durch ein großzügiges Stipendium verbunden.

Mit der Erstellung dieser Arbeit verbinde ich eine Vielzahl schöner und unvergesslicher Momente. Für den intensiven Kontakt während dieser Zeit danke ich Dr. Julia Backmann, Dr. Friedrich Droste, Dr. Martin Holzhacker und Lukas Rauch. Sehr gerne denke ich auch an die Zeit am Lehrstuhl für Organisationstheorie an der WHU – Otto Beisheim School of Management in Vallendar zurück. Dafür möchte ich mich besonders bei Karin Senftleben und meinen ehemaligen Kollegen Prof. Dr. Anna Rohlfing-Bastian, Prof. Dr. Frauke von Bieberstein, Dr. Stefanie Schubert, Dr. Miriam Zschoche, Anna Frese und Theresa Süsser bedanken.

Abschließend nutze ich die Gelegenheit um mich bei den Personen zu bedanken, die mich seit Anfang meines Lebens begleitet haben und die mich und meinen Bildungsweg vorbehaltlos und unermüdlich unterstützten. Ich danke von Herzen meiner Mutter Rosi, meinem verstorbenen Vater Klaus, meinem Bruder Jochen und meiner Schwester Ellen. Ich danke auch meiner inzwischen erweiterten Familie mit Alfred, Manja, Markus, Arthur, Richard und Frederik.

Mannheim, im November 2015   Steffen Reik

Inhaltsverzeichnis

Tabellenverzeichnis

Abbildungsverzeichnis

Kapitel 1.

Einleitung

1.1. Motivation und wissenschaftlicher Bezug

Vertrauensgüter begegnen Menschen in vielen alltäglichen Situationen des Lebens. Beispiele umfassen Arztbesuche, Dienstleistungen von Finanzberatern oder der Kundenservice mit Reparaturen in der Autowerkstatt. Man vertraut hierbei Experten, die nicht nur eine Diagnose abgeben, sondern gleichzeitig auch Güter empfehlen, die sie selber verkaufen. Doch kann sich ein Käufer sicher sein, ob der Verkäufer des Gutes nicht vielleicht doch Eigeninteressen verfolgt und korrekter Weise ein ganz anderes Produkt empfehlen müsste? Es ist uninformierten Käufern nicht zumutbar, die Qualitäten eines aktiv verwalteten Aktienfonds mit Ausgabeaufschlag einzuschätzen, insbesondere im Vergleich zu günstigeren Indexfonds. Auch können Patienten in der Regel nicht überprüfen, ob eine Operation bei Rückenschmerzen tatsächlich medizinisch notwendig ist, oder auch die Verschreibung regelmäßiger Krankengymnastik ausreichen würde.

Nicht nur in diesen Situationen gibt es Hinweise darauf, dass manche Experten ihren Wissensvorsprung ausnützen und sich betrügerisch verhalten. So schätzt das Federal Bureau of Investigation (FBI) (2011) den Anteil des Betrugs am Gesamtvolumen der Ausgaben im Gesundheitsbereich der Vereinigten Staaten auf bis zu 10%. Nach der Organisation für wirtschaftliche Zusammenarbeit und Entwicklung (OECD) (2011) entspricht dies einer jährlichen Gesamtsumme von circa 240 Milliarden US-Dollar. Für den deutschen Finanzmarkt gehen Habschick und Evers (2008) von einem Vermögensschaden auf Grund mangelhafter Finanzberatung in einer Höhe 20 bis 30 Milliarden Euro jährlich aus. Bezüglich des Automobilmarktes entdeckte der Allgemeine Deutsche Automobil-Club e. V. (ADAC) (2011a) beim Test verschiedener Vertragswerkstätten, dass 19% der besuchten Werkstätten Reparaturen in Rechnung gestellt haben, die sie gar nicht durchgeführt hatten.

Das festgestellte betrügerische Verhalten wird durch die extremen Wissensunterschiede zwischen Käufer und Verkäufer ermöglicht. Es ist diese Informationsasymmetrie, welche Vertrauensgüter nach Nelson (1970) und Darby und Karni (1973) von homogenen Gütern sowie Such- und Erfahrungsgütern abgrenzt. Hierbei bleibt der Käufer nicht nur in Unkenntnis über sein konkretes, individuelles Bedürfnis, sondern kann zudem auch keine Aussagen über die Qualität des Vertrauensgutes treffen. Im übertragenen Sinn bedeutet dies, dass sich der Patient nicht nur auf die Diagnose des Arztes verlassen muss, sondern auch darauf, dass die verschriebene Behandlung die richtige für ihn ist. Eine solchermaßen ausgeprägte Informationsasymmetrie ermöglicht in der Folge Preisbetrug durch falsche Abrechnungen sowie den Betrug durch eine Unter- oder Überversorgung des Kunden im Rahmen einer nicht-optimalen Behandlung.

Die Informationsasymmetrie und die zugehörigen Betrugsmöglichkeiten werden in der bisherigen Literatur seit Pitchik und Schotter (1987) meist mit Hilfe zweier Bedürfnisse eines Käufers abgebildet, denen zwei unterschiedlich teure Behandlungen eines Verkäufers gegenüber stehen. Dieses Grundmodell wird mehrfach erweitert, insbesondere von Wolinsky (1993) und Dulleck und Kerschbamer (2006). Ersterer führt mehrere Verkäufer ein, die in einem Wettbewerb stehen. Letztere können durch die Variation dreier zentraler Annahmen einen Großteil der Literatur zu Vertrauensgütermärkten in ihren Ergebnissen zusammenführen. Sie unterscheiden dabei die Märkte im Hinblick auf die Haftbarkeit des Verkäufers, die Verifizierbarkeit des Vertrauensgutes und die Verpflichtung des Kunden zum Kauf des Gutes mit der Diagnose. Zusammen mit der Existenz von Wettbewerb wurden so vier wesentliche Einflussfaktoren auf Vertrauensgütermärkte gefunden.

Es ist jedoch infrage zu stellen, ob eine derartige Informationsasymmetrie grundsätzlich für alle Käufer eines Vertrauensgutes anzunehmen ist. Ein Arzt wird sich möglicher Weise anders verhalten, wenn er einen Kollegen als Patient behandelt. Ebenso gibt es automobilaffine Kunden, die mit hoher Wahrscheinlichkeit unnötige oder nicht durchgeführte Reparaturen entdecken könnten und sich daher nicht leicht von einem Mechaniker betrügen lassen würden. Auch sind finanziell gebildete Kunden in der Lage, eigenständig Investitionsentscheidungen zu treffen, brauchen jedoch den Berater zumindest als Vertragsvermittler. Die Annahme der Existenz solcher informierten Kundenschichten innerhalb von Vertrauensgütermärkten wird dabei durch empirische Untersuchungen wie Domenighetti et al. (1993) und Balafoutas et al. (2013) nahegelegt. Beide Studien zeigen Unterschiede in der Behandlung von Kunden, die auf eine Heterogenität bezüglich ihrer Information zum jeweiligen Vertrauensgut schließen lassen.

In der theoretischen Literatur zu Vertrauensgütermärkten ist eine derartige Differenzierung bisher noch nicht erfolgt. Die Auswirkungen und Konsequenzen der Existenz informierter Kunden in solchen Märkten ist noch unbekannt. Es ist das Ziel dieser Arbeit, diese Forschungslücke zu schließen. Dabei soll untersucht werden, ob neben den bekannten Einflussfaktoren auf Vertrauensgütermärkte auch bei der Informiertheit der Kunden signifikante Auswirkungen bestehen und inwiefern diese innerhalb des Marktes zum Tragen kommen. Dazu wird insbesondere auf die Vorarbeiten von Pitchik und Schotter (1987), Wolinsky (1993) und Dulleck und Kerschbamer (2006) zurückgegriffen.

1.2. Zielsetzung und Forschungsbeitrag der Arbeit

Diese Arbeit leistet einen Beitrag zur Erforschung der Auswirkungen informierter Kunden auf Vertrauensgütermärkte. Sie beantwortet die wesentliche Fragestellung, ob und unter welchen Umständen die Existenz informierter Kunden Auswirkungen auf die verschiedenen Märkte hat. Dabei sind neben den direkten Auswirkungen auch indirekte Auswirkungen zu beobachten: Die Existenz informierter Kunden verändert den Einfluss der in der bisherigen Forschung untersuchten Marktannahmen. Eine Beschreibung der Auswirkungen erfolgt, indem mögliche Gleichgewichte ermittelt und die Veränderungen auf Eigenschaften der Märkte, wie die soziale Wohlfahrt mit der Effizienz des Marktes, das Auftreten der verschiedenen Betrugsarten, den Gewinn der Verkäufer oder der Nutzen der Käufer, festgestellt werden. Mit Hilfe der Ergebnisse kann abgeschätzt werden, in welchem Verhältnis die Auswirkungen der Marktannahmen zueinander stehen und wie sich diese untereinander in der Stärke ihrer Einflüsse unterscheiden.

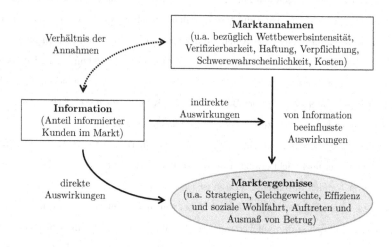

Abbildung 1.: Ziele der Arbeit. Quelle: eigene Darstellung.

Zur Erreichung dieser Ziele werden zwei Modelle in Anlehnung an die Arbeiten von Pitchik und Schotter (1987), Wolinsky (1993) und Dulleck und Kerschbamer (2006) erstellt. Der wesentliche Mechanismus beider Modelle ist identisch, wobei ein Kunde eines von zwei Bedürfnissen hat, welches von einem Experten auf zwei unterschiedlich kostenintensive Arten behandelt werden kann. Die teure Behandlung befriedigt jedes Bedürfnis, die günstige Behandlung nur ein bestimmtes der beiden. Der Kunde erfährt einen positiven Nutzen bei zufriedenstellender Behandlung, der Experte verlangt für seine Behandlungen jeweils vorher festgelegte Preise. Die Verteilung der Bedürfnisse, die Kosten der Behandlungen sowie die Höhe des Erfüllungsnutzens sind exogen gegeben. Die Märkte werden dabei nach den Annahmen der Verifizierbarkeit des Gutes, der Haftbarkeit des Verkäufers und der Verpflichtung des Käufers unterschieden.

Die Modelle werden durch die Anzahl der Verkäufer getrennt, je nachdem ob ein Monopolist betrachtet wird oder ob zwischen den Verkäufern Wettbewerb herrscht. Im ersten Modell sieht sich ein monopolistischer Verkäufer der Nachfrage heterogener Kunden gegenüber, von denen ein exogen bestimmter Teil als informiert gilt. Diese informierten Kunden kennen ihr Bedürfnis, verhalten sich rational und können nicht betrogen werden. Die restlichen Kunden verhalten sich ebenso rational, sind aber nicht über ihr Bedürfnis informiert und können daher Opfer der drei Betrugsformen werden. Es zeigt sich, dass die Existenz von informierten Kunden zu einer Ineffizienz des Marktes führen kann. Als Voraussetzung hierfür wird ein nicht-haftender Verkäufer identifiziert. Dadurch gewinnt die Haftbarkeit insgesamt an Bedeutung für die Markteffizienz, während die Verifizierbarkeit des Gutes weniger entscheidend wird.

In das Wettbewerbsmodell wird zusätzlich die Verpflichtung der Käufer eingeführt, wodurch sich acht verschiedene Vertrauensgütermärkte unterscheiden lassen. Es existieren mehrere Verkäufer, die sich in einem Preiswettbewerb nach Bertrand befinden. Die Kunden können in den Märkten ohne Verpflichtungsannahme mehrere Verkäufer besuchen und deren Empfehlung einholen, ohne kaufen zu müssen. Dies führt zur Eliminierung von Betrug im Markt, solange nicht durch künstliche Preisobergrenzen eingegriffen wird. Dagegen entscheidet die Haftbarkeit bezüglich der Markteffizienz, wobei haftende Verkäufer in der Folge die maximale soziale Wohlfahrt garantieren. Die Existenz der informierten Kunden befördert jedoch besonders die Verifizierbarkeit des Gutes, die sowohl Betrug verhindert als auch Effizienz sichert. Damit steht sie in der Bedeutung der Annahmen bezüglich des Betruges und der Effizienz über der Haftbarkeit und der Verpflichtung. Zudem tritt in den Märkten mit Betrug eine Form von Kundendiskriminierung auf, bei der informierte Kunden durch nicht-kostendeckende Preise vom Betrug an uninformierten Kunden profitieren.

Weiter werden mehrere Modellerweiterungen diskutiert und betrachtet. Darunter fallen verschiedene Arten von Diagnosekosten im Markt sowie eine komplexere Kundenheterogenität durch unterschiedliche Schadenswahrscheinlichkeiten oder unterschiedliche Erfüllungsnutzen. Die möglichen Kosten einer Informationsbeschaffung für uninformierte Kunden, unterschiedliche Behandlungskosten der Verkäufer, Wechselkosten der Kunden sowie ein erneuter Besuch bei Unterversorgung werden in Kürze erörtert. Als mögliche Ansatzpunkte für eine Weiterentwicklung des Modells werden mehrere Ideen untersucht. Dabei ist insbesondere eine Änderung des Modells in Hinblick auf Güter vielversprechend, bei denen der Käufer zwar sein Bedürfnis exakt kennt, aber unter keinen Umständen die Qualität des gekauften Gutes einschätzen kann. Auch die mögliche Unbeobachtbarkeit des Käufertyps, die weitere Unterscheidung der Kunden in Bezug auf deren Erfüllungsnutzen sowie die Abbildung von abhängigen Kosten der Informationsbeschaffung sind als Ansatzpunkte zukünftiger Forschung denkbar.

1.3. Aufbau der Arbeit

Das vorliegende Buch ist in sieben Kapitel gegliedert. Kapitel 1 stellt einleitend das Thema vor und bildet mit Kapitel 7 als Fazit den Rahmen der fünf inhaltlichen Kapitel. Während Kapitel 2 und 3 der Einordnung des Themas und der Literaturübersicht dienen, befindet sich der Hauptbeitrag der Arbeit in den Kapiteln 4, 5 und 6.

Kapitel 2 dient der Einordnung der Vertrauensgüter innerhalb der ökonomischen Güterdarstellungen. Im Unterkapitel 2.1 wird die für diese Arbeit grundlegende Klassifikation anhand der Informationsasymmetrie vorgestellt. Dabei wird der Fokus auf die vier unterschiedlichen Güter, die homogenen Güter (2.1.1), Such- (2.1.2), Erfahrungs- (2.1.3) und Vertrauensgüter (2.1.4) gerichtet. Darauf folgt im Unterkapitel 2.2 die Vorstellung weiterer, gängiger Klassifikationen der Betriebs- und Volkswirtschaftslehre. Anschließend stellt Unterkapitel 2.3 mit der Prinzipal-Agenten-Theorie (2.3.1) und dem Cheap Talk (2.3.2) zwei überschneidende Forschungsbereiche vor, die stellenweise ähnliche Themen behandeln und von der Literatur zu Vertrauensgütern abgegrenzt werden.

Kapitel 3 widmet sich gänzlich der Vorstellung von Vertrauensgütermärkten. Im Unterkapitel 3.1 wird die wirtschaftliche Rolle solcher Märkte vorgestellt. Dabei wird nicht nur auf die Größe der Märkte eingegangen, sondern auch auf Schätzungen zum Ausmaß des Betruges. Aktuelle Berichte unterstreichen die Wichtigkeit und Problematik solcher Märkte. Näher behandelt werden hierbei insbesondere das Gesundheitswesen

(3.1.1), das Finanzsystem (3.1.2) sowie der Automobilmarkt (3.1.3). Weitere Vertrauensgütermärkte sind unter 3.1.4 vorgestellt, darunter Anwaltsvertretungen, Nahrungsmittelmärkte, Taxifahrten sowie Immobilienvermittlungen und Servicedienstleistungen allgemein. Im Anschluss wendet sich Unterkapitel 3.2 ganz der spieltheoretischen Literatur des Themas zu. Neben der grundlegenden Modelltheorie (3.2.1) wird die Literatur in Bezug auf ihr Untersuchungsobjekt unterteilt. Dabei unterscheiden sich die Betrachtungen der Güter (3.2.2) im Hinblick auf die bei ihnen vorliegende Informationsasymmetrie (3.2.2.1), welche in Paragraphen die Information von Käufern (Seite 48) und Verkäufern (Seite 48) trennt, und die Modellierungen von Preisen und Kosten der Güter (3.2.2.2). Die Untersuchungen zu den Verkäufern (3.2.3) betrachten die Haftbarkeit des Experten (3.2.3.1), dessen Marktmacht (3.2.3.2) sowie die Existenz heterogener Experten (3.2.3.3). Dabei werden bei letzteren stellenweise sowohl ehrliche Experten (Seite 53) als auch die Existenz von Reputation (Seite 55) angenommen. Differenzierte Untersuchungen zu den Kunden (3.2.4) sind in der Forschung selten, es existieren nur wenige Betrachtungen zu heterogenen Käufern (3.2.4.2). Dabei wird vor allem hinsichtlich der Kaufverpflichtung (3.2.4.1) variiert. Dritte Akteure werden im Abschnitt 3.2.5 vorgestellt. Abschnitt 3.2.6 führt die Forschungslücke aus.

In Kapitel 4 wird das Modell zur Untersuchung eines Monopolmarktes vorgestellt. Unterkapitel 4.1 widmet sich dem Aufbau des Modells, wobei zuerst die Grundstruktur (4.1.1), dann der zeitliche Ablauf (4.1.2), der Spielbaum (4.1.3) und zuletzt die Marktunterscheidungen (4.1.4) erläutert werden. Diese Unterscheidungen führen zu verschiedenen Märkten, die das nächste Unterkapitel 4.2 in jeweils einzelnen Abschnitten (4.2.1, 4.2.2, 4.2.3 und 4.2.4) behandelt. Der erste Markt mit Verifizierbarkeit und ohne Haftung (4.2.1) wird aufgrund seiner Komplexität zusätzlich in Preisstrategien (4.2.1.1) und Gleichgewichte (4.2.1.2) unterteilt. Das Unterkapitel 4.3 verwendet die komparative Statik und untersucht über alle Märkte hinweg die Einflüsse der Information (4.3.1), der Schwerewahrscheinlichkeit (4.3.2), des Erfüllungsnutzens (4.3.3) und des Kostenverhältnisses (4.3.4). Gegen Ende des Kapitels wird im Unterkapitel 4.4 auf mögliche Erweiterungen des Modells eingegangen, darunter Diagnosekosten (4.4.1) sowie unterschiedliche Werte für den Erfüllungsnutzen (4.4.2) und die Schadenswahrscheinlichkeit (4.4.3).

Vertrauensgütermärkte im Wettbewerb werden in Kapitel 5 mit einem veränderten Modell untersucht. Dazu wird im Unterkapitel 5.1 der neue Aufbau des Modells mit der Grundstruktur (5.1.1), dem zeitlichen Ablauf (5.1.2), dem Spielbaum (5.1.3) und den Marktunterscheidungen (5.1.4) aufgezeigt. Das nächste Unterkapitel 5.2 gliedert die acht verschiedenen Märkte in insgesamt vier Abschnitte (5.2.1, 5.2.2, 5.2.3 und 5.2.4). Dabei wird jedem Markt zur Berechnung ein eigener Unterabschnitt gewidmet. Der Markt mit Haftung und ohne Verifizierbarkeit und Verpflichtung (5.2.3.2) bildet eine Ausnahme, da dieser zusätzlich zum normalen Markt (Seite 169) die Existenz einer Preisobergrenze behandelt (Seite 161). Anschließend ermittelt das Unterkapitel der komparativen Statik (5.3) die Einflüsse der Information (5.3.1), der Verkäuferanzahl (5.3.2), der Schwerewahrscheinlichkeit (5.3.3), des Erfüllungsnutzens (5.3.4) und des Kostenverhältnisses (5.3.5). Untersuchungen zu Erweiterungen des Wettbewerbsmodells zeigt das Unterkapitel 5.4 mit den Diagnosekosten (5.4.1) sowie unterschiedlichen Werten des Erfüllungsnutzens (5.4.2) und der Schadenswahrscheinlichkeiten (5.4.3).

Kapitel 6 dient der Diskussion der Ergebnisse. Hierbei werden im Unterkapitel 6.1 die beiden Modelle sowohl mit der aktuellen wissenschaftlichen Literatur (6.1.1, 6.1.2) als auch untereinander (6.1.3) verglichen. Auf Kritik des Modells wird im anschließenden Unterkapitel 6.2 eingegangen. Hier widmet sich der erste Abschnitt der Diskussion kritischer Annahmen (6.2.1). Als diese werden die Kaufverpflichtung des Kunden (6.2.1.1), die Bekanntheit des Käufertyps (6.2.1.2) und der Besuchsreihenfolge (6.2.1.3), die umsatzmaximierenden Preise (6.2.1.4) sowie die Besuchszahlminimierung (6.2.1.5) benannt. Darauf wird der Rahmen des Modells (6.2.2) diskutiert, wobei den Kosten der Informationsbeschaffung (6.2.2.1), erneuten Besuchen bei Unterversorgung (6.2.2.2), Wechselkosten (6.2.2.3) sowie unterschiedlichen Kosten bei den Verkäufern (6.2.2.4) und unterschiedlichen Wettbewerbssituationen (6.2.2.5) Rechnung getragen wird. In der Folge wird im Unterkapitel 6.3 das Potential für weitere Forschung aufgezeigt und bewertet, bevor das Kapitel mit den Implikationen für die Praxis (6.4) schließt.

Zum Ende der Arbeit zieht Kapitel 7 ein Fazit. Der Anhang gibt eine Übersicht zu den verwendeten Modellvariablen (A) sowie weitere Informationen zu Rechnungen und Beweisen (B) und Schaubildern (C).

Kapitel 2.

Ökonomische Darstellungen von Gütern

Ein Gut bedeutet in der ökonomischen Sichtweise jedes Mittel, welches zur Befriedigung eines menschlichen Bedürfnisses dienlich ist und somit Nutzen stiften kann.[1] Diese Definition ist breit gefasst und beinhaltet sowohl materielle Güter wie Produktionsgüter als auch immaterielle Güter wie Beratungen oder Patente. Durch die Bedeutung von Gütern für die Wirtschaftswissenschaft allgemein bestehen über diese Unterscheidung nach der Gegenständlichkeit des Gutes hinaus eine Vielzahl verschiedener Klassifikationen.[2]

Das folgende Unterkapitel widmet sich der für die vorliegende Arbeit relevanten Klassifikation der Güter nach ihrer Informationsasymmetrie zwischen Käufer und Verkäufer des Gutes. Es können hierbei homogene Güter, Suchgüter, Erfahrungsgüter und Vertrauensgüter unterschieden werden. Anschließend erfolgt zur Abgrenzung und Einordnung dieser Unterscheidung eine kurze Beschreibung weiterer Güterklassifikationen. Zum Ende des Kapitels werden mit einem Überblick zur Prinzipal-Agenten-Theorie und dem Cheap Talk zwei relevante Forschungsbereiche der Betriebs- und Volkswirtschaftslehre vorgestellt, die in ihrer grundsätzlichen Fragestellung zwar Vertrauensgütereigenschaften behandeln, sich jedoch in wesentlichen Punkten von der Literatur zu

---

[1]Vgl. hierzu Gabler Wirtschaftslexikon und Jost (2001a).

[2]Auf einer grundsätzlichen Ebene kritisiert Marx (1867) die Beschreibung von Arbeitsprodukten als Waren und Güter mit einem bestimmten Wert und bestimmten jeweiligen Eigenschaften als einer kapitalistischen Gesellschaft eigentümlich. In dieser würden Arbeitsprodukte erst durch eine fetischistische Anschauung zu Waren mit einem Wert und Eigenschaften, welche wiederum die Gesellschaft beeinflussen. Sie sind dies jedoch nicht von Natur aus.

Vertrauensgütern unterscheiden.

2.1. Güterklassifikation nach Art der Informationsasymmetrie

Die für die vorliegende Arbeit zentrale Güterklassifikation ist die Einteilung von Gütern nach dem Grad ihrer Informationsasymmetrie. Dabei ist entscheidend, wie schwierig sich die Qualitätseinschätzung des Gutes für dessen Käufer darstellt. Man grenzt hierbei ab, ob die Qualität eines Gutes vom Kunden vor dem Kauf des Gutes, nach dem Kauf, bzw. mit dem Konsum des Gutes, oder überhaupt nicht wirtschaftlich evaluiert werden kann. In Abhängigkeit davon wird das Gut als Such-, Erfahrungs- oder Vertrauensgut bezeichnet. Da prinzipiell von der vollständigen Information des Verkäufers ausgegangen wird, beeinflusst der Grad der Information des Käufers direkt die Informationsasymmetrie beider Akteure. Ist diese nicht vorhanden, und ist somit auch der Käufer optimal informiert, spricht man von einem homogenen Gut.[3]

Den Grundstein für die wissenschaftliche Einteilung von Gütern bezüglich ihres Informationsgehaltes legt Stigler (1961) mit einer theoretischen Beschreibung von Suchgütern. Darauf aufbauend führt Nelson (1970) die Unterscheidung zwischen Such- und Erfahrungsgütern ein, im Hinblick auf die Beobachtbarkeit der Qualität des Gutes durch den Käufer. Erweitert wird diese Ordnung von Darby und Karni (1973) um die Kategorie der Vertrauensgüter, falls die Güterqualität weder vor noch nach dem Kauf evaluiert werden kann. Dabei zeigen Darby und Karni auch, dass reine Such-, Erfahrungs- oder Vertrauensgüter in der Realität kaum existieren, sondern sich ein Gut aus bestimmten Eigenschaften der jeweiligen Güter zusammensetzt. So kann ein Gut überwiegend Eigenschaften eines Erfahrungsgutes aufweisen, dabei jedoch auch einige Such- und Vertrauensgütereigenschaften besitzen.[4] Da ein reines Vertrauensgut als theoretisches

---

[3]Vgl. hierzu Jost (2011).

[4]Es sei der Wein als einfaches Beispiel genannt. Ist dieser in einer Flasche verkorkt, kann nur durch den Konsum des Weines dessen Qualität bestimmt werden (Eigenschaft eines Erfahrungsgutes). Trotzdem ist es möglich, durch die Aufwendung von Suchkosten Informationen über den Winzer und

Konstrukt keinerlei Aussagen des Käufers über die Qualität des Gutes zulässt, ist die Annahme möglicher Such- und Erfahrungsguteigenschaften von Vertrauensgütern als notwendige Grundlage für eine realitätsnahe Darstellung von Vertrauensgütern zu sehen.[5] Darstellung 2 dient der Veranschaulichung des Raumes an Eigenschaften, innerhalb dessen sich Güter nach ihrer Informationsasymmetrie einordnen lassen. Auf die Abbildung homogener Güter wird verzichtet.

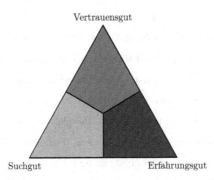

Abbildung 2.: Eigenschaften nicht-homogener Güter. Quelle: eigene Darstellung.

In den kommenden Abschnitten wird detaillierter auf die einzelnen Güter und ihre Eigenschaften eingegangen. Das Vertrauensgut mit den zugehörigen Märkten wird zudem in Kapitel 3 ausführlich behandelt.

2.1.1. Das homogene Gut

Ein Gut wird als homogenes Gut bezeichnet, falls keine Informationsasymmetrie bezüglich sämtlicher Gütereigenschaften zwischen allen Parteien im Markt vorliegt. Diese Güter könnten demnach „blind" (Jost (2011), Seite 88.) gehandelt werden. Selbst bei verschiedenen Produzenten dürfen homogene Güter keine relevanten Unterschiede aufweisen. In diesem Zusammenhang ist deren Homogenität eine Grundvoraussetzung für

---

dessen allgemeines Qualitätsniveau zu erlangen (Suchguteigenschaften), während die auf der Flasche angegebene Zuordnung des Weines zu einem bestimmten Weinberg – wenn überhaupt – nur unter unverhältnismäßig hohen Kosten bestätigt werden könnte (Eigenschaften eines Vertrauensgutes).

[5]Indem beispielsweise ein Kunde die Nichterfüllung eines Bedürfnisses erkennt.

die Annahme des vollkommenen Wettbewerbs. Insbesondere die an den internationalen Börsen gehandelten Güter, wie Rohöl oder Aktien eines Unternehmens, werden als homogen bezeichnet.

2.1.2. Das Suchgut

Suchgüter, die auch als Inspektionsgüter bezeichnet werden können, weisen eine Informationsasymmetrie zwischen Käufer und Verkäufer auf. Dieser Wissensunterschied kann vor einem potentiellen Kauf durch die Suche bzw. die Inspektion überwunden werden. Eine derartige Informationsbeschaffung verursacht jedoch Kosten. Im Gegensatz zu homogenen Gütern sind Qualitätsunterschiede zwischen Suchgütern vorhanden. Durch die Suchguteigenschaften können die einzelnen Güter jedoch immer noch verhältnismäßig einfach miteinander verglichen werden. Beispiele für diese Güterklasse umfassen nach Nelson (1970) Kleidungsstücke, Fotokameras, Porzellan, Wohnmöbel sowie allgemeine Haushaltswaren. Laut Stigler (1961) ist für rationale Konsumenten eine Suche so lange sinnvoll, bis deren marginale Kosten auf Höhe der marginalen Erträge liegen. Dies zeigt er, indem er die Preisspannen unterschiedlicher Güter in Bezug zur Unwissenheit der Käufer, und damit den Suchkosten des jeweiligen Gutes, setzt. Mit Bezug auf den Arbeitsmarkt kann Stigler (1962) zudem verdeutlichen, dass die investierten Suchkosten nach einem Arbeitsverhältnis mit dem erwarteten, zusätzlichen Ertrag eines höheren Lohns verknüpft sind.[6]

Kuksov und Villas-Boas (2010) zeigen, dass mit der Anzahl der verfügbaren Güter die Suchkosten überproportional steigen. Im schlimmsten Fall können die Suchkosten dabei so groß werden, dass sich ein Kunde insgesamt gegen die Auswahl eines Gutes entscheidet. Laut Kamenica (2008) hat auch die qualitative Verteilung der verfügbaren Güter, und damit deren Kontext, Einfluss auf die Suchkosten. Wie eine optimale, mehrstufige Auswahl der vorhandenen Güter durch Konsumenten bei einem großen Güterangebot aussehen kann, untersuchen Hauser und Wernerfelt (1990). Dabei wird eine

---

[6]Für weitere Erklärungen zum Suchverhalten von Konsumenten als das marginale Kosten/Nutzen-Modell von Stigler (1961) siehe unter anderem Spence (1976), Calfee und Ford (1988), Ford et al. (1988) und Maute und Forrester Jr (1991).

Abwägung aus den Kosten der Entscheidung durch eine gestiegene Anzahl einbezogener Güter und deren daraus folgenden Vorteilen durch eine größere Auswahl getroffen. Aus dem evozierten Satz, der alle grundsätzlich möglichen Güter beinhaltet, wird mit relativ geringem Aufwand ein relevanter Satz gebildet. Dieser wird in einem dritten Schritt zu einem zu berücksichtigendem Satz verdichtet. Aus diesem letzten Satz erfolgt mit großem Aufwand die schlussendliche Auswahl. Damit steigt der jeweils investierte Aufwand pro Produkt mit den einzelnen Auswahlschritten. Der laut Stigler (1961) offensichtlichste Weg für die Unternehmen, Suchkosten für Konsumenten zu senken, ist Werbung. Es ist daher im Interesse der Käufer, sich bei der Suche nach einem Produkt aktiv um Werbung zu bemühen. Dabei können die Kunden nach Nelson (1974) im Normalfall leicht eine irreführende Werbung durch die Aufwendung der Suchkosten enttarnen. Da sich Kunden dieser Möglichkeit bewusst sind und auch die Unternehmen ein derartiges Verhalten antizipieren, argumentiert Nelson, dass allgemein die Werbeaussagen bei Suchgütern als vertrauenswürdig einzustufen sind.

2.1.3. Das Erfahrungsgut

Ein Gut wird dann als Erfahrungsgut bezeichnet, wenn dessen Qualität erst mit dem Konsum des Gutes offenbart wird.[7] Es ist daher nicht möglich die Qualität des Gutes vor dem Kauf zu bestimmen.[8] Auf Grund dessen ist bei Erfahrungsgütern die Informationsasymmetrie grundsätzlich größer als bei Inspektionsgütern, weshalb auch ein Vergleich zwischen Erfahrungsgütern für den Konsumenten vor dem Kauf mit größeren Schwierigkeiten behaftet ist. Als typische Beispiele für Erfahrungsgüter sieht Nelson (1970) unter anderem Nahrungsmittel, Automobile und Drogen. Ekelund et al. (1995) erwähnen besonders Dienstleistungen wie die von Reiseagenturen, Hausverwaltungen,

---

[7]Die Aufdeckung der Qualität nach dem Konsum des Erfahrungsgutes wird von Hoch und Deighton (1989) näher untersucht. Sie argumentieren, dass dieser Prozess für die einzelnen Konsumenten unterschiedlich ist und teilen die Lernerfahrung der Qualität in einen vierstufigen Prozess mit verschiedenen Einflussmöglichkeiten der Produktverkäufer.

[8]Alternativ kann die Qualität des Gutes zwar bestimmbar sein, die Kosten der Suche liegen für die Kunden jedoch unwirtschaftlich hoch oder es besteht kein Zugang zu geeigneten Suchverfahren. Beispielsweise untersuchen Matthews und Postlewaite (1985) einen Fall, bei dem nur Unternehmen dazu in der Lage sind, bestimmte Qualitätstests durchführen zu können.

Handwerkern, Reinigungen sowie Schädlingsbekämpfern. Eine weitere Unterscheidung in der Kategorie der Erfahrungsgüter wird von Norton und Norton Jr (1988) vorgenommen. Sie sehen, wie auch Laband (1989), vor allem die Haltbarkeit eines Erfahrungsgutes als dessen kritische Eigenschaft, da sich haltbare und nicht-haltbare Güter hinsichtlich ihrer Beschaffungshäufigkeit deutlich unterscheiden. Je öfters ein bestimmtes Erfahrungsgut gekauft wird, desto weniger Aufwand müssen die Konsumenten für ihre Erfahrungsbildung aufwenden und desto geringer sind demnach die Gesamtkosten einer Transaktion.

Die Werbung für Erfahrungsgüter besitzt nach Ford et al. (1990) ein größeres Glaubwürdigkeitsproblem als die Werbeaussagen bezüglich Inspektionsgütern.[9] Werden lediglich nicht-haltbare Güter genommen, wie bei Ackerberg (2003) mit Daten zu den regelmäßigen Käufern von Lebensmitteln, zeigt sich, dass bei diesen Gütern vor allem der Informationseffekt der Werbeaussagen im Vordergrund steht. Im Zusammenhang mit den Aussagen von Nelson mahnt Schmalensee (1978) bei der Einbeziehung von Erfahrungsgütern, dass Konsumenten insgesamt gegenüber Werbung kritisch bleiben sollten, da ansonsten der Wahrheitsgehalt von Werbeaussagen abnimmt. Als entscheidend sieht Schmalensee zudem die Möglichkeit wiederholter Käufe von Konsumenten – und damit die Haltbarkeit der Güter – für die Ergebnisse von Nelson (1974). Dies wird von Kihlstrom und Riordan (1984) in zwei theoretischen Modellen bestätigt. Dass Werbung durch den Einsatz in den neuen Medien, insbesondere dem Internet, das Suchverhalten der Konsumenten verändert, wird von Klein (1998) argumentiert. Dabei ändern sich nicht nur die Kosten der Informationssuche, sondern es bestehen auch Einflüsse auf die wahrgenommenen Gütereigenschaften. Mit Bezug auf diese neuen Werbekanäle untersucht Droste (2014) die Anwendung verschiedener Kommunikationsmethoden. Eine Übersicht der ökonomischen Literatur bezüglich Werbung gibt Bagwell (2007).

---

[9]Shapiro (1983) beschreibt die optimale Preisstrategie eines marktbeherrschenden Anbieters eines Erfahrungsgutes. Die Anfangseinschätzung der Konsumenten zur Qualität des Erfahrungsgutes – die durch Werbung beeinflusst werden kann – ist entscheidend für die Wahl des Preises und der Strategie des Monopolisten.

2.1.4. Das Vertrauensgut

Das verbleibende Gut in der Aufteilung nach der Informationsasymmetrie stellt das Untersuchungsobjekt dieser Arbeit dar: das Vertrauensgut.[10] Jost (2011) versteht hierunter Güter, deren Qualität für den Konsumenten nicht beurteilbar ist, oder deren Untersuchung im Hinblick auf die Qualität so große Kosten verursacht, dass sie in keinem Fall wirtschaftlich wäre. Der Käufer eines Vertrauensgutes muss sich demnach auf die Einschätzung und Empfehlung des Verkäufers verlassen, ihm also zu einem gewissen Grad vertrauen. Typische Beispiele sind die Dienstleistungen eines Portfoliomanagers oder der Reparatur- und Instandhaltungsservice von Unternehmen.[11] Durch die fehlende Möglichkeit der Produkterfahrung kann der Wahrheitsgehalt in der Werbung für Vertrauensgüter von den Kunden nicht überprüft werden. Ford et al. (1990) zeigen in diesem Zusammenhang, dass den Werbeaussagen für Such- oder Erfahrungsgütern von den Konsumenten vergleichsweise mehr Glauben geschenkt wird. Jost (2011) erwähnt hierzu Kaas (1993), welcher unter anderem die Nichtüberprüfbarkeit der ökologischen Vorteile von Produkten – wie beispielsweise deren biologische Abbaubarkeit – als eine Ursache für das wenig erfolgreiche Marketing dieser Produkte identifiziert. Insgesamt sehen Ford et al. (1988) jedoch die Möglichkeit des Einschätzens von Vertrauensguteigenschaften als abhängig vom Wissen des jeweiligen Konsumenten an.

Ein reines Vertrauensgut beinhaltet in der Theorie mehrere Eigenschaften. Es gibt einen Verkäufer, der als Experte vollständig über das Gut informiert ist. Dieser verkauft zusammen mit dem Gut auch die Beratung des Kunden, bzw. die Diagnose des Kundenbedürfnisses. Dabei gibt es zwei Informationsdefizite auf Seiten des Käufers:

1. Die nicht beurteilbare Qualität des Gutes, auch über die Zeit des vollzogenen Kaufs hinaus,

2. und die Unkenntnis des Käufers über sein individuelles Bedürfnis.

Beide Informationsdefizite bestehen für den Verkäufer des Gutes nicht, weshalb sich

---

[10]Kapitel 3 wendet sich ab Seite 31 ausführlich den Vertrauensgütern zu.

[11]Beispiele für Vertrauensgütermärkte werden umfassend im Unterkapitel 3.1 vorgestellt.

beim Verkauf des Vertrauensgutes Betrugsmöglichkeiten ergeben. Die nicht beurteilbare Qualität des Gutes ermöglicht eine Unterversorgung der Kundenbedürfnisse und
das Verlangen zu hoher Preise für minderwertige Produkte, während die alleinige Unkenntnis des Käufers über die eigenen Bedürfnisse dem Verkäufer Betrug am Kunden
durch Überversorgung gestattet. Da reine Vertrauensgüter mit diesen Eigenschaften ein
theoretisches Konstrukt sind – und reale Vertrauensgüter oder Güter mit Vertrauensguteigenschaften diese Bedingungen meist nur teilweise erfüllen – wendet sich die wissenschaftliche Literatur meist einem der beiden Kundeninformationsdefiziten zu. Dulleck
et al. (2011) sprechen in diesem Zusammenhang von zwei Strängen der Literatur zu
Vertrauensgütern.[12]

Die überwiegende Mehrheit wissenschaftlicher Beiträge widmet sich Vertrauensgütern, bei denen die Unkenntnis des Käufers bezüglich seines individuellen Bedürfnisses
erhalten bleibt, eine gewisse Einschätzung zur Qualität des Gutes nach dem Kauf jedoch ermöglicht ist. So kann der Kunde seine Unterversorgung durch den Experten
zumeist feststellen, wenn auch – beispielsweise aufgrund der mangelnden Haftbarkeit
des Verkäufers – diese nicht verhindern oder rückwirkend in irgendeiner Form geltend
machen. Oft genannte Beispiele hierfür sind Arztbehandlungen oder Automobilreparaturen.[13] Einen theoretischen Modellrahmen zu diesem Strang bieten insbesondere die
aufeinander aufbauenden Arbeiten von Pitchik und Schotter (1987), Wolinsky (1993)
und Dulleck und Kerschbamer (2006), welche auch die Basis der hier vorgestellten Modelle bilden. Dulleck und Kerschbamer sind hervorzuheben, da sie durch die Einführung
dreier Annahmen – der Verifizierbarkeit des Gutes, der Haftung der Experten sowie der
Kaufverpflichtung des Kunden – die Ergebnisse eines Großteils der bisherigen Literatur
dieses Strangs replizieren können.

Bleibt die Qualität des Vertrauensgutes für den Kunden auch nach dem Kauf des
Gutes unüberprüfbar, kann dieser seine Unterversorgung selbst dann nicht ausschließen,

---

[12]An dieser Stelle wird eine sehr kompakte Zusammenfassung der beiden Stränge gegeben. Ab Seite 43
werden diese ausführlicher besprochen.

[13]Vgl. hierzu unter anderem Domenighetti et al. (1993), Afendulis und Kessler (2007), Wolinsky (1993)
und Schneider (2012).

wenn er exakte Informationen über die Ausgestaltung seines individuellen Bedürfnisses besitzt. In diesem Zusammenhang ist auch Preisbetrug denkbar, wenn der Experte dem Kunden ein minderwertiges Produkt zum Preis eines höherwertigen Produktes verkauft. Beispiele derartiger Güter sind Nahrungsmittel und deren gentechnische Modifikation, Strom aus regenerativen Energiequellen oder die von Kaas (1993) angesprochenen Haushaltsprodukte mit biologischen Abbaueigenschaften. Zu den wenigen theoretischen Arbeiten, die sich diesem Thema zuwenden, gehören Baksi und Bose (2007) und Feddersen und Gilligan (2001). Erstere fokussieren sich auf die Frage der Kennzeichnung solcher Produkte, während zweitere die Auswirkungen von Aktivisten in einem solchen Markt untersuchen. Es gibt jedoch noch keinen umfassenden Modellrahmen innerhalb dieses Strangs der Literatur. Im Unterkapitel 6.3 wird diskutiert, ob eine Modifikation der in dieser Arbeit vorgestellten Modelle einen derartigen theoretischen Modellrahmen für den zweiten Literaturstrang darstellen kann.

2.2. Andere Klassifikationen von Gütern

Neben der Unterscheidung von Gütern anhand ihrer Informationsasymmetrie gibt es eine Vielzahl weiterer Charakterisierungsmöglichkeiten. An dieser Stelle folgt eine kurze Zusammenfassung von einigen bedeutsamen Güterklassifikationen in der Volks- und Betriebswirtschaftslehre:

- Unterscheidung nach Verfügbarkeit: Bei knappen Gütern übertrifft die zur Verfügung stehende Nachfrage das Angebot, weshalb in marktwirtschaftlichen Systemen der entstehende Preis des Gutes dessen Verteilung regelt. Im Gegensatz dazu stehen freie Güter, bspw. die Atemluft auf dem Meer, stets in ausreichender Menge zur Verfügung und besitzen daher keinen Preis.

- Unterscheidung nach Gegenständlichkeit: Je nach ihrer Materialität lassen sich Güter in materielle Güter, bspw. Nahrungsmittel, und immaterielle Güter trennen. Letztere unterteilen sich in ideelle Güter, bspw. Produktmarken, und Dienstleistungen, bspw. Beratungen.

- Unterscheidung nach Ausschließbarkeit und Rivalität: Es werden Güter bezüglich der Ausschließbarkeit weiterer Nutzer und einer vorhandenen Rivalität im Konsum charakterisiert. Dabei lassen sich insgesamt vier Güterarten abgrenzen. Die Gemeingüter, welche keine Nutzer ausschließen lassen, unterteilen sich dabei bezüglich ihrer Konsumrivalität weiter in Allmendegüter, bspw. die Benutzung von Straßen, bei vorhandener Rivalität sowie öffentliche Güter, bspw. die Verteidigung eines Landes, anderenfalls. Lassen sich Nutzer vom Konsum ausschließen, so handelt es sich bei Rivalität des Konsums um private Güter, ansonsten um Klubgüter, bspw. verschlüsseltes Bezahlfernsehen.[14]

- Unterscheidung nach Nachfrageverhalten, wobei der Gegenstand des Nachfrageverhaltens zu beachten ist:

  - Ist dies der Preis, beschreibt ein Giffengut die Güter mit positiver Preiselastizität, während im gegenteiligen Fall der negativen Preiselastizität von normalen Gütern gesprochen wird. Die Nachfrage armer Familien nach Brot ist ein Beispiel für Giffengüter.[15]

  - Wird die Nachfrage vom Einkommen beeinflusst, unterscheidet man zwischen inferioren Gütern mit negativer Einkommenselastizität der Nachfrage und normalen Gütern. Letztere lassen sich weiter in Luxusgüter und notwendige Güter unterteilen, je nachdem ob die Nachfrage mit dem Einkommen überproportional oder unterproportional steigt.[16]

  - Beeinflusst das Angebot eines anderen Gutes das Nachfrageverhalten, lassen sich die beiden Güter als Substitutionsgüter, bspw. verschiedene Automobilklassen, oder Komplementärgüter, bspw. Rasierklingen und Rasierschaum, beschreiben, je nachdem ob sie sich teilweise ersetzen oder ergänzen. Dabei

---

[14]Vgl. dazu auch Samuelson (1954, 1955) zu ersten Erwähnungen der Thematik, sowie Cornes (1996) für eine Übersicht. Zu einem gewissen Grad können auch Onlineangebote Klubgüter darstellen, wie Koenen und Reik (2010) zeigen.

[15]Vgl. hierzu insbesondere Marshall (1895) und Stigler (1947).

[16]Bezüglich verschiedener Nachfragesysteme vgl. Theil (1965), Christensen et al. (1975) und Deaton und Muellbauer (1980).

spricht man abhängig vom Grad der Substitution (Komplementarität) von vollkommenen oder unvollständigen Substituten (Komplementen).

- Unterscheidung nach der Wohlfahrtswirkung: Hierbei lassen sich nach Musgrave (1957, 1959) meritorische und demeritorische Güter unterscheiden. Erstere fördern und steigern den Nutzen eines Menschen, werden jedoch nicht in gesellschaftlich optimaler Höhe konsumiert. Demeritorische Güter sind dagegen schädlich für Individuen und die Wohlfahrt, und sollten demzufolge nicht oder nur in geringem Maße nachgefragt werden. Gründe für die abweichende Nachfrage vom gesellschaftlichen Optimum können in nicht-rationalen Entscheidungen, unvollständiger Information und externen Effekten liegen.[17]

- Unterscheidung nach Verwendungszweck: Je nach Verwendungszweck werden Güter als Konsum- oder Produktionsgüter benannt. Dabei können letztere weiter je nach ihrer Produktionseigenschaft in direkte, bspw. Rohstoffe, und indirekte Güter, bspw. Schmiermittel, unterteilt werden.

- Unterscheidung nach Haltbarkeit: Hierbei können Gebrauchsgüter als dauerhaft nutzbare und demnach haltbare Güter sowie Verbrauchsgüter als nicht haltbare Güter identifiziert werden. Wie im Abschnitt 2.1.3 dargestellt ist eine solche Klassifizierung unter anderem für den Konsum von Erfahrungsgütern von Bedeutung.[18]

- Unterscheidung nach Handelsmöglichkeit: In Bezug auf den Handel zwischen Volkswirtschaften lassen sich handelbare und nicht-handelbare Güter beschreiben. Letztere Güterklasse umfasst dabei bspw. auch immobile Sachgüter wie Flughäfen.

Sämtliche Güterklassifikationen sind kombinierbar, so hat sich beispielsweise die Verbindung von Rivalität und Ausschließbarkeit sowie Verwendungszweck und Halt-

---

[17]Vgl. dazu auch Sandmo (1983) und Besley (1988). Bezüglich nicht rationaler Entscheidungen vgl. insbesondere Jost (2008), S. 197 ff.

[18]Vgl. hierzu insbesondere Schmalensee (1978) und Kihlstrom und Riordan (1984).

barkeit durchgesetzt.[19]

2.3. Überschneidende Forschungsbereiche

Die aus der Literatur bekannten Untersuchungen zu Vertrauensgütern weisen Überschneidungen mit anderen Forschungsbereichen der Betriebs- und Volkswirtschaftslehre auf, namentlich der Prinzipal-Agenten-Theorie und dem Cheap Talk. Beide Bereiche behandeln Themen mit Eigenschaften von Vertrauensgütern, wobei zumeist zwei Akteure mit jeweiligem Eigeninteresse interagieren. So lassen sich auch die Ursprünge der Literatur zu Vertrauensgütern im Bereich des Cheap Talk finden, welcher zusätzlich jedoch Erfahrungsgüter umfasst und insgesamt durch eine abstraktere und allgemeinere Abbildung der Verkaufssituation Fokus auf die strategische Interaktion der Akteure legt. Im Gegensatz dazu behandelt die Prinzipal-Agenten-Theorie Güter mit überwiegenden Vertrauensgütereigenschaften, verlangt jedoch eine vertragliche Bindungsmöglichkeit der Akteure, die in dieser Form weder im Cheap Talk noch in der Literatur zu Vertrauensgütern existiert.

Da beide Bereiche intensiv und umfassend erforscht sind, kann an dieser Stelle nur ein kurzer Überblick erfolgen. Dieser genügt jedoch zur Abschätzung und Abgrenzung deren Relevanz in Bezug auf die Forschung zu Vertrauensgütern.

2.3.1. Prinzipal-Agenten-Theorie

Vertrauensgütereigenschaften weist das Arbeitsverhältnis eines angestellten Managers auf. Der Eigentümer einer Firma kann oder möchte bestimmte Tätigkeiten nicht ausüben und bietet stattdessen einem Manager einen Vertrag an, damit dieser für ihn arbeitet und diese bestimmten Tätigkeiten übernimmt. Dabei kann es allerdings möglich sein, dass sich die Ziele der beiden Akteure unterscheiden, da der Manager Eigeninteressen wie die Vermeidung von Risiko, Arbeitszeit und Aufwand besitzen kann, welche

---

[19]Vgl. bspw. Reisinger et al. (2014) mit einer Untersuchung zum Investmentverhalten von Unternehmen bei komplementären öffentlichen Gütern, die zudem nach der Preiselastizität ihrer Nachfrage differenziert werden.

nicht denen des Eigentümers entsprechen. Ohne perfekte Leistungsmaße, die dem Eigentümer im Nachhinein direkte Rückschlüsse auf die Arbeit des Managers erlauben, wird es nur sehr schwer möglich sein, die Leistungen des Managers korrekt zu evaluieren. Ziel ist es also, durch einen Vertrag Anreize für den Manager zu schaffen, sich optimal im Sinne des Eigentümers zu verhalten. Unter solchen Bedingungen untersucht die Prinzipal-Agenten-Theorie die optimale Gestaltung von Verträgen, wobei an die Stelle von Eigentümer/Prinzipal und Manager/Agent auch andere Akteure – wie Firmen oder Staaten – treten können.[20]

In der Möglichkeit der Vertragsgestaltung als eine der Grundvoraussetzungen der Prinzipal-Agenten-Theorie zeigt sich der zentrale Unterschied zu einem gängigen Vertrauensgut. Käufer eines Vertrauensgutes besitzen im Normalfall nicht die Möglichkeit, den Vertrag zum Austausch des Gutes zu beeinflussen. Sie kaufen entweder das Gut, oder eben nicht. Gemein bleibt beiden Situationen jedoch die Informationsasymmetrie zwischen Käufer und Verkäufer des Gutes als leitendes Merkmal und Ausgangspunkt der Analysen. Es wird zudem allgemein von unvollständigen Verträgen ausgegangen, da andererseits das ideale Verhalten des Agenten im Vertrag bestimmbar wäre. Die Möglichkeit eines Vertragsverstoßes wird dabei grundsätzlich nicht angenommen. Würde ein Agent die Vertragsbedingungen verletzen, kann als Konsequenz im Normalfall nur die Kündigung des Verhältnisses durch den Prinzipal angenommen werden, welche jedoch eben durch diese Terminierung des Verhältnisses einen drastischen Schritt bedeutet.[21]

Ein vollständiger Vertrag bedeutet, dass zwei Parteien für eine zu folgende Leistung einen Vertrag schließen können, der ex ante alle möglichen zukünftigen Zustände und Eventualitäten umfasst. Verträge dieser Art besitzen keinerlei Lücken in ihren Bedingungen und die Parteien können die bestmöglichen Ergebnisse ohne Unsicherheit erzielen. In der Realität gibt es drei Gründe, weshalb ein solcher Vertrag sehr unwahr-

---

[20] Siehe Jost (2001b) und Eisenhardt (1989) für eine Behandlung der Prinzipal-Agenten-Theorie im betriebswirtschaftlichen Kontext, Hart (1989) für eine kurze Einführung in das Themengebiet, sowie Hart und Holmström (1987) und Tirole (1999) für Literaturüberblicke.

[21] Diese Möglichkeit des Vertragsverstoßes entspricht auch einem der zentralen Kritikpunkte von Alchian und Demsetz (1972) an Coase (1937).

scheinlich möglich ist. So müssten alle möglichen Zustände der Zukunft, die für die Beziehung relevant sind, nicht nur absehbar sein, sondern zusätzlich auch im Vertrag abgebildet werden können. Selbst wenn diese beiden Punkte erfüllt sind, wäre deren Abbildung im Vertrag so umfassend, dass die Kosten des Vertrages diesen unwirtschaftlich werden ließen. In diesem Zusammenhang analysiert Townsend (1979) die optimalen Vertragsmöglichkeiten für den Fall, dass eine Überprüfung aller entscheidenden Zustände zwar möglich, jedoch mit Kosten verbunden ist. Der letzte Grund umfasst die Durchsetzung des Vertrages, welche stets vollständig gegeben sein müsste. Insgesamt wird daher von unvollständigen Verträgen ausgegangen.

Bei unvollständigen Verträgen stellt sich die Frage nach der eigentlichen Autorität innerhalb des Prinzipal-Agenten-Kontextes. Während die formale Autorität beim Prinzipal liegt, kann die reale Autorität jedoch beim Agenten liegen, wie Aghion und Tirole (1997) zeigen. Insgesamt ist es für den Prinzipal besser, bei für ihn unwichtigen Entscheidungen Autorität im großen Umfang abzugeben, sich bei wichtigen Entscheidungen jedoch unter dem Aufwand von Kosten selbst zu informieren und die Entscheidung zu treffen. Gibt der Prinzipal die Autorität ab, so beweist Szalay (2005), dass – auch bei übereinstimmenden Interessen der beiden Akteure – der Prinzipal ex ante von einer Einschränkung der Alternativen profitieren kann.[22] Auch eine allgemeine rechtliche Einschränkung von Verträgen kann fördernd für das Gemeinwohl wirken, so verhindern bei Aghion und Hermalin (1990) und Hermalin und Katz (1993) die rechtlichen Einschränkungen von Vertragsgestaltungsmöglichkeiten eine verschwenderische Signalisierung zwischen Prinzipal und Agent. Im Gegensatz dazu kann nach Demski und Sappington (1987) die fehlende Kommunikation zwischen Prinzipal und Agent das Entstehen eines moralischen Risikos in einem Teil einer Gesamtaufgabe induzieren, obwohl dieses dort durch eine Kostenneutralität an sich nicht existieren sollte.

Verschiedene Arbeiten wenden sich der Informationsbeschaffung des Prinzipals

---

[22]Dies ist beispielsweise im Rechtswesen der Fall, wenn vor Gericht die Möglichkeit einer unklaren Entscheidung ausgeschlossen wird. Der Angeklagte ist entweder schuldig oder nicht. Dies hilft den Agenten, in diesem Beispiel dem Richter, sich für den Einsatz zu motivieren.

zu.[23] Allgemein beweisen Hermalin und Katz (2009), dass zusätzliche Information –
in diesem Fall durch die Beobachtbarkeit einer Investition innerhalb einer Hold-Up-
Situation – sich sowohl fördernd als auch schädigend für die Wohlfahrt auswirken
kann.[24] Muss sich der Prinzipal derweil zwischen mehr Information durch eine verbesserte Überwachung oder einer Verbesserung des Anreizes für den Agenten durch
eine höhere Entlohnung entscheiden, zeigen Demougin und Fluet (2001), dass keine
allgemeingültige Empfehlung für die Informationsbeschaffung oder die Anreizerhöhung
gegeben kann.[25] Ein optimales Ergebnis für den Prinzipal ist zudem unter diesen Umständen bei haftungsbeschränkten Agenten unerreichbar. Überhaupt muss sich nach Benabou und Tirole (2003) eine höhere Belohnung des Agenten nicht zwangsläufig positiv
auswirken, da sie eine schwierigere Aufgabe signalisieren kann. Die Autoren beschreiben
weiter den bereits von Deci (1971) in den Bereichen der Psychologie und Sozialwissen-
schaften beschriebenen Crowding-Out Effekt, bei dem beispielsweise durch finanzielle
Anreize die intrinsische Motivation des Agenten untergraben wird.

Innerhalb eines an sich typischen Vertrauensgütermarktes – dem Markt für Finanzdienstleistungen – untersuchen Inderst und Ottaviani (2009) in einer Variation
eines gängigen Prinzipal-Agenten Modells die Abwägung von Finanzunternehmen zwischen Marketing-Anreizen der Vermittler und der Erfüllung von Kundenbedürfnissen.
Trotz der Existenz kostspieliger Überwachung nehmen die Firmen dabei die Vermittlung unpassender Produkte an Kunden in Kauf, um den Produktvermittlern in einem
kompetitiven Marktumfeld Verkaufsanreize setzen zu können. Ebenso eine Erweiterung
des typischen Modellrahmens nehmen Bester und Strausz (2001, 2007) mit der Zwi-
schenschaltung eines Kommunikationsmechanismus vor. Sie zeigen, dass derartige Me-

---

[23]Ist eine Informationsbeschaffung des Agenten möglich, so ist sie meist Objekt des Vertrages. Dabei muss selbst bei übereinstimmenden Zielfunktionen von Agent und Prinzipal aus strategischen
Gründen keine vollständige Informationsweitergabe gegeben sein, wie Che und Kartik (2009) zeigen.

[24]Vgl. auch Hermalin und Weisbach (2012), die im Rahmen der Veröffentlichung von Unternehmens-
daten zu einem ähnlichen Ergebnis kommen.

[25]Das Model von Sliwka (2007) ist ein anderes Beispiel für die Kontraproduktivität zusätzlicher Kontrolle des Prinzipals. Unter der Annahme mehrerer Agenten offenbart der Prinzipal durch die Kontrolle
sein Misstrauen. Die Agenten nehmen dies als glaubwürdiges Signal für ein allgemeines egoistisches
Verhalten im Markt und passen ihre Handlungen dementsprechend an.

chanismen insbesondere bei Problemen der beschränkten Verpflichtung die Ableitung
eines optimalen Vertrages drastisch vereinfachen können.

2.3.2. Cheap Talk

Lassen sich die Leistungen eines Agenten vertraglich nicht festlegen und gibt es keine
verbindlichen Nachrichten oder glaubwürdigen Signale, spricht man in der Literatur von
„Cheap Talk". Das hierzu grundlegende Papier von Crawford und Sobel (1982) beinhaltet nur zwei Akteure, den Sender und den Empfänger einer Nachricht.[26] Der Empfänger
muss eine Entscheidung treffen, die auch den Sender beeinflusst und zu welcher der Sender ein dem Empfänger bekanntes Eigeninteresse besitzt. Da dem Empfänger jedoch
keinerlei Informationsgrundlagen bezüglich der Entscheidung zur Verfügung stehen, ist
er auf eine Empfehlung durch die Nachricht des Senders, der perfekt informiert ist,
angewiesen. Dabei besteht keine Möglichkeit der Konditionierung oder Bindung des
Senders auf die Empfehlung.[27] Crawford und Sobel bilden damit theoretisch mit der
Beratungsleistung des Senders nicht nur ein reines Erfahrungsgut ohne vertragliche Bindungsmöglichkeit des Verkäufers ab, sondern zeigen auch ein reines Vertrauensgut, da
ebenso die beiden Informationsdefizite, mit der nicht ermittelbaren Qualität der Nachricht und der fehlenden Information des Entscheiders über sein individuelles Bedürfnis,
erfüllt sind. Weiter tritt der Sender zusätzlich zur Beratung im übertragenen Sinne auch
als deren Verkäufer auf, da er an den Auswirkungen der Entscheidung des Empfängers
beteiligt ist.

Zwar besitzt die Literatur zu Vertrauensgütern mit dem auf Crawford und Sobel
(1982) aufbauenden Modell von Pitchik und Schotter (1987) ihren Ursprung im Cheap
Talk, sie unterscheidet sich von diesem jedoch deutlich: Pitchik und Schotter übernehmen die Annahmen der zwei Akteure des Entscheiders und des Beraters, das Eigeninteresse des Beraters und die mangelnden Vertragsbindungsmöglichkeiten. Sie passen

---

[26]Vgl. Okuno-Fujiwara et al. (1990) für den Fall, dass mehrere Spieler existieren, die private Information
besitzen und sowohl als Empfänger als auch Sender von Nachrichten agieren.

[27]Vgl. Milgron (1981) und Seidmann und Winter (1997) für Modelle mit ähnlichem Aufbau, jedoch
verifizierbaren Nachrichten.

jedoch das abstrakte Cheap Talk Grundmodell durch die Übertragung in eine diskrete Umgebung gezielt auf Vertrauensgüter und deren Märkte an. Dies gelingt ihnen, indem sie die Dimension der Präferenzen der beiden Akteure, und damit den entscheidenden Faktor b zur Ähnlichkeit der beiden Präferenzen, aufbrechen und in zwei Faktoren, ein Bedürfnis des Entscheiders sowie eine Behandlung des Experten, überführen. Damit ermöglichen sie der weiterführenden Literatur die Annahme unterschiedlicher Kosten und variabler Preise für die verschiedenen Faktoren, welche unter anderem die Abbildung der Unterversorgung verbessern und Preisbetrug durch den Berater erlauben.

Bei Crawford und Sobel (1982) zeigt sich, dass der Berater in jedem Fall seine Empfehlung in eine persönliche Richtung verzerrt, gleichzeitig aber auch mit dem Grad seiner Eigeninteressen Informationen zurückhält. Je näher die Bedürfnisse der beiden Parteien beieinander liegen, desto weniger Informationen gehen innerhalb der strategischen Kommunikation verloren und desto besser ist das Gesamtergebnis. Für ausreichend große Eigeninteressen verliert die Empfehlung des Beraters jedoch sämtlichen Informationsgehalt und wird von diesem völlig randomisiert gewählt. Da meist verschiedene Gleichgewichte für ein bestimmtes Eigeninteresse des Beraters bestehen, ermitteln Chen et al. (2008) eine Bedingung, welche zuverlässig aus den möglichen Gleichgewichten jenes mit dem größten Informationsfluss bestimmt. Dabei beweisen sie, dass unter allgemeinen Bedingungen stets ein Gleichgewicht besteht, welches sowohl für den Empfänger als auch den Sender aus der Reihe sämtlicher Gleichgewichte nutzenmaximierend ist.

Bezüglich der Bekanntheit und Ausgestaltung des Eigeninteresses baut das Papier von Li und Madarasz (2008) auf dem Ansatz von Crawford und Sobel auf. Dabei ist das Ausmaß an Eigeninteresse zunächst unbekannt, der Berater hat jedoch die Möglichkeit sein Eigeninteresse zu offenbaren. Li und Madarasz können zeigen, dass eine solche Offenlegung sowohl dem Berater selbst als auch dem Entscheider schaden würde, weshalb das Eigeninteresse des Beraters besser verborgen bleiben sollte. Zu einem ähnlichen Ergebnis kommen Ottaviani und Squintani (2006), welche den Einfluss heterogener Empfänger auf die strategische Interaktion der Spieler untersuchen. Sie führen einen Anteil naiver Empfänger ein, welche nicht über das Eigeninteresse des Beraters informiert sind. Während eine Verringerung des Eigeninteresses des Berater stets eine Verbesserung des Informationsflusses und der Gesamtwirtschaft zur Folge hätte, würde eine Aufklärung der naiven Empfänger kontraproduktiv wirken und das Gemeinwohl schädigen.

Wird das Spiel wiederholt, erarbeitet sich der Berater durch seine Empfehlungen eine Reputation. Dabei kann nach Morris (2001) auch ein guter Berater, dessen Präferenzen zu denen des Entscheiders identisch sind, nicht wahrheitsgemäße Empfehlungen aussprechen. Diese Informationsverzerrung tritt in paradoxer Weise insbesondere dann auf, wenn sich der Berater langfristig sehr um seine Reputation sorgt und kurzfristig um eine Abgrenzung vom schlechten Berater bemüht ist. Auch Ottaviani und Sorensen (2006) können die Zurückhaltung relevanter Informationen aufgrund einer hohen Sorge um die Reputation beweisen. Dabei nehmen sie mehrere Berater mit nicht vollständiger Information an, die ex post durch einen Evaluator bewertet werden. Es entsteht ein Herdenverhalten der Berater, welches zu einer verlustbehafteten Wahl des Entscheiders gegenüber einer Entscheidung bei Offenlegung aller relevanter Informationen durch die Berater führt. Wird ein Spiel mit mehreren Beratern unendlich oft wiederholt, zeigt Park (2005), dass es trotz der Reputation der Berater für einen Kunden nicht möglich ist, diese durchgängig zu ehrlichem Verhalten zu animieren.

Im Hinblick auf mehrere Befragungen zweier Experten untersuchen Krishna und Morgan (2001) das Modell von Crawford und Sobel (1982). Dabei können beide Berater auch gegensätzliche Eigeninteressen haben und sich somit bezüglich ihrer Interessen entweder gleichen oder widersprechen. Insbesondere bei den gegensätzlichen Interessen ist die Befragung eines weiteren Beraters für den Entscheider von Nutzen. Dabei können bei ausreichend kleinen Eigeninteressen der Berater weitere Befragungen ein vollständig informatives Gleichgewicht erzeugen. Gleichen sich stattdessen die Berater in ihren Interessen, verkehrt sich der Nutzen einer zusätzlichen Befragung ins Negative. Dass bei mehreren Befragungen die Reihenfolge entscheidend ist, zeigt Li (2010) in einem theoretischen Modell, wobei mehrere Berater mit verdeckten und potentiell gegensätzlichen Eigeninteressen existieren. Dabei erbringt für den Entscheider im Normalfall die simultane Befragung der Berater gegenüber einer sequentiellen oder hierarchischen Befragung die besten Ergebnisse. Unabhängig davon ist bei Li im Gegensatz zu Krishna und Morgan eine zweite Befragung stets vorteilhaft aus Sicht des Entscheiders.

Verschiedene Studien untersuchen die Rolle eines Mediators basierend auf dem ursprünglichen Modell von Crawford und Sobel (1982). Besitzt dieser kein Eigeninteresse, zeigen Goltsman et al. (2009) dessen schwach monotone Überlegenheit gegenüber dem reinen Cheap Talk, wenn der Mediator die Kommunikation der Akteure nach den Bedingungen von Blume et al. (2007) filtert oder gegebenenfalls anreichert. Auch bei ausreichend geringem Eigeninteresse des Mediators kann in den Szenarien von Mitusch und Strausz (2005) eine Verbesserung der offenbarten Informationen erreichbar sein. Ivanov (2010) beweist für ein im Vergleich zum Experten leicht gegensätzliches Eigeninteresse des Mediators eine mögliche Verbesserung der Kommunikation. Stimmt dagegen die Richtung des weniger stark ausgeprägten Eigeninteresses des Mediators mit der des Experten überein, bleibt diese Verbesserung aus. Besitzt der Mediator ein stärkeres Eigeninteresse als der Experte, und ist ohne Mediator ein Minimum an Informationsübermittlung vorhanden, zeigen Mechtenberg und Münster (2012) eine Kommunikationsverbesserung selbst bei einer Bevorzugung derselben Richtung von Mediator und Experte.

Kapitel 3.

Der Vertrauensgütermarkt

Dieses Kapitel beschreibt reale und theoretische Vertrauensgütermärkte intensiver. Es wird aufgezeigt, warum Vertrauensgüter eine bedeutende wirtschaftliche Rolle spielen und wie deren Märkte bisher in der spieltheoretischen Literatur untersucht wurden. Zuerst werden die typischen und großen Vertreter von Vertrauensgütermärkten behandelt, wobei auf das Gesundheitswesen, das Finanzsystem und den Automobilmarkt gesondert eingegangen wird. Anschließend werden die grundlegenden theoretischen Modelle zu Vertrauensgütern beschrieben, auf welchen diese Arbeit fußt. Speziellere Untersuchungen werden vorgestellt und die Forschungslücke aufgezeigt.

3.1. Wirtschaftliche Rolle

3.1.1. Das Gesundheitswesen

Das Gesundheitswesen ist das Paradebeispiel eines Vertrauensgütermarktes: Diagnose, Beratung und Verkauf der Behandlung sind Teil der Gesamtleistung eines Arztes. Dieser besitzt durch Ausbildung, Erfahrung und Ausrüstung einen deutlichen Informationsvorsprung gegenüber den Patienten.[28] Durch die vielen verschiedenen Einflussmöglichkeiten auf den Behandlungserfolg ist zudem eine Falschbehandlung des Arztes nur schwer nachzuweisen. Neben einer möglichen Überversorgung des Patienten durch

---

[28]Vgl. Arrow (1963) mit einem Überblick zur Verbreitung von Information im Gesundheitswesen.

exzessive oder unnötige Behandlungen sowie einer erfolgten Unterversorgung listet das
Federal Bureau of Investigation (FBI) (2011) auch den Preisbetrug an Patienten und
Kostenträgern als gängige Betrugsform auf. Insgesamt schätzt das Federal Bureau of
Investigation (FBI) (2011) den Anteil des Betrugs am Gesamtvolumen der Ausgaben im
Gesundheitsbereich der USA auf bis zu 10%. Laut der Organisation für wirtschaftliche
Zusammenarbeit und Entwicklung (OECD) (2011) beträgt der Umfang des Gesund-
heitsmarktes in den Vereinigten Staaten 2,4 Billionen US-Dollar, weshalb von einem
Ausmaß des Betrugs von bis zu 240 Milliarden US-Dollar allein in den USA ausgegan-
gen werden kann. Für den deutschen Markt weist das Statistische Bundesamt 2013 Ge-
sundheitsausgaben im Jahr 2011 von über 293 Milliarden Euro aus. Laut Transparency
International Deutschland e.V. (2008) ist dabei die vom Federal Bureau of Investigation
(FBI) (2011) ermittelte Betrugsquote auf den deutschen Markt übertragbar, weshalb
für das Jahr 2008 ein Betrugsvolumen von bis zu 20 Milliarden Euro an den Ausgaben
zum Gesundheitswesen in der Bundesrepublik Deutschland angenommen werden kann.

Obwohl Ärzte nach dem hippokratischen Eid und der Genfer Deklaration des
Weltärztebundes (1948) die Gesundheit der Patienten als oberstes Gebot beachten
sollten,[29] lassen sich verschiedene Beispiele für eine Über- und Unterversorgung von
Patienten finden: Bereits 1978 kann Fuchs für den US-amerikanischen Markt zeigen,
dass bei einer zunehmenden Ärztedichte auch die Operationen pro Einwohner – obwohl
medizinisch nicht weiter induziert – zunehmen. Domenighetti et al. (1993) untersuchen
die Anzahl medizinischer Operationen in einem Schweizer Kanton. Sie stellen fest, dass
bei Ärzten und deren Angehörigen in einem bestimmten Zeitraum signifikant weniger
Operationen durchgeführt wurden als beim allgemeinen Bevölkerungsdurchschnitt. Für
die sieben am häufigsten durchgeführten Operationen ergibt sich dabei ein Unterschied
zwischen den beiden Gruppen von 33% bezüglich der Anzahl stattgefundener Operationen. Der Focus (2013b) berichtet über eine Studie der Deutschen Betriebskrankenkasse
(BKK) zur ärztlichen Zweitmeinung. Diese findet heraus, dass 67% der durchgeführten

---

[29]Vgl. dazu Chalkley und Malcomson (1998) und McGuire (2000). Ahlert et al. (2012) zeigen derweil in einer experimentellen Untersuchung, dass sich zukünftige Ärzte im Vergleich zu angehenden
Ökonomen deutlich weniger egoistisch verhalten.

Operationen durch eine alternative Behandlung vermeidbar gewesen wären. Speziell bei Wirbelsäulenoperationen beträgt dieser Anteil 80%. In einer empirischen Untersuchung unter behandelnden Ärzten der Kardiologie in den USA können Afendulis und Kessler (2007) zeigen, dass die Ärzte, die sowohl die Diagnose als auch die Behandlung durchführten, im Durchschnitt 10% höhere Behandlungsausgaben bei gleichem Behandlungserfolg hatten, als die Ärzte, die nur die Behandlung durchführten.

Auf der Suche nach Ursachen für die Über- oder Unterversorgung von Patienten wird häufig die Bezahlungsstruktur der Ärzte benannt. Dranove (1988) ermittelt den Preis einer Behandlung als einen wesentlichen Einfluss auf von Ärzten verschriebene Behandlungen, neben dem wahrscheinlichen Behandlungserfolg. Für den US-amerikanischen Markt stellen Gruber und Owings (1996) einen Zusammenhang zwischen der vermehrten Anzahl an Kaiserschnitten und den höheren Gewinnen dieser Operation im Vergleich zu einer natürlichen Geburt her.[30] Bezüglich der Anreize verschiedener Bezahlungsstrukturen untersuchen Hennig-Schmidt et al. (2011) experimentell das Behandlungsverhalten von Ärzten. Es zeigt sich, dass die Ärzte bei einer Bezahlung pro Behandlung die Patienten deutlich überversorgen, während sie bei einer Bezahlungspauschale pro Patient diesen deutlich unterversorgen. Zu einem ähnlichen Ergebnis kommen Ellis und McGuire (1986) mit einem theoretischen Modell. Sülzle und Wambach (2005) zeigen im Rahmen eines theoretischen Modells zu Gesundheitsversicherungen, wie sich bei festen Preisen eine unterschiedliche Selbstbeteiligung der Patienten auf den Betrug der Ärzte und das Suchverhalten der Patienten auswirkt. Passend dazu meldet der AOK Bundesverband (2012): „[Die] Steigende Anzahl an Operationen in Kliniken lässt sich nicht allein mit medizinischem Bedarf erklären." Laut Die Zeit (2012b) „operieren [Kliniken] zu häufig, weil es sich lohnt."[31]

Die Frankfurter Allgemeine Zeitung (2013) sieht seit einigen Jahren den Abrechnungsbetrug im Fokus der deutschen Behörden. Der Spiegel (2012b) berichtet in diesem

---

[30]Vgl. weiter Eisenberg (1985), Cromwell und Mitchell (1986), Pauly (1986), Dranove und Wehner (1994) und Fuchs (1996) zum US-amerikanischen Gesundheitswesen.

[31]Vgl. dazu auch Der Spiegel (2012c), Süddeutsche Zeitung (2011) und Badische Zeitung (2010) für weitere Medienberichte zum Thema der Über- und Unterversorgung im Gesundheitswesen.

Zusammenhang von „Kassen-Detektiven", die betrügerische Ärzte „jagen". So ermittelt
das Bundeskriminalamt (2012) den Abrechnungsbetrug im Gesundheitswesen als eigenes Delikt und führt dazu seit 2009 eine gesonderte Statistik. Allein für Krankenhaus-
rechnungen ermittelte der Spitzenverband der gesetzlichen Krankenversicherung (GKV)
(2011) bei Nachforschungen einen Falschrechnungsanteil von 50%. Hochgerechnet ergibt
sich ein Gesamtschaden für die Beitragszahler von bis zu 1,5 Milliarden, so der Spitzenverband der gesetzlichen Krankenversicherung (GKV) (2012a). Bei niedergelassenen
Ärzten besteht insbesondere Betrug durch Korruption und Bestechung, wobei letztere
höchstrichterlich bestätigt nicht illegal ist: Der Bundesgerichtshof (2012) urteilte, dass
die Bestechung niedergelassener Ärzte durch Gegenleistungen der Pharmafirmen, welche die Verordnung von Arzneimitteln belohnen, nicht strafbar ist.[32] Korruption besteht
im Überweisungsverhalten niedergelassener Ärzte, die ein Entgelt für Überweisungen zu
bestimmten Kliniken oder Fachärzten bekommen. Der Spitzenverband der gesetzlichen
Krankenversicherung (GKV) (2012b) spricht in diesem Zusammenhang von „Fangprä-
mien" und ermittelte nach einer Selbstauskunftsstudie zum Überweisungsverhalten niedergelassener Ärzte eine Zahl von mehr als 27.000 Vertragsärzten, die diesbezüglich
– stellenweise auch durch Unwissenheit – eindeutig gegen berufs- und sozialrechtliche
Vorgaben verstoßen würden. Für andere Gesundheitsmärkte bietet sich bezüglich des
Abrechnungsbetruges ein ähnliches Bild. Im japanischen Gesundheitsmarkt, bei dem
Ärzte auch Medikamente verkaufen können, zeigt Iizuka (2007), dass der Gewinn eines Arztes bei einem bestimmten Medikament dessen Verschreibung beeinflusst. Laut
Haas-Wilson und Gaynor (1998) ist zudem ein Trend zu beobachten, bei dem Ärzte
mit der Bildung von Netzwerken reagieren und damit auch Eintrittsbarrieren für neue
Ärzte schaffen. Insgesamt wird in einem Beitrag von ZDF – Frontal 21 (2013) bezüglich
Geschäftsmodellen von Ärzten von der „wirklich hohe[n] Schule der Abzocke" gespro-
chen.

---

[32]Vgl. dazu auch Focus (2013a) und Stern (2012).

3.1.2. Das Finanzsystem

Im Finanzsystem wird insbesondere der Markt für Finanzdienstleistungen als Vertrauensgütermarkt gesehen. Hierbei werden Kleinanleger von Bank- und Finanzberatern bei der Auswahl von Finanzinstrumenten, wie Versicherungen oder Produkten zur Altersvorsorge, unterstützt. Dabei werden die Kunden von Experten beraten, die bei erfolgreicher Vermittlung eines Produktes ihre Bezahlung indirekt über eine im verkauften Finanzprodukt eingebaute Provision erhalten. Neben dem mangelnden Wissen der Kunden über die unterschiedlichen Finanzprodukte herrscht auch eine Informationsasymmetrie bezüglich der Bezahlung des Experten: Zwar müssen die Berater seit 2009 ihre Kunden über die Provisionen informieren, der Focus (2013c) berichtet jedoch mit Bezug auf eine Studie des Verbraucherzentrale Bundesverbands von rechtlichen Schlupflöchern, mit denen Berater diese Aufklärungspflicht umgehen können.[33] In einer anonymen Umfrage von Cooper und Frank (2005) unter Versicherungsmaklern berichten diese selbst durchgängig von ethischen Problemen, da ihnen Anreize aus den hohen Vermittlungsprovisionen entstehen, welche oftmals dem Kundennutzen schaden.[34] In einer Untersuchung zur Qualität der Finanzberatung durch Finanzdienstleister ermittelte die Verbraucherzentrale Baden-Württemberg e.V. (2011), dass 88% der geprüften Verträge nicht oder nur zum Teil dem Bedarf ihrer Kunden entsprechen. „Die unabhängigen Vermögensberater vermitteln am liebsten Wertpapiere, die ihnen hohe Provisionen einbringen," so die Süddeutsche Zeitung (2014). Derweil spricht die Stiftung Warentest – Finanztest (2014) von „Fallen bei der Bankberatung" und warnt vor einem unvorbereiteten Beratungsgespräch: „Oft ist den Beratern ihre eigene Provision wichtiger als das Wohl des Kunden." Ähnlich warnen regelmäßig andere deutsche Medien.[35]

Im Bereich der Altersvorsorge und Verbraucherfinanzen kommt Oehler (2012) in

---

[33]Vgl. dazu auch Süddeutsche Zeitung (2014). Als Beispiel werden Wertpapiergeschäfte genannt, die zum Festpreis verkauft werden und keine Kommissionsgeschäfte mehr darstellen. Der entstehende Gewinn wird durch eine Marge erwirtschaftet und ist daher nicht von der Aufklärungspflicht betroffen.

[34]Vgl. dazu auch Die Zeit (2009).

[35]Vgl. auch Der Spiegel (2012a), Frankfurter Allgemeine Zeitung (2010) und Stern (2005).

einer Studie für den Deutschen Bundestag auf jährliche Schäden von über 50 Milliarden Euro. Als Gründe werden mangelhafte Beratungsqualität und wenig Kundenorientierung sowie ein fehlender systematischer und ganzheitlicher Verbraucherschutz genannt. Eine Studie für das Bundesministerium für Ernährung, Landwirtschaft und Verbraucherschutz aus 2008 von Habschick und Evers geht von Gesamtvermögensschäden aufgrund mangelhafter Finanzberatung in einer Höhe von jährlich 20 bis 30 Milliarden Euro aus. Betrugsfälle finden sich nach Fußwinkel (2014) auch auf dem sogenannten Grauen Kapitalmarkt, also abseits der Dienstleister und Unternehmen, die für ihre Tätigkeiten über eine Erlaubnis nach den Aufsichtsgesetzen verfügen. Oehler (2012) prognostiziert allein für diesen Kapitalmarkt einen Schaden von mindestens 30 Milliarden Euro jährlich. Die Höhe der real erfassten Betrugs- und Untreuehandlungen im Zusammenhang mit Beteiligungen und Kapitalanlagen fällt dabei wesentlich geringer aus. Sie wird vom Bundeskriminalamt (2012) für 2011 mit einem Schaden von ungefähr 594 Millionen Euro angegeben, bei über 7000 Betrugsfällen. Hierbei geht das Bundeskriminalamt jedoch von einer deutlich höheren Dunkelziffer aus.

Studien zum Finanzdienstleistungsbereich anderer Länder kommen zu vergleichbaren Ergebnissen: Mullainathan et al. (2012) zeigen zum US-amerikanischen Markt, dass Finanzberater Produkte mit hoher Provision selbst dann empfehlen, wenn sie für die Kunden nicht optimal sind. Bezüglich des Marktes für Lebensversicherungen in den USA finden Brown und Minor (2013) ebenso deutliche Anzeichen für betrügerisches Verhalten, wobei insbesondere die Experten stark betrügen, die am längsten im Markt existieren. Für den indischen Versicherungsmarkt gibt es ähnliche Ergebnisse von Anagol et al. (2013). Diese zeigen ein starkes und weit verbreitetes Betrugsverhalten von Experten, indem sie ihren Kunden unpassende, von Alternativen dominierte Versicherungen anbieten. Dabei zeichnen sich die vermittelten Versicherungen durchweg mit der Zahlung einer hohen Kommission an die Verkäufer aus. Hinweise auf die Unbedarftheit und das Desinteresse von Angestellten in Bezug auf deren Altersvorsorge bieten Madrian und Shea (2001) mit einer Analyse zum Sparverhalten in den USA: Ein signifikanter Anteil der Bürger übernahm voreingestellte Sparmaßnahmen ohne weitere Anpassungen nach bedeutenden Änderungen.

Eine Vielzahl wissenschaftlicher Papiere untersucht den Markt für Finanzdienstleistungen genauer. Inderst und Ottaviani (2012b) erklären in einem theoretischen Modell die Einflüsse der Vergütungsstruktur auf Finanzmakler bei einem monopolistischen Anbieter von Finanzprodukten. Dabei unterstreichen sie die Rolle von Provisionen für Versicherungsmakler und erklären, weshalb diese sinnvoll sein können, selbst wenn sie zu betrügerischem Verhalten führen. Sie argumentieren jedoch für eine Aufklärungspflicht bezüglich der Provision gegenüber den Kunden, um sie vor Ausbeutung durch den Berater zu schützen. Stehen die Anbieter der Produkte im Wettbewerb, untersuchen Inderst und Ottaviani (2012a) die Auswirkungen der Vergütung von Vermittlern auf die Wohlfahrt. Auch in diesem Fall kann ein Verbot von Provisionen zu Wohlfahrtsverlusten führen. Allgemein betrachtet, fördert ein Verbot gezielter Falschinformation durch den Berater das Gemeinwohl, wie Grossman und Hart (1980) feststellen, da allein durch das Verbot eine effiziente Informationsübermittlung zwischen Marktteilnehmern ermöglicht werden kann. Ist ein Verbot nicht möglich, zeigen Krausz und Paroush (2002) die Wichtigkeit einer Sanktionierung der mangelhaften Beratungsleistung. Sind die Anbieter selbst für die Vermittlung verantwortlich, argumentieren Bolton et al. (2007), dass Wettbewerb zwischen Anbietern aufgrund möglicher Reputationskosten zur optimalen Versorgung von Kunden ausreichen kann.

Wird den Kunden im Finanzdienstleistungsmarkt ein gewisses Informationsniveau zugebilligt, untersuchen Calcagno und Monticone (2015) die Auswirkungen im Zusammenspiel mit einem potentiell betrügerischen Berater. Während informierte Kunden die Einschätzung des Beraters einholen, sehen Kunden, deren Wissen einen bestimmten Grenzwert unterschreitet, in Anbetracht des Betruges von einer Beratung durch den Experten ab oder delegieren ihre Entscheidung komplett. Die Qualität der Beratung des Experten steigt hierbei mit dem Wissen des Entscheiders. Sowohl die zum Finanzwissen komplementäre Güte der Beratungsleistung als auch die wahrscheinlichere Inanspruchnahme der Beratung durch besser informierte Kunden werden von Bucher-Koenen und Koenen (2015) bestätigt. Eine Unterscheidung bezüglich der Bekanntheit

der Provision und des vorhandenen Finanzwissens der Kunden nehmen Hackethal et al.
(2011) vor. Sie zeigen, dass ein gutgläubiger und wenig informierter Kunde mehr pro-
visionsträchtige Produkte über den Berater kauft, als der über das Eigeninteresse des
Beraters richtig informierte oder sich im Finanzwesen auskennende Kunde. Georgarakos
und Inderst (2014) analysieren theoretisch und empirisch, wie sich verschiedene Niveaus
an Finanzwissen, Marktregulierung durch den Staat und Vertrauen in Beratertätigkei-
ten auf Investitionsentscheidungen des Kunden auswirken. Sie zeigen, dass bei einem
als hoch wahrgenommenen, eigenem Finanzwissen dem Vertrauen des Kunden in den
Berater keine Bedeutung mehr zukommt. Sieht sich der Kunde dagegen mit wenig Finanzwissen ausgestattet, spielt sein Vertrauen in die Beratereigenschaften eine kritische
Rolle. Fehlt es, so meidet der Kunde eine riskante Investition.

Eigenschaften eines Vertrauensgutes weisen auch die Aktienempfehlungen von Analysten auf. Benabou und Laroque (1992) untersuchen einen Markt, in dem ein Analyst
mit Eigeninteresse private, jedoch stochastisch verzerrte Information über ein Finanzprodukt erhält. Er kann eine Einschätzung über die Produkte einer Käufergruppe mitteilen, haftet jedoch aufgrund seiner Informationsverzerrung nicht für Fehleinschätzun-
gen. Obwohl sich die rationalen Käufer über mehrere Perioden hinweg einen Eindruck
über die Glaubwürdigkeit des Analysten verschaffen können, bleibt weiterhin Raum für
Manipulationen seitens des Analysten, und strenge Marktregeln sind erforderlich, um
die Glaubwürdigkeit der Empfehlungen von Finanzprodukten zu steigern. Auch Morgan und Stocken (2003) analysieren einen derartigen Markt, in dem ein Analyst Einfluss
auf das Kaufverhalten von Investoren, und damit in Konsequenz den Preis einer Aktie,
nehmen kann. Sie zeigen, dass Analysten mit Eigeninteresse versuchen, den Aktienkurs
deutlich stärker durch mehr positive Berichte nach oben zu verschieben, als es bei ehrlichen Analysten der Fall ist. Dies führt dazu, dass negative Einschätzungen insgesamt
an Glaubwürdigkeit gewinnen, da hier der Anteil ehrlicher Berichte höher ist.

3.1.3. Der Automobilmarkt

Ein weiteres, gängiges Beispiel für einen Vertrauensgütermarkt ist der Markt für Automobilreparaturen. Einem Kunden fehlt meist das Wissen und die technischen Möglichkeiten, einen Defekt am Auto zu identifizieren und die notwendigen Reparaturen abschätzen zu können. Beispielsweise sind die Gründe für einen nicht mehr startenden Motor vielzählig. Der Werkstatt bieten sich hier insbesondere Möglichkeiten der Überversorgung und des Preisbetruges. Doch auch eine Unterversorgung ist möglich, wenn beispielsweise rein potentielle, real nicht ursächliche Fehlerquellen des nicht mehr startenden Motors ausgeschaltet werden. Konsequenterweise gehört der Markt für Automobilreparaturen nach Titus et al. (1995) zu den Märkten, die einen besonders hohen Anteil an Betrug aufweisen. Dabei liegt die Erfolgsquote eines Betrugs im Markt bei über 70%. Bereits 1962 berichtete Der Spiegel von Fahrlässigkeiten, Verkehrsgefährdungen und Betrug durch Kundenwerkstätten. Auch aktuell ist die „Abzocke in der Werkstatt" (Die Zeit (2012a)) regelmäßig Thema in deutschen Medien.[36]

Für den US-amerikanischen Markt zitiert Wolinsky (1993) eine Studie des U.S. Department of Transportation, welche den Anteil unnötiger Reparaturen an der Gesamtsumme einer Werkstattrechnung auf über 50% schätzt. Für den deutschen Markt testete der Allgemeine Deutsche Automobil-Club e. V. (ADAC) (2011a) verschiedene Vertragswerkstätten und entdeckte, dass 19% aller besuchten Werkstätten Reparaturen in Rechnung gestellt haben, die nicht durchgeführt wurden.[37] In einer Hochrechnung geht der Allgemeine Deutsche Automobil-Club e. V. (ADAC) (2011b) diesbezüglich von 27 Millionen Autoinspektionen pro Jahr in Vertragswerkstätten aus und kommt – bei Zugrundelegung der kleinstmöglichen Zahlen – auf einen Preisbetrug durch nicht erbrachte Leistungen von 8 Millionen Euro pro Jahr.[38] Im Vergleich dazu gibt der

---

[36]Vgl. auch Auto Motor und Sport (2013) und Autobild (2009).

[37]Vgl. auch Handelsblatt (2013) und Süddeutsche Zeitung (2013).

[38]Im Test des Allgemeine Deutsche Automobil-Club e. V. (ADAC) (2011a) wurde eine Checkliste mit verschiedenen Punkten von Werkstätten abgearbeitet. Der minimale Betrugswert eines Punktes auf der Checkliste beträgt 1,50 Euro. In der Minimalschätzung nimmt der Allgemeine Deutsche Automobil-Club e. V. (ADAC) (2011b) an, dass der Preisbetrug in den ermittelten 19% der 27

Zentralverband deutsches Kraftfahrtzeuggewerbe (2013) das Gesamtvolumen des deutschen Marktes für Services von KFZ-Werkstätten mit ungefähr 30 Milliarden Euro für das Jahr 2012 an. Hieraus berechnen Rasch und Waibel (2013) aus selbst erhobenen Daten eine Dunkelziffer des Betrugs von über 1,3 Milliarden Euro.

Bezüglich der Über- und Unterversorgung von Kunden zeigt Schneider (2012) in einem Feldexperiment, dass diese beiden Betrugsformen im Bereich der Automobilreparaturen weit verbreitet sind, reiner Preisbetrug jedoch kaum stattfindet. Zwar ergibt sich durch wiederholte Besuche eine Art Reputation des Experten, deren Einfluss auf das Reparaturergebnis ist jedoch nicht signifikant. Schneider vermutet unter anderem die mangelnde Fähigkeit des Kunden, die Ergebnisse der Reparatur einzuschätzen, als dafür ausschlaggebend. Eine signifikante Neigung der Mechaniker zur Überversorgung der Kunden durch zu hohe Qualität, wie es bei unnötigen Reparaturen der Fall ist, zeigen auch Beck et al. (2014) in einer experimentellen Untersuchung des Verhaltens von Studenten und Automechanikern. In einer Untersuchung zum Automobilmarkt in Deutschland argumentieren Rasch und Waibel (2013), dass intensiver Wettbewerb und hohe Kompetenz einer Werkstatt die Anreize zum Preisbetrug am Kunden verringern. Dagegen wird Preisbetrug durch eine geringe Sorge um die Reputation sowie eine kritische finanzielle Lage der Werkstatt begünstigt.

Mehrfach untersucht wurde das Verhalten US-amerikanischer Werkstätten bei Abgasuntersuchungen. Hubbard (1998) analysiert Daten zu Schadstoffuntersuchungen in Kalifornien. Obwohl die Experten nicht haftbar sind und deren Leistung nicht verifizierbar, zeigt Hubbard, dass es den Kunden meist gelingt, die Experten zum ehrlichen Verhalten zu bewegen. Betrügerisches Verhalten findet verstärkt in Werkstätten statt, die zu einer größeren Kette gehören, während inhabergeführte Werkstätten kaum zu betrügerischem Verhalten neigen. Analog dazu findet Hubbard (2002), dass das Ergebnis einer solchen Schadstoffinspektion direkte Auswirkungen auf das erneute Besuchen des Experten zur Folge hat. Dies wird als ein Zeichen von Reputation im Markt gedeutet. Auch Bennett et al. (2013) analysieren Automobilwerkstätten und deren Abgasunter-

---

Millionen Inspektionen nur diesen einem Punkt mit genau 1,50 Euro Betrugsvolumen betrifft.

suchungen. Sie zeigen, dass Betrug der Werkstätten durch eine nachsichtigere Prüfung – welche im Sinne der Kunden ist – mit größerem Wettbewerb zunimmt, da die Toleranz der Kunden für negativ geprüfte Wagen abnimmt und diese schneller Werkstätten wechseln.

3.1.4. Sonstige

Die gerichtliche Vertretung von Anwälten weist Vertrauensgütereigenschaften auf. So ist es für den Klienten nur schwer abschätzbar, ob der Anwalt viel oder wenig Einsatz bei der Bearbeitung seines Falles geleistet hat. Zudem lässt sich ein verlorener Prozess im Normalfall nicht auf eine schlechte Anwaltsleistung zurückführen. Die Welt (2006) schreibt von einer erheblichen Schwierigkeit des Nachweises anwaltlicher Beratungsfehler. Aus diesem Grund bestehen die meisten Haftungsfälle aus verhältnismäßig einfach nachzuweisenden Fristversäumnissen, jedoch würden allgemein „weit über die Hälfte der Haftpflichtprozesse gegen den eigenen Anwalt" verloren gehen. Auch die Frankfurter Allgemeine Zeitung (2012) berichtet von Qualitätsunterschieden bei der Anwaltsleistung ohne Haftungsfolgen für Anwälte. In einem theoretischen Modell untersucht Emons (2000) die Vergütungsstruktur von Anwälten, je nachdem ob deren Aufwand zur Fallberatung beobachtbar ist oder nicht. Von dieser Beobachtbarkeit ist abhängig, ob eine Vergütung per Stundenhonorar oder auf Erfolgsbasis erfolgen sollte.

Sehr allgemein können zertifizierte Güter ebenso Vertrauensgütereigenschaften besitzen. Beispielsweise ist es im Bereich der Nahrungsmittel für einen Kunden nicht ohne Weiteres möglich, die gentechnikfreie Produktion eines Gutes oder die faire Bezahlung lokaler Bauern bei Importgütern zu evaluieren. Obwohl sich der Kunde seines Bedürfnisses bewusst ist, kann er sich daher nicht sicher sein, ob dieses durch das Produkt erfüllt wird oder eine Unterversorgung stattfindet. Baksi und Bose (2007) untersuchen einen derartigen Markt im Hinblick auf die Frage, ob – und falls ja, in welcher Form – der Staat für die Zertifizierungen von Lebensmitteln sorgen sollte. Dabei nehmen sie vollkommenen Wettbewerb in der Produktion zweier unterschiedlicher Güter an. Sie zeigen, dass eine verpflichtende Zertifizierung weniger sinnvoll als eine freiwillige, jedoch in ausreichendem Maße vom Staat kontrollierte Zertifizierung ist.

Auch eine Taxifahrt weist Eigenschaften eines Vertrauensgutes auf. Zwar ist dem Kunde sein Bedürfnis bekannt und er kann durch seine Ankunft am Ziel seine Unterversorgung ausschließen, eine mögliche Überversorgung durch die Fahrt von Umwegen oder den Preisbetrug durch eine Manipulation des Taxometers ist jedoch kaum zu entdecken. Insbesondere Touristen und Ortsunkundige sind hierbei von Betrug betroffen. Beispielsweise berichtet die Süddeutsche Zeitung (2010) vom Disput der Prager Stadtverwaltung mit den örtlichen Taxifahrern. Erfolge, unter anderem erreicht durch die Festlegung von Höchstpreisen, zeigten sich in Stichproben von Taxifahrten in 2005 und 2010, bei denen der Anteil überhöhter Preisforderungen von 30% auf 8% sank. Ein großangelegtes Feldexperiment von Balafoutas et al. (2013) untersucht den Betrug der Taxifahrer in Athen im Hinblick auf unterschiedliche Kundentypen. Dabei wird Betrug an ortsfremden Kunden im Rahmen von Überversorgung durch die Fahrt einer längeren Strecke als auch von Preisbetrug durch die Anwendung falscher Tarife festgestellt.

Die Dienste eines Immobilienmaklers beim Verkauf eines Objektes sind ebenfalls ein Gut mit Vertrauensgütereigenschaften. Dessen Leistung bei der Werbung und dem Verkauf einer Immobilie ist für die Besitzer nur schwer einzuschätzen, ebenso wie das erreichte Ergebnis. Eine Untersuchung von Levitt und Syverson (2008) zeigt, dass Immobilien, welche sich im Eigentum von Maklern befinden, zu höheren Preisen verkauft werden als lediglich durch Makler vermittelte Objekte. Sie führen dies auf Anreize der Makler zurück, Immobilien eher schneller und dafür billiger zu vermitteln. Dabei stellen sie fest, dass mit der Informationsasymmetrie zwischen Makler und Kunde auch der Unterschied zwischen den erzielten Ergebnissen steigt. Speziell für den deutschen Markt spricht Die Welt (2014) von einer „Narrenfreiheit" für Immobilienmakler.

Während der Markt für Automobilreparaturen bereits gesondert behandelt wurde, können allgemein Märkte von Servicedienstleistungen Eigenschaften von Vertrauensgütermärkten aufweisen. Als Beispiel sei der Markt für Dienstleistungen im Informationstechnikbereich genannt. So ist es für einen Laien nicht möglich zu ermitteln, wieviel Aufwand die Experten bei der Datenrettung einer beschädigten Festplatte betrieben haben, oder bei der Behebung eines Softwarefehlers. Analog verhält es sich bei den meisten Reparaturleistungen durch Fachkräfte, wobei selbst Prüfungsleistungen für den Publizitätsadressaten als Vertrauensgüter gezählt werden können.[39] Auch hochspezielle Dienstleistungen, wie strategische Projekte bei Firmen durch Unternehmensberatungen oder Investmentbanken, zeichnen sich durch Vertrauensgütereigenschaften aus, da das Scheitern einer umgesetzten Beratungsleistung nur selten direkt auf die mangelnde Qualität der Beratung zurückgeführt werden kann.

3.2. Vertrauensgüter in der Spieltheorie

In diesem Unterkapitel wird ein Überblick zur spieltheoretischen Literatur von Vertrauensgütern und deren Märkten gegeben. Zuerst werden die grundlegenden theoretischen Modelle beschrieben. Hierbei sind insbesondere die Modelle von Pitchik und Schotter (1987), Wolinsky (1993) und Dulleck und Kerschbamer (2006) zu nennen, auf deren Basis die in dieser Arbeit vorgestellten Untersuchungen stehen. Die speziellere Literatur wird anschließend bezüglich der jeweils zentralen Untersuchungsobjekte aufgeteilt. Diese umfassen das Vertrauensgut an sich, den oder die Verkäufer oder Käufer des Gutes sowie dritte Akteure. Nachdem die Forschungslücke aufgezeigt wird schließt das Kapitel mit einer Zusammenfassung.

3.2.1. Grundlegende modelltheoretische Darstellungen

Die Besonderheiten eines Vertrauensgütermarktes untersucht bereits Akerlof (1970) mit seinem Modell zum sogenannten Lemons-Problem. Dabei kann der Käufer eines Gutes weder dessen Qualität rechtzeitig beobachten noch im Nachhinein Schadensersatzansprüche stellen oder eine Nacherfüllung verlangen. Übersteigt der Marktpreis für das Gut eine bestimmte Größe, bricht der Markt zusammen und kein Handel findet statt.

Mit der auf Crawford und Sobel (1982) aufbauenden Untersuchung von Pitchik und Schotter (1987, 1988), zum Betrug durch Über- und Unterversorgung am Kunden,

---

[39]Siehe Jost (2001b), Seite 155.

beginnt die breiter angelegte Analyse von Vertrauensgütern. Sie nehmen einen Kunden mit einem von zwei verschiedenen Bedürfnissen an, zu deren Erfüllung die Behandlung durch einen Experten benötigt wird. Zwei unterschiedlich profitable Behandlungen existieren, wobei die profitablere Behandlung jedes Bedürfnis befriedigt, die günstigere Behandlung jedoch nur für ein bestimmtes Bedürfnis geeignet ist. Der Kunde selbst kennt sein Bedürfnis, welches durch eine Wahrscheinlichkeit bestimmt wird, nicht. Er kann zwar im Nachhinein feststellen, ob die Erfüllung seines Bedürfnisses stattgefunden hat, eine Aussage über die Art der Behandlung und deren Notwendigkeit ist damit jedoch nicht möglich. Es bietet sich somit Raum für die Über- und Unterversorgung des Kunden im Markt, wobei letztere von Pitchik und Schotter mit der Begründung eines haftenden Experten ausgeschlossen wird. Im Gleichgewicht des Spiels zeigt sich, dass die Experten mit stets positiver Wahrscheinlichkeit die Kunden mit einfachem Bedürfnis überversorgen.

Die Modellierung von Pitchik und Schotter bezüglich der Kundenbedürfnisse als ein großes und ein kleines Bedürfnis mit der zugehörigen großen und kleinen Behandlung durch einen Experten wird von Wolinsky (1993) aufgegriffen. Er behält die Haftung des Experten bei, führt dazu jedoch variable Preise und exogene Kosten der Behandlungen sowie die Existenz mehrerer Experten ein. Letztere stehen zueinander im Preiswettbewerb nach Bertrand und müssen ihre Preise vor den potentiellen Kundenbesuchen festgelegt haben. Der Kunde kann die Experten nacheinander besuchen und eine Empfehlung verlangen, muss dabei jedoch stets die jeweils anfallenden Suchkosten tragen, welche implizit auch eine feste Vergütung für die potentiellen Diagnosekosten der Experten beinhalten. Es entsteht ein Gleichgewicht, in dem sich die Experten auf eine der beiden möglichen Behandlungen spezialisieren und kein betrügerisches Verhalten im Sinne einer Überversorgung auftritt, da die Experten ihre Behandlungen über die Preise signalisieren können. Allerdings beeinflussen die Suchkosten dieses Ergebnis, ebenso wie die in einer Modellerweiterung von Wolinsky eingeführte Reputation von Experten. In Pitchik und Schotter (1993) wird das Modell von Pitchik und Schotter (1987) auf mehrere Experten erweitert, wobei auch Suchkosten der Kunden nach Wolinsky (1993) angenommen werden. Zusätzlich zu diesen Suchkosten identifizieren sie den Kostenunterschied der beiden Behandlungen als entscheidend für das Ausmaß des Betrugs im Markt.

Taylor (1995) untersucht ein Gut mit drei möglichen Gesundheitszuständen: Gesund, Beschädigt und Versagen. Dabei muss der Kunde als Besitzer des Gutes im Zeitverlauf Unterhalt aufwenden, will er die Wahrscheinlichkeit einer Verschlechterung des Zustandes verringern. Hat das Gut den schlechtesten Zustand des Versagens erreicht, ist es zerstört. Der Kunde besitzt jedoch keine Information über die beiden verbleibenden Zustände, solange das Gut nicht zerstört ist. Ein Experte kann und muss das beschädigte Gut reparieren, wenn er zuvor dessen Zustand mit einer kostspieligen Diagnose überprüft hat. Damit ist der grundlegende Mechanismus vergleichbar zu den zwei Kundenbedürfnissen mit zugehörigen Behandlungen von Pitchik und Schotter, mit Ausnahme der möglichen Unterhaltsaufwendungen des Kunden und einer variablen Wahl des Besuchszeitpunktes. Es zeigt sich, dass die Experten im Gleichgewicht einen festen Preis für die Kombination der Diagnose mit möglicher Behandlung des Gutes anbieten, welcher damit von der Art des Produktes her einer Versicherung entspricht. Dies führt jedoch zum Auftreten eines Moral-Hazard Problems, indem es den Anreiz zur Instandhaltung durch den Kunden untergräbt. So kann im Ergebnis keine Effizienz des Marktes erreicht werden. Wiederholte Spiele und eine Kenntnis der Experten – vor der Festsetzung der Preise – zum Unterhaltsverhalten des Kunden können nach Taylor jedoch Effizienz erzeugen.

Einen Preiswettbewerb zwischen Experten unter Einbeziehung deren Kapazität untersucht Emons (1997). Experten haben eine bestimmte Anzahl an Kapazitätseinheiten zur Verfügung, welche beobachtbar sind, und können einen Kunden mit zwei Behandlungen versorgen. Beide Behandlungen sind kostenfrei und in ihren Preisen frei von den Experten bestimmbar, verbrauchen jedoch unterschiedlich viele Einheiten der Kapazität. Eine Unterversorgung der Kunden durch die Wahl der falschen Behandlung ist möglich, da die Experten nicht haftbar sind. Im Gegenzug werden jedoch verifizierbare Behandlungen angenommen, weshalb der bezahlte Preis auch der zugehörigen Behandlung entsprechen muss. Übersteigt die nachgefragte Kapazität das Angebot, tritt im Gleichgewicht kein Betrug im Markt auf, da die Experten die maximale Zahlungsbereitschaft der Kunden abschöpfen. Dies gelingt durch einen dementsprechend hohen Preis pro Kapazitätseinheit, der damit unterschiedliche Preise für die beiden Behandlungen induziert. Übersteigt dagegen die angebotene Kapazität die Nachfrage, werden beide Behandlungen zu Grenzkosten – also kostenlos – verkauft. Emons reduziert die Anzahl der Experten in diesem Modell auf einen Monopolisten, variiert jedoch bezüglich der Beobachtbarkeit der Kapazitätseinheiten sowie der Verifizierbarkeit der Behandlung. Nur in dem Fall, in dem weder die Beobachtbarkeit noch die Verifizierbarkeit erfüllt sind, betrügt der Experte und der Markt bricht zusammen.[40]

Ein umfassendes Modell zu Vertrauensgütern bieten Dulleck und Kerschbamer (2006). Sie beziehen sich auf den grundlegenden Mechanismus der zwei Bedürfnisse eines Kunden mit jeweils unterschiedlichen Behandlungen von Pitchik und Schotter (1987). Dabei übernehmen sie die exogenen Kosten, frei wählbaren Preise der Behandlungen und die Suchkosten von Wolinsky (1993). Der Experte kann entweder als Monopolist auftreten, oder mit anderen Experten im Preiswettbewerb nach Bertrand stehen. In dieser Grundform ist einem Experten sowohl der Betrug durch Über- und Unterversorgung möglich, als auch der reine Preisbetrug durch das Verlangen des Preises der großen Behandlung, wenn nur die kleine Behandlung vorgenommen wurde. Wesentlich am Beitrag von Dulleck und Kerschbamer ist die freie Gestaltung dreier Modellannahmen: Der Haftbarkeit des Verkäufers, der Verifizierbarkeit des Gutes und der Verpflichtung des Kunden zum Kauf beim Besuch des Experten. Erstere verbietet den Betrug durch Unterversorgung, zweitere den Preisbetrug. Die dritte Annahme entscheidet über die Wechselmöglichkeiten des Kunden im Falle mehrerer Experten. Als zusätzliche vierte Annahme wird die Homogenität der Kunden bezüglich der Wahrscheinlichkeit des großen Bedürfnisses gesehen. Indem nun diese Annahmen modular dem Grundmodell zugeschalten werden, entstehen verschiedene Märkte mit verschiedenen Gleichgewichts-

---

[40]Es ist dem Experten möglich, sich über die Beobachtbarkeit der Kapazität zu einem ausreichenden Niveau zu bekennen. Damit antizipieren die Kunden aufgrund der marginalen Kosten von Null eine korrekte Behandlung und sind bereit, ihre maximale Zahlungsbereitschaft zu bieten.

ergebnissen. Es ist Dulleck und Kerschbamer durch die Analyse dieser Märkte möglich, einen Großteil der Ergebnisse vorangegangener Arbeiten zu replizieren und auf die Existenz oder Nicht-Existenz der vier Grundannahmen zurückzuführen.

3.2.2. Untersuchungen zum Gut

3.2.2.1. Informationsasymmetrie

Das zentrale Merkmal eines Vertrauensgutes ist die Informationsasymmetrie zwischen dem Käufer und dem Verkäufer des Gutes. Diese teilt sich, wie ab Seite 17 beschrieben, in zwei Informationsmengen: zum einen auf die nicht beurteilbare Qualität des Gutes, auch über die Zeit des vollzogenen Kaufs hinaus, zum anderen auf die Unkenntnis des Käufers über sein individuelles Bedürfnis. Die Annahme zur Verifizierbarkeit des Gutes betrifft die erste Informationsmenge und verhindert den reinen Preisbetrug durch Experten, was Dulleck und Kerschbamer (2006) als einen wesentlichen Einfluss auf Vertrauensgütermärkte identifizieren. In den Experimenten von Kerschbamer et al. (2013) wird der Einfluss in geringerem Maß für Wettbewerbsmärkte bestätigt.[41] Meist wird die Verifizierbarkeit entweder vorausgesetzt (Emons (1997, 2001), Dulleck und Kerschbamer (2009)) oder verworfen (Akerlof (1970), Pitchik und Schotter (1987, 1993), Wolinsky (1993, 1995), Taylor (1995), Fong (2005), Sülzle und Wambach (2005), Liu (2011)). Einen Mittelweg gehen Alger und Salanie (2006), die ein Gut als teilweise verifizierbar ansehen. In deren Modell können im Wettbewerb stehende Experten von Kunden mit geringen Problemen den Preis der teuren Behandlung verlangen, ohne diese Behandlung tatsächlich durchzuführen. Die für diesen Preisbetrug entstehenden Kosten der Experten sind jedoch größer als die reinen Kosten der günstigen Behandlung, da zur Aufrechterhaltung des Betrugs ein Teil der Kosten der großen Behandlung aufgewendet werden müssen. Ist dieser Anteil der Betrugskosten ausreichend klein, entsteht ein Gleichgewicht, in dem die Kunden stets von den Experten durch eine Berechnung des hohen Preises betrogen werden.

---

[41]Die Experimente zeigen jedoch einen weniger starken Einfluss als die Theorie vorhersagt. Kerschbamer et al. führen diese Verzerrung auf die Existenz gut- und bösartiger Experten zurück.

Information auf Käuferseite   Die zweite Teilmenge der Informationsasymmetrie, die Unkenntnis des Käufers über sein individuelles Bedürfnis, ist bisher kaum betrachtet worden. Bei der überwiegenden Mehrheit der Arbeiten ist dem Käufer bekannt, ob das Bedürfnis noch nach der Behandlung besteht, wobei dann eine Unterversorgung des Kunden meist direkt ausgeschlossen wird. Bezüglich der Ausnahmen zu dieser Annahme sprechen Dulleck et al. (2011), unter Erwähnung von Feddersen und Gilligan (2001) und Baksi und Bose (2007), von einem zweiten Strang der Literatur zu Vertrauensgütern. Dies kann jedoch kontrovers diskutiert werden, da auch bei diesen Arbeiten die rationalen Käufer des Vertrauensgutes vollständige Information besitzen. In diesem Zusammenhang ist vollständige Information zwar nicht perfekt, da die Käufer trotz Kenntnis ihres exakten Bedürfnisses ex post nicht ihre Bedürfniserfüllung feststellen können, sie ist jedoch ausreichend zur Bildung einer Erwartung über die ex post Wahrscheinlichkeit der Befriedigung des Bedürfnisses. Da die Arbeiten Nash-Gleichgewichte nach Bayes voraussetzen, müssen diese Erwartungen im Gleichgewicht mit den wirklichen Wahrscheinlichkeiten übereinstimmen.[42] Aufgrund der Risikoneutralität der Käufer ist damit aus modelltheoretischer Sicht kein bedeutender Unterschied zwischen den beiden Strängen festzustellen.

Eine direkte, vollständige oder teilweise Information von Kunden über beide Teilmengen der Informationsasymmetrie ist noch nicht in der Literatur zu Vertrauensgütern untersucht worden. Der allgemeine Gewinn von Informationen auf Kundenseite wird dagegen – abgesehen von der Empfehlung des Verkäufers – zweimal betrachtet: Feddersen und Gilligan (2001) untersuchen die Möglichkeit, dass Kunden von einem dritten Akteur, einem Aktivisten, über die Qualität ihres Gutes informiert werden. Da sich der Aktivist strategisch verhält und lügen kann, bleibt eine Restunsicherheit. In der Arbeit von Pesendorfer und Wolinsky (2003) besteht die Möglichkeit, dass sich Kunden durch mehrfache Empfehlungen von Experten mit Sicherheit über die Ausprägung ihres Bedürfnisses informieren können.

---

[42]Vgl. hierzu Harsanyi (1967, 1968a,b).

Information auf Verkäuferseite In der Literatur wird nicht von perfekter Information auf Verkäuferseite ausgegangen. Dies liegt daran, dass die Verkäufer erst mit dem Besuch der Kunden über die Ausprägung des Bedürfnisses informiert werden. Die Diagnose des Bedürfnisses kann dabei kostenlos (Pitchik und Schotter (1987, 1993), Emons (1997, 2001), Liu (2011)) oder mit endogenen (Pesendorfer und Wolinsky (2003), Dulleck und Kerschbamer (2009), Alger und Salanie (2006)) oder exogenen (Wolinsky (1993, 1995), Dulleck und Kerschbamer (2006), Fong (2005)) Kosten verbunden sein. Im Zusammenhang mit der Höhe der Diagnosekosten sprechen Alger und Salanie (2006) von Verbundeffekten zwischen der Diagnose und der Behandlung. Diese sind groß, falls auch die Kosten der Diagnose hoch sind. Ist der Experte nahezu uninformiert und nicht mit der Möglichkeit einer Diagnose ausgestattet, kann ein Besuch nach Schotter (2003) trotzdem hilfreich sein. In Experimenten zeigt der Autor Gründe, die trotz der geringen Informationsasymmetrie eine Beratung durch bessere Ergebnisse rechtfertigen.[43]

Dulleck und Kerschbamer (2009) untersuchen die Auswirkungen der Beobachtbarkeit kostspieliger Diagnosen. Dazu erweitern sie das Modell von Dulleck und Kerschbamer (2006) bei haftbaren Experten und verifizierbarer Behandlung um sogenannte Discounter, welche zwar keine Diagnose leisten, dafür aber die beiden Behandlungen zu Grenzkosten verkaufen. Nur die normalen Experten können eine Diagnose durchführen und dafür eine Besuchsgebühr vom Kunden verlangen. Dies schafft zwei Anreizprobleme im Markt: Während Experten dem typischen Moral-Hazard unterliegen, besitzen die Käufer Anreiz zum Free-Riding durch einen Wechsel zum Discounter nach Erhalt der Diagnose. Die Gleichgewichte ergeben sich in Abhängigkeit der Beobachtbarkeit der Diagnose. Ist diese gegeben, wird das Marktoptimum erreicht und die Experten können

---

[43]Vgl. hierzu auch Schotter und Sopher (2003, 2007) sowie Çelen et al. (2010). Der Experte berät einen Kunden durch die Abgabe einer Empfehlung, besitzt gegenüber ihm jedoch so gut wie keine zusätzlichen Informationen. Obwohl er damit kaum klüger als die Kunden ist, wird seine Empfehlung überwiegend befolgt. Zudem wird beobachtet, dass sich die Kunden, so sie die Wahl zwischen der Beratung oder deren zugrundeliegenden Informationen haben, deutlich häufiger für die Beratung entscheiden. Sie verhalten sich damit also weniger selbstbewusst als durch die allgemein übliche Selbstüberschätzung vermutet. Da sich die Kunden jedoch über die Auseinandersetzung mit dem gegebenem Ratschlag zum verstärkten Lernen und Problemüberdenken anregen lassen, wirkt auch ein naiver Ratschlag fördernd für das Gesamtergebnis.

eine positive Besuchsgebühr[44] fordern. Ist die Diagnose nicht beobachtbar, werden die Experten in Abhängigkeit der Kosten zwar keine Besuchsgebühr verlangen, dafür aber mit einer positiven Wahrscheinlichkeit die Kunden durch Überversorgung betrügen.

Eine unbeobachtbare Diagnose, die jedoch ex post durch Kunden überprüfbar ist, nehmen Pesendorfer und Wolinsky (2003) an. Dabei diskutieren sie auch eine imperfekte Diagnose.[45] Weder die im Preiswettbewerb stehenden Experten noch die Kunden kennen das Kundenbedürfnis, welches im Gegensatz zur gängigen Modellierung zwischen 0 und 1 verteilt ist. Nur die exakt dem Bedürfnis zugeordnete Behandlung erbringt den Erfüllungsnutzen. Durch die Aufwendung von Diagnosekosten kann der Experte beim Kundenbesuch den Typ des Bedürfnisses erfahren. Über eine positive Besuchsgebühr ist es ihm zudem möglich, in ansonsten freier Höhe die anfallenden Diagnosekosten dem Kunden bei jedem Besuch in Rechnung zu stellen. Außer den Diagnosekosten gibt es keine weiteren Behandlungskosten. Da der Experte bei Pesendorfer und Wolinsky durch die Verteilung der Bedürfnisse nur bei tatsächlicher Aufwendung der Diagnosekosten das richtige Bedürfnis erfährt, können die Kunden bei nur einem Expertenbesuch nicht wissen, ob dieser die richtige Empfehlung gibt. Im einzig möglichen Gleichgewicht, neben dem Marktzusammenbruch, sind die Besuchsgebühren daher gleich Null, die Experten investieren in die Diagnose mit positiver Wahrscheinlichkeit und die Kunden besuchen so lange die Experten, bis zwei übereinstimmende Empfehlungen gegeben wurden. Auf diese Art können sich die Kunden Gewissheit über ihr Bedürfnis verschaffen und sind dann zum Kauf der Behandlung bereit.

---

[44]Im Gegensatz zu positiven Besuchsgebühren stehen negative Besuchsgebühren, bei denen der Verkäufer den Käufer für dessen Besuch vergütet. Beispiele umfassen kostenlose Servicedienstleistungen beim Besuch einer Werkstatt.

[45]In ihrem Grundmodell treffen alle hier vorgestellten Arbeiten die vereinfachende Modellannahme einer fehlerfreien Diagnose, welche in ihrer Perfektion natürlich nicht realistisch ist. Wolinsky (1993) und Pitchik und Schotter (1993) evaluieren eine imperfekte Diagnose, einen für Vertrauensgüter geeigneten Mechanismus bietet auch die Arbeit von Broecker (1990).

3.2.2.2. Preis und Kosten

Der Preis des Vertrauensgutes wird beim Großteil der Arbeiten von der Expertensei-te festgesetzt, wobei mehrere Experten in der Regel in einem Preiswettbewerb nach Bertrand stehen und ihre Preise vor der Diagnose des Kundenbedürfnisses festlegen (Wolinsky (1993), Taylor (1995), Emons (1997, 2001), Dulleck und Kerschbamer (2006, 2009), Alger und Salanie (2006), Fong (2005), Liu (2011)). Einige Untersuchungen bezie-hen sich auf exogen vorgegebene Preise (Darby und Karni (1973), Pitchik und Schotter (1987, 1993), Sülzle und Wambach (2005)). Im Unterschied zu diesen Arbeiten liegt die Preisgestaltung bei Wolinsky (1995) auf Seiten der Kunden, die einem Experten beim Besuch ein Angebot für die Behandlung unterbreiten. Lehnt der Experte dieses ab, kön-nen die Kunden nachbessern. Nimmt der Experte nach wie vor nicht an, ist anschließend der Besuch anderer Experten oder ein Verlassen des Marktes ohne Behandlung möglich. Im Gleichgewicht dieses Spiels zeigt sich, dass die Experten trotz des Wettbewerbs mit einer positiven Wahrscheinlichkeit die Kunden durch eine Überversorgung betrügen. Da der Kunde zudem Suchkosten bei einem Expertenwechsel erfährt, können sich die Experten positive Gewinne sichern.

Ebenso werden die Kosten des Gutes unterschiedlich betrachtet. Im Modell der zwei Behandlungen werden meist exogen vorgegebene Grenzkosten angenommen (Wolinsky (1993, 1995), Taylor (1995), Sülzle und Wambach (2005), Dulleck und Kerschbamer (2006, 2009), Alger und Salanie (2006), Liu (2011)), wobei die ursprüngliche Model-lierung keine marginalen Kosten beinhaltet (Pitchik und Schotter (1987, 1993), aber auch Pesendorfer und Wolinsky (2003)). Es bestehen auch indirekte Kosten, beispiels-weise durch die Existenz einer beschränkten Kapazität (Emons (1997, 2001)), Fixkos-ten (Feddersen und Gilligan (2001)) sowie von einer Präferenz der Kunden abhängige Grenzkosten (Fong (2005)).

3.2.3. Untersuchungen zum Verkäufer

3.2.3.1. Haftbarkeit des Experten

Nach Dulleck und Kerschbamer (2006) gehört die Haftbarkeit des Experten zu den entscheidenden Annahmen im Vertrauensgütermarkt. Da der Kunde im Normalfall eine Unterversorgung feststellen kann, kann bei haftbaren Experten für diesen Fall eine Entschädigung erfolgen, welche die Unterversorgung als Behandlungsoption insgesamt unattraktiv werden lässt. In der Literatur finden sich Arbeiten mit (Pitchik und Schotter (1987, 1993), Wolinsky (1993, 1995), Taylor (1995), Fong (2005), Sülzle und Wambach (2005), Alger und Salanie (2006), Liu (2011)) und ohne (Akerlof (1970), Emons (1997, 2001), Pesendorfer und Wolinsky (2003), Dulleck und Kerschbamer (2009)) einer implizit oder explizit angenommenen Haftbarkeit des Experten.

3.2.3.2. Marktmacht

In der Literatur zu Vertrauensgütermärkten werden verschiedene Ausprägungen zur Marktmacht des Experten betrachtet. Während manche Studien Märkte mit einem Monopolisten untersuchen (Pitchik und Schotter (1987), Emons (2001), Fong (2005), Liu (2011)), beziehen sich andere auf einen vollkommenen Wettbewerb in Preisen nach Bertrand (Wolinsky (1993, 1995), Taylor (1995), Alger und Salanie (2006), Dulleck und Kerschbamer (2009)). Ebenso nimmt Emons (1997) mehrere Experten im Preiswettbewerb an; bei ihm ist jedoch die Gesamtverteilung der Kapazität entscheidend für die Marktmacht der einzelnen Experten. Herrscht ein Überangebot an Kapazität, verlieren die Experten Marktmacht und bieten die Güter zu Grenzkosten an. Übersteigt dagegen die Kapazitätsnachfrage das Angebot, gewinnen die Experten Marktmacht und erwirtschaften eine positive Rendite.

3.2.3.3. Heterogene Experten

Nur wenige Arbeiten in der Literatur zu Vertrauensgütern behandeln heterogene Experten. Dulleck und Kerschbamer (2009) unterscheiden Discounter und Experten über die Möglichkeit zur Diagnose, zudem sind Discounter auf Preise zu Grenzkosten festgelegt. Die anderen theoretischen Arbeiten (Sülzle und Wambach (2005), Liu (2011)) und sämtliche Experimente (Dulleck et al. (2011), Dulleck et al. (2012), Kerschbamer et al. (2013)) wenden sich stattdessen einer Unterscheidung ehrlicher und unehrlicher Expertentypen zu.

Ehrliche Experten Liu (2011) untersucht heterogene Experten, die entweder egoistisch oder gewissenhaft sein können. Gewissenhafte Experten ziehen dabei neben ihrem Gewinn auch Nutzen aus der optimalen Behandlung des Kundenbedürfnisses, welches nach dem gängigen Modell von Wolinsky (1993) konstruiert ist. Ist der Experte ein Monopolist, so wird ein gewissenhafter Experte stets nur einen Preis nennen, bei dem er beide Behandlungen durchführt. Bei ausreichend hohem Gesamtgewinn wird diese Preissetzung von einem egoistischen Experten kopiert, welcher jedoch nur das geringe Bedürfnis behandelt und anderenfalls den Kunden ablehnt. Bei einem niedrigen Gesamtgewinn des gewissenhaften Experten wird sich der egoistische Experte durch die Setzung zweier verschiedener Preise zu erkennen geben. Er wird dann mit positiver Wahrscheinlichkeit einen Kunden mit niedrigem Bedürfnis im Preis betrügen. Dafür wird der Kunde mit ebenso positiver Wahrscheinlichkeit eine Empfehlung der teuren Behandlung ablehnen. Im Falle eines Wettbewerbs in Preisen zwischen mehreren Experten beider Typen werden von den Kunden nur die gewissenhaften Experten besucht, welche ehrlich behandeln. Dies ist bedingt durch das Verlangen eines einzigen Preises für die beiden Behandlungen, welcher durch den Wettbewerb der gewissenhaften Experten im Preis auf die erwarteten Grenzkosten sinkt. Da die egoistischen Experten keinen Nutzen aus einer optimalen Behandlung ziehen, sind sie nicht bereit dieselben Preise zu setzen. Sülzle und Wambach (2005) betrachten die Heterogenität von Experten durch einen ehrlichen und einen unehrlichen Typ innerhalb einer Erweiterung ihres Modells. Während sich unehrliche Expertentypen normal verhalten, agieren ehrliche Typen im Interesse des Kunden. Im Gleichgewicht, welches mit positiver Wahrscheinlichkeit Betrug an den Kunden beinhaltet, führt eine Zunahme des Anteils ehrlicher

Experten zwar insgesamt zu weniger Betrug, die Wahrscheinlichkeit des Betrugs durch einen unehrlichen Experten steigt jedoch an.[46]

In Experimenten ist die Existenz heterogener Experten als wesentlicher Einflussfaktor für die Abweichung vom theoretisch optimalen Verhalten identifiziert worden. So führen Dulleck et al. (2011) als Erklärung für die entstehenden Unterschiede zur theoretischen Vorhersage Verkäufer an, die aufgrund gutwilligen Verhaltens von der reinen Maximierung ihrer Auszahlungen absehen. Kerschbamer et al. (2013) beobachten Experten, die sich sowohl gut- als auch bösartig verhalten. Bösartige Experten scheinen einen Zusatznutzen aus dem Verlust der Kunden zu ziehen, während bei gutartigen Experten das Gegenteil der Fall ist. Je nach Experiment zeigen sich Verzerrungen durch die beiden Expertentypen. Theoretisch und experimentell untersuchen Dulleck et al. (2012) die Auswirkungen dreier verschiedener Expertentypen – die grundsätzlich entweder guter, schlechter oder naiver Natur sind – auf die Preissetzung im Markt. Nur die Experten guter Natur verhalten sich kundenfreundlich, während naive Experten von einer reinen Existenz schlechter Experten im Markt ausgehen. Im theoretischen Gleichgewicht wählen die guten Experten faire Preise, welche von den Experten schlechter Natur kopiert werden. Die Nachfrage verteilt sich auf die beiden Typen. In den Experimenten zeigt sich, dass diese Ergebnisse haltbar sind und einige Experten durch das Verlangen fairer Preise ein Signal für die hohe Wahrscheinlichkeit einer bedürfniserfüllenden Behandlung geben. Experten, die die Preise randomisiert setzen, erreichen eine geringere Nachfrage. Damit können Dulleck et al. Evidenz für die Existenz der drei Expertentypen finden.

Eine Erklärung für ehrliche Experten aus psychologischer Sicht bieten Mazar und Ariely (2006), die von inneren Mechanismen der Belohnung bei ehrlichem Verhalten berichten, welche sich bei Betrug dementsprechend negativ auswirken. So zeigen sich bei den Experimenten von Gneezy (2005) die Entscheider als sensibel gegenüber den durch ihren Betrug entstehenden Kosten bei einem Kunden. Es ist damit für die Entscheider nicht nur von Bedeutung, wieviel sie selbst durch eine Lüge gewinnen können, sondern auch, in welcher Höhe die andere Seite durch ihr betrügerisches Verhalten geschädigt

---

[46]Die Arbeit von Sülzle und Wambach (2005) wird ab Seite 58 näher vorgestellt.

wird. Die Experimente von Beck et al. (2013) liefern Hinweise darauf, dass sich Experten zu einem gewissen Grad auch durch ein Versprechen selbstverpflichten lassen, obwohl dieses nicht bindend ist. Sie gehen davon aus, dass der Bruch des Versprechens immaterielle Kosten in Form von Schuldgefühlen nach sich zieht. Im Modell von Milgrom und Roberts (1986) besitzt ein Experte zwar öffentlich bekanntes Eigeninteresse, ist jedoch zur Wahrheit gegenüber dem Kunden verpflichtet. Im Gleichgewicht bietet der Experte dem Kunden mehrere Optionen an, wobei sich dieser stets für die vom Experten am wenigsten favorisierte Option entscheidet. Ist die Information über das Eigeninteresse privat, kann durch Wettbewerb zwischen zwei Experten trotzdem das Marktoptimum erreicht werden.

Reputation Allgemein kann die Existenz heterogener Experten bei wiederholten Spielen zur Bildung einer Reputation führen. Reputation ist in einem Vertrauensgütermarkt jedoch grundsätzlich kritisch zu sehen, da sie auch zeitnahe und belegbare Information über das Ergebnis einer Behandlung des Experten voraussetzt. Wird Betrug allgemein selten aufgedeckt, zeigen Mailath und Samuelson (2001), dass die zur Verfügung stehenden Informationen nicht zur Bildung von hinreichend guten Reputationswerten ausreichen.[47] Im Modell von Wrasai und Swank (2007) werden Berater angenommen, die sich mit gleicher Wahrscheinlichkeit in gute und schlechte Typen unterscheiden, wobei der schlechte Berater ein deutlich höheres Eigeninteresse als der gute Berater besitzt. Die Berater haben keine perfekte Information bezüglich der Bedürfnisse der Kunden, welche den Berater durch einen Wechsel zu einem anderen Experten bestrafen können. Die Sorge um ihre Reputation diszipliniert die schlechten Berater, führt jedoch zu Abweichungen bei den guten Beratern. Insgesamt kann daher die Möglichkeit der Bestrafung des Beraters ein insgesamt schlechteres Ergebnis für den Kunden erzielen. In einem Experiment untersuchen Mimra et al. (2013) das Verhalten von Experten bei öffentlicher oder privater Behandlungshistorie. Sind die Preise flexibel, führt die öffentlich bekannte Information zu Preiskämpfen, während sie bei extern regulierten

---

[47]Vgl. Kreps und Wilson (1982) und Fombrun und Shanley (1990).

Preisen die Betrugshäufigkeit senkt.

3.2.4. Untersuchungen zum Käufer

3.2.4.1. Verpflichtung zum Kauf bei Besuch

Eine Verpflichtung des Käufers zum Kauf des Gutes beim Besuch des Experten, wie sie
bereits Taylor (1995) diskutiert, wird als weitere zentrale Marktannahme von Dulleck
und Kerschbamer (2006) identifiziert und als Modellannahme eingeführt. Diese Verpflichtung kann durch hohe Verbundeffekte zwischen Diagnose und Behandlung entstehen und hilft die Ergebnisse von Arbeiten zu erklären, die Suchkosten für den Käufer
des Vertrauensgutes annehmen (Pitchik und Schotter (1993), Wolinsky (1993, 1995),
Fong (2005)). Ab einer bestimmten Höhe wird durch die Suchkosten der Wechsel zwischen Experten für die Kunden unwirtschaftlich und sie müssen das angebotene Produkt
kaufen.

3.2.4.2. Heterogene Kunden

Nur drei Arbeiten nehmen die Heterogenität von Kunden an. Pitchik und Schotter
(1993) unterteilen die Kunden nach ihren Suchkosten. Diese werden für einen Teil der
Kunden als nicht-existent betrachtet, während sie den verbleibenden Teil in einer bestimmten Höhe treffen. Dies kann in trivialer Weise Auswirkungen auf Gleichgewichte
haben, wenn die Kunden mit positiven Suchkosten direkt beim besuchten Experten kaufen, ohne nach der Empfehlung des teuren Bedürfnisses zu wechseln. Im Gegensatz dazu
führen Dulleck und Kerschbamer (2006) einen Kundenanteil ein, der sich von den anderen Kunden über eine höhere Wahrscheinlichkeit für das große Bedürfnis unterscheidet.
Der Kundentyp ist öffentliche Information und die Kunden besitzen somit unterschiedliche Erwartungskosten der Gesamtbehandlung. Es hängt von den Parametern und den
Preisdiskriminierungsmöglichkeiten des Experten ab, ob im Monopolmarkt weiterhin
das gesamtwirtschaftliche Optimum erreicht werden kann.

Fong (2005) weicht in zwei Modellen von der Homogenität der Kunden ab, um zu
erklären, weshalb Experten nur manche Kunden betrügen. Im ersten Modell besitzen die

Kunden einen unterschiedlichen Erfüllungsnutzen, der abhängig von der Schwere ihres Bedürfnisses ist. Da die Kunden jedoch ihren Bedürfnistyp nicht kennen und demnach auch Ungewissheit über ihren Erfüllungsnutzen haben müssen, variiert Fong den gängigen Modellaufbau: Die Kunden erleiden bei ihm nach einer erfolglosen Behandlung einen Schaden, welcher je nach Schwere des Bedürfnisses größer oder kleiner ist. Da die Kunden die Schwerewahrscheinlichkeit kennen, haben sie einen erwarteten Erfüllungsnutzen beim Besuch des monopolistischen Experten. Nach wie vor muss dieser vor der Diagnose die Preise setzen, zudem ist er zur Erfüllung des Kundenbedürfnisses verpflichtet. Obwohl die Behandlungskosten des großen Bedürfnisses den Erfüllungsnutzen des kleinen Bedürfnisses übersteigen, kann sich der Experte durch eine ehrliche Behandlung die gesamte Zahlungsbereitschaft der Kunden sichern. Im zweiten Modell führt Fong eine zusätzliche Unterteilung der Kunden ein, wobei sie als öffentliche Information entweder einen hohen oder geringen Anspruch bezüglich des großen Bedürfnisses besitzen. Ihr Erfüllungsnutzen kann damit entweder groß, mittel oder klein sein, je nach Kundentyp und Bedürfnis. Es zeigt sich, dass für den Experten zwei Strategien optimal sind, je nach Anteil der anspruchsvollen Kunden. Ist dieser Anteil groß, fokussiert sich der Experte durch seine Preissetzung auf diese Kunden und treibt die anspruchslosen Kunden mit großem Bedürfnis aus dem Markt. Anderenfalls passt er die Preise nach unten an, betrügt jedoch stets die Kunden mit hohem Anspruch durch die Abrechnung des hohen Preises.

3.2.5. Untersuchungen dritter Akteure

Zwei Arbeiten beschäftigen sich mit der Existenz eines zusätzlichen Spielers im Markt. Bei Feddersen und Gilligan (2001) übernimmt diese Rolle ein Aktivist, welcher die Qualität des Vertrauensgutes überprüfen kann und die Konsumenten über eine Nachricht informiert. Die Kunden, welche ex post nicht über die Befriedigung ihres Bedürfnisses informiert werden, können anschließend über den Kauf des Gutes entscheiden. Die strategische Interaktion entspringt der Zielfunktion des Aktivisten, welcher zwar einerseits den Anteil des qualitativ hochwertigen Produktes im Markt steigern will, andererseits aber ebenso einen geringen Gesamtkonsum des Gutes bevorzugt. Die Kunden antizipieren ein solches Verhalten und passen ihre Kaufentscheidung an. Im Gleichgewicht des Marktes kann der Aktivist helfen Effizienz zu erzeugen und die soziale Wohlfahrt zu erhöhen.

Sülzle und Wambach (2005) untersuchen eine Krankenversicherung, die über den Anteil einer Selbstbeteiligung den zu zahlenden Preis der Kunden für Behandlungen steuert. In der bekannten Modellierung mit zwei potentiellen Bedürfnissen und den zugehörigen Behandlungen werden exogen vorgegebene Preise angenommen, bei zur bedürfniserfüllenden Behandlung verpflichteten Experten. Die vorgegebenen Preise reduzieren den Gewinn der Experten bei einer tatsächlich angebrachten großen Behandlung auf Null, während sie einen positiven Gewinn bei der kleinen Behandlung zulassen. Es existieren zudem Suchkosten, die Kunden bei jedem Besuch eines Experten ohne Kompensation tragen müssen. In Abhängigkeit der von der Versicherung festgelegten Höhe der Selbstbeteiligung sind mehrere Gleichgewichte möglich. Fehlt die Selbstbeteiligung der Kunden völlig, besteht bei den Experten stets Anreiz zur Überversorgung durch die große Behandlung, welche von den Kunden akzeptiert wird. Ist die Selbstbeteiligung positiv, so sind zusätzlich zwei Gleichgewichte denkbar, bei denen die Kunden nach der Diagnose eines großen Bedürfnisses mit einer positiven Wahrscheinlichkeit einen zweiten Experten aufsuchen, der ebenso wie der erste Experte mit einer positiven Wahrscheinlichkeit überversorgen wird. Erhöht sich nun die Selbstbeteiligung, kann die Betrugswahrscheinlichkeit je nach Gleichgewicht zu- oder abnehmen, wobei im Gegenzug die Annahmewahrscheinlichkeit der ersten großen Behandlungsempfehlung durch die Kunden ebenso abnimmt oder steigt. Insgesamt ist dabei von den Rahmenbedingungen abhängig, welcher der beiden Effekte im Bezug auf das gesamte Ausmaß des Betrugs überwiegt.

3.2.6. Forschungslücke der Literatur

> *Technical expertise, or expert's expectation of its existence on the consumer's side, may affect market outcomes. The existing literature has ignored consumers heterogeneity in expertise so far.*
>
> Dulleck und Kerschbamer (2006), Seite 31.

Bis auf wenige Ausnahmen bezieht sich die Literatur zu Vertrauensgütern auf nur eine der beiden Teilmengen der Informationsasymmetrie.[48] Diese betrifft die Kenntnis des Käufers zur Qualität des Gutes nach dem Kauf, nicht jedoch dessen Wissen zu seinem individuellen Bedürfnis. Auch über beide Teilmengen hinweg vollständig informierte Kunden werden nicht in der Literatur betrachtet. Daraus ergeben sich zwei wesentliche Forschungslücken:

1. Die fehlende Betrachtung von Kunden, die sowohl über ihr Bedürfnis als auch über die Qualität der Behandlung informiert sind. Die Information dieser Kunden deckt somit beide Teilmengen der Informationsasymmetrie ab. Dies impliziert zwangsläufig eine Heterogenität aus informierten und uninformierten Kunden, da ansonsten mit der fehlenden Informationsasymmetrie das zentrale Merkmal des Vertrauensgütermarktes verloren ginge.[49]

2. Die fehlende Betrachtung von Kunden, die zwar nicht über die Qualität der Behandlung informiert sind, dafür jedoch ihr Bedürfnis kennen. In Bezug auf dieses Merkmal sind sowohl homogene als auch heterogene Kunden denkbar, da mit der unbekannten Qualität der Behandlung die Bedingung der Informationsasymmetrie weiterhin erfüllt ist.[50]

---

[48]Siehe hierzu die Ausführungen unter 3.2.2.

[49]Im Abschnitt 3.2.4.2 werden die wenigen Arbeiten mit heterogenen Kunden vorgestellt, dabei wird die Heterogenität der Kunden in Bezug auf ihr Wissen von keiner Arbeit untersucht.

[50]Nur Feddersen und Gilligan (2001) betrachten einen solchen Markt, allerdings zielt ihre Untersuchung auf die Auswirkungen eines Aktivisten als dritten Akteur im Markt ab.

Diese Arbeit bezieht sich auf die erste Forschungslücke.[51] Da mit den Experten bereits informierte Akteure existieren, somit auch Information über das Vertrauensgut im Markt vorhanden ist, besteht kein Grund zur Annahme, dass zumindest ein Teil der Kunden nicht ebenso informiert sein kann. Zumal sich in empirischen Studien Evidenz für die Existenz und Relevanz informierter Kunden findet: Domenighetti et al. (1993) zeigen für einen Schweizer Kanton die bis zu 33% geringere Anzahl medizinischer Operationen bei Ärzten und deren Angehörigen. In der Feldstudie von Balafoutas et al. (2013) zum Taximarkt in Athen unterscheiden die Fahrer ihre Fahrgäste bezüglich ihrer Ortskundigkeit und betrügen ortsunkundige Gäste durch Überversorgung und Preisbetrug. Im Hinblick auf den Finanzmarkt finden mehrere empirische Studien direkte Hinweise auf eine verbesserte Qualität der Beratung von Finanzdienstleistern in Bezug auf vorhandenes Wissen der Kunden (Calcagno und Monticone (2015), Bucher-Koenen und Koenen (2015), Hackethal et al. (2011), Georgarakos und Inderst (2014)).

3.2.7. Zusammenfassung

Die Literatur zu Vertrauensgütermärkten bietet ein vielschichtiges Bild unterschiedlicher Ansätze. Ein roter Faden ist dabei das Standardmodell zur Darstellung eines Vertrauensgutes von Pitchik und Schotter (1987) und Wolinsky (1993), welches zwei Kundenbedürfnisse annimmt, die durch einen Experten mit zwei unterschiedlichen Behandlungen befriedigt werden können. Auch die in diesem Buch vorgestellten Modelle beziehen sich auf diese beiden Arbeiten, darunter ebenso Dulleck und Kerschbamer (2006). In deren Analyse zur bisherigen Literatur werden zusätzlich zur Wettbewerbsintensität drei zentrale Einflüsse auf die Ergebnisse eines Vertrauensgütermarktes identifiziert. Neben der Haftung der Verkäufer und der Verifizierbarkeit des Gutes betrifft dies die Verpflichtung der Kunden zum Kauf beim Besuch eines Experten.

Ist die Haftbarkeit des oder der Experten erfüllt, so ist dies hinreichend für die Effizienz des Marktes. Dies geschieht durch das Verlangen eines Fixpreises, da die Kun-

---

[51]Unter 6.3 wird ein Ansatzpunkt für weitere Forschung im Rahmen einer Anpassung des Modells zur Untersuchung der zweiten Lücke diskutiert.

den ihrer Bedürfniserfüllung sicher sind. Ist das Gut verifizierbar, können die Experten durch die flexible Preisgestaltung eine faire Behandlung aufgrund gleicher Deckungsbeiträge signalisieren, womit kein Betrug im Markt existiert. Die Arbeiten von Taylor (1995) und Emons (1997) beinhalten ein solches Ergebnis. Ist weder die Haftung noch die Verifizierbarkeit erfüllt, bildet sich ein Zitronenmarkt nach Akerlof (1970), welcher auch im Modell von Emons (2001) existiert. Wird im Wettbewerbsfall die Verpflichtung der Kunden verworfen, ist die Art der zweiten Annahme entscheidend: Ohne verifizierbare Güter besteht Anreiz zum Preisbetrug, wie es bei Pitchik und Schotter (1987) und Sülzle und Wambach (2005) vorkommt. Auch kann ein Spezialistengleichgewicht ähnlich zu Wolinsky (1993) entstehen, welches zwar frei von Betrug ist, aufgrund des mehrfachen Besuchs von Experten jedoch keine Markteffizienz erreicht. Ist das Gut stattdessen verifizierbar und wird die Haftbarkeit des Experten verworfen, bleibt die Effizienz des Marktes erhalten, da auch hier ein Fixpreis die optimale Behandlung garantiert.

In Experimenten, die speziell für die vier wesentlichen Annahmen von Dulleck und Kerschbamer (2006) konzipiert sind, stellen Dulleck et al. (2011) sowie Kerschbamer et al. (2013) deren zentrale Bedeutung für die Effizienz und das Auftreten von Betrug im Markt heraus. Dulleck et al. sehen besonders die haftenden Experten und den Wettbewerb als Garanten für positive Ergebnisse im Markt, während die Verifizierbarkeit des Gutes keine signifikanten Verbesserungen zeigt. Auch bei Kerschbamer et al. bleibt der Einfluss der Verifizierbarkeit hinter den theoretischen Erwartungen zurück. Sowohl Dulleck et al. als auch Kerschbamer et al. machen hierfür heterogene Experten verantwortlich, welche stellenweise nicht ihre Auszahlungen maximieren würden, sondern sich zum Teil besonders ehrlich oder besonders bösartig gegenüber den Kunden verhalten.

Bisher nicht untersucht bleibt die Frage der Auswirkungen heterogener Kunden, die sich in Bezug auf ihr Wissen über das Vertrauensgut unterscheiden. Für solche informierten Kunden im Markt wird empirisch in verschiedenen Studien Evidenz gefunden, ein umfassendes theoretisches Modell besteht hierzu jedoch nicht. Diese Forschungslücke wird durch die vorliegende Arbeit geschlossen.

Kapitel 4.

Marktmodell mit einem Verkäufer

Das in diesem Kapitel vorgestellte Modell bildet Vertrauensgütermärkte mit einem einzelnen Verkäufer ab. Es unterscheidet sich damit insbesondere durch den fehlenden Wettbewerb zwischen Verkäufern vom im darauffolgenden Kapitel 5 vorgestellten Modell.

Die Existenz eines einzigen Verkäufers im Markt wird als Monopol bezeichnet. Der Monopolist kann die Preise im Markt frei von Einflüssen durch eventuelle Wettbewerber gestalten und besitzt dadurch Marktmacht. Ein solcher Monopolmarkt ruft jedoch oftmals zweierlei Assoziationen hervor: einerseits zu einer natürlichen Monopolsituation mit beispielsweise abnehmenden Grenzkosten eines Gutes, andererseits zu einem Monopolisten, der weitreichende Kompetenzen im Hinblick auf die Marktgestaltung besitzt. Beide Situationen sind im Bereich der Vertrauensgüter nur selten zu finden, weshalb man sich den einzigen Verkäufer in diesem Modell weniger als echten Monopolisten, sondern eher als Verkäufer mit einer monopolähnlichen Stellung vorstellen sollte. Diese monopolähnliche Stellung ist in Einschränkungen des Wettbewerbs begründet. Diese können beispielsweise räumlich, wie die einzige Autowerkstatt oder der einzige Facharzt in einem akzeptablen Umkreis, oder zeitlich sein, wie das einzige Taxi bei Zeitnot oder die einzige Apotheke mit Notdienst. Ein Wechsel zu einem anderen Anbieter des Vertrauensgutes ist unter diesen Umständen zwar möglich, durch hohe Wechselkosten jedoch unattraktiv. Aus diesen Gründen werden einem Verkäufer im Modell – trotz der Beschreibung als Monopolist – nicht die Möglichkeiten gelassen, fundamentale Markteigenschaften, wie beispielsweise die Haftbarkeit des Verkäufers, zu verändern.

Die grundlegende Struktur des Modells geht auf das Modell von Pitchik und Schotter (1987) sowie dessen Erweiterung durch Wolinsky (1993) zurück. Es folgt in großen Teilen dem Aufbau von Dulleck und Kerschbamer (2006).

Nach diesen Vorüberlegungen folgt die Beschreibung des vollständigen Aufbaus des Modells, bevor dessen Ergebnisse in unterschiedlichen Märkten berechnet und vorgestellt werden. Nach der Anwendung der komparativen Statik wird das Modell in verschiedene Richtungen erweitert. Schließlich werden zusätzliche Möglichkeiten der weiteren Modellierung betrachtet und das Kapitel zusammengefasst.

4.1. Aufbau

Entscheidend für den Aufbau des Modells sind dessen Grundstruktur und zeitlicher Ablauf, welche sich übersichtlich in einem Spielbaum darstellen lassen. Durch unterschiedliche Marktannahmen kann dieser Spielbaum erweitert beziehungsweise eingeschränkt werden, was zur Beschreibung und Darstellung unterschiedlicher Märkte führt.

4.1.1. Grundstruktur

Im Zentrum des Modells stehen zwei Akteure, der Käufer und der Verkäufer eines Vertrauensgutes.[52] Jeder Käufer im Markt hat ein Bedürfnis, dessen Ausprägung entweder schwer oder leicht ist.[53] Das Bedürfnis besitzt den hohen Schweregrad mit einer Wahrscheinlichkeit h, welche allgemein bekannt ist. Dementsprechend ist mit der Gegenwahrscheinlichkeit $1 - h$ das Ausmaß des Problems gering. Zusätzlich zu den beiden Bedürfnistypen gibt es zwei verschiedene Käufertypen. Dabei ist dem Käufer der Schweregrad seines Bedürfnisses mit einer Wahrscheinlichkeit k bekannt, weshalb er in diesem

---

[52] Diese sind in der Realität oftmals unterschiedlich benannt, daher können im weiteren Verlauf der Arbeit analog zur Beziehung Käufer/Verkäufer auch die Begriffe Kunde/Experte, Konsument/Produzent sowie Entscheider/Berater verwendet werden.

[53] Ein Bedürfnis kann zusätzlich zum Ausdruck des Problems auch als Schaden beschrieben werden, während durch eine Behandlung ebenso eine Reparatur oder Versorgung ausgedrückt wird.

Fall als informiert bezeichnet wird. Für die Wahrscheinlichkeit $1-k$ ist der Käufer uninformiert und kann den Typ seines Bedürfnisses nicht bestimmen. Es wird angenommen, dass $h,k \in [0,1]$ ist. Gilt in einem Markt $0 < k < 1$, so existieren demnach heterogene Käufer in Bezug auf ihre Informiertheit.

Im Markt gibt es einen Verkäufer, welcher die Bedürfnisse der Kunden durch eine Behandlung befriedigen kann. Der Verkäufer kann vom Käufer durch einen Besuch um eine Empfehlung gebeten werden, wobei der Käufer auch die Entscheidungsfreiheit besitzt, den Verkäufer nicht zu besuchen. Falls er sich für diese Wahlmöglichkeit entscheidet, wird das Spiel direkt beendet und beide Akteure erzielen einen Nutzen von Null, beziehungsweise Nullgewinne.[54] Entschließt sich der Käufer zum Besuch des Verkäufers, so erfährt dieser den Typ des Problems[55] und den Typ des Käufers[56]. Anschließend führt der Verkäufer eine Behandlung durch, wobei er zwischen zwei möglichen Behandlungen entscheiden kann. Eine teure Behandlung kostet den Experten c_H und behebt beide Bedürfnisse, während eine günstige Behandlung zu Kosten von c_L nur das geringere Bedürfnis lösen kann. Für die beiden Behandlungen kann der Verkäufer zugehörige Preise von p_H oder p_L verlangen. Es gibt nun zwei mögliche Resultate für den Kunden: Entweder das Problem wird durch den Experten behoben, oder nicht. Im ersten Fall erfährt der Kunde einen Nutzen in Höhe von v durch die Erfüllung seines Bedürfnisses, im zweiten Fall wird v nicht erreicht und der Käufer geht leer aus. Eine Beziehung der Variablen von $v > c_H > c_L \geq 0$ wird angenommen, welche sicherstellt, dass eine Problemlösung grundsätzlich vorteilhaft ist. Werden alle Bedürfnisse optimal mit den zugehörigen Behandlungen befriedigt, ist der Markt effizient.[57] Die soziale Wohlfahrt mit der Summe aus Gewinn des Experten und Gesamtnutzen der Kunden

---

[54]Da der Kunde diesen Nutzen als nächstbeste Option stets erreichen kann, wird er als Reservationsnutzen bezeichnet.

[55]An dieser Stelle wird von einer kostenpflichtigen Diagnose abgesehen. Deren Möglichkeiten und Auswirkungen werden später als potentielle Erweiterung des Modells im Unterkapitel 4.4 untersucht.

[56]Die Beobachtbarkeit des Kundentyps durch den Experten wird als kritische Annahme mit möglichen Auswirkungen im Abschnitt 6.2.1 genauer erläutert und diskutiert.

[57]Da in diesem Fall kein Marktteilnehmer besser gestellt werden kann, ohne gleichzeitig einen anderen Marktteilnehmer schlechter zu stellen, ist die sogenannte Pareto-Effizienz erreicht.

erreicht dann in $SW_{max} = v - c_L - h(c_H - c_L)$ ihren Maximalwert.

4.1.2. Zeitlicher Ablauf

Der zeitliche Ablauf des Modells ist in verschiedene Stufen gegliedert, die mit t bezeichnet werden. Jede Stufe ist dabei genau einem Akteur zugeordnet, welcher seine Handlungsoptionen wählt. Am Ende des Spiels werden die Auszahlungen realisiert.

$t = 1$ Der Experte wählt und veröffentlicht die Preise p_H und p_L.

$t = 2$ Die Natur bestimmt den Typ des Kunden sowie den Schweregrad seines Problems.[58]

$t = 3$ Der Kunde entscheidet über die Möglichkeit den Markt zu verlassen oder den Verkäufer zu besuchen. Verlässt er den Markt, so endet das Spiel direkt.

$t = 4$ Der Experte erfährt den Typ des Kunden sowie den Schweregrad des Problems, bevor er eine Behandlung mit den zugehörigen Kosten c_H oder c_L wählt. Anschließend verlangt er einen Behandlungspreis von p_H oder p_L vom Kunden, welcher im Falle der erfolgreichen Behandlung einen Nutzen von v erreicht.

Eine Übersicht des zeitlichen Ablaufs auf einem Zeitstrahl bietet Abbildung 3.

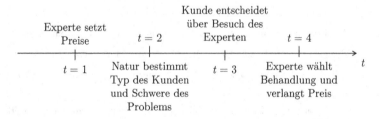

Abbildung 3.: Zeitstrahl des Monopolmodells. Quelle: eigene Darstellung.

---

[58] An dieser Stelle ist zu erwähnen, dass in einem spieltheoretischen Modell die Natur grundsätzlich immer als Erstes zieht. Das hier vorgestellte Modell weicht aus zwei Gründen von diesem Grundsatz ab: 1. Es ergibt keinen Unterschied im weiteren Verlauf des Spiels, ob die Natur vor oder nach der Preissetzung agiert. 2. Für die Herleitung der Ergebnisse ist die hier vorgestellte Variante besser geeignet, da sie die Bildung von Teilspielen ermöglicht.

Es ist zu beachten, dass der Experte in Stufe 4 die Möglichkeit besitzt, den Kunden zu täuschen und eine Behandlung zu wählen, die nicht dem eigentlich zugehörigen Problemtyp entspricht. Ebenso kann er einen Preis verlangen, der für eine andere Behandlung vorgesehen ist. In beiden Fällen spricht man von Betrug. Dieser wird ermöglicht durch die Informationsasymmetrie zwischen dem Käufer und dem Verkäufer des Vertrauensgutes. Die Asymmetrie besteht jedoch nicht bei den informierten Käufern, da diese über den Schweregrad ihres Problems informiert sind. Aus diesem Grund können die informierten Kunden – im Gegensatz zu den uninformierten Kunden – nicht getäuscht werden und scheiden als Opfer des Betruges aus.

Insgesamt werden drei Arten des Betrugs unterschieden:

1. Wenn es sich um einen kleinen Schaden handelt, der Experte jedoch eine große Reparatur durchführt, spricht man von einer *Überversorgung*. Da die Kosten der großen Reparatur immer die der kleinen übersteigen ($c_H > c_L$), ist die betrügerische Behandlung ineffizient und ein optimales Marktergebnis kann nicht erreicht werden.

2. Ist der Schaden klein und der Experte führt auch eine kleine Reparatur durch, verlangt allerdings den Preis der großen Behandlung, so handelt es sich um *Preisbetrug*. Trotz des Betrugs durch den Experten ist die Behandlung effizient, daher steht nur diese Betrugsform allein einem optimalen Marktergebnis nicht entgegen.

3. Wird bei einem großen Schaden dieser nicht behoben, sondern nur eine kleine Reparatur durchgeführt, findet eine *Unterversorgung* statt. Da das Problem des Kunden nicht gelöst wird, ist Unterversorgung in jedem Fall ineffizient und verhindert somit ein optimales Marktergebnis.

Der Experte wird sich bei Indifferenz zwischen Betrug und ehrlicher Behandlung immer gegen den Betrug entscheiden. Ebenso entscheidet sich der Kunde immer für den Besuch des Experten, falls sein Erwartungsnutzen des Besuchs höher oder gleich seinem Nutzen aus dem Marktaustritt ist. Dabei sind aus Gründen der Vereinfachung sowohl Kunde als auch Experte als risiko-neutral modelliert.[59] Zur Berechnung von Gleichgewichten wird das Bayessche Nash Gleichgewicht nach Harsanyi (1967, 1968a,b) verwendet, wonach sich jeder Spieler optimal nach seinen (korrekten) Wahrscheinlichkeitseinschätzungen zum Verhalten der anderen Spieler verhält.

4.1.3. Spielbaum

Das gesamte Spiel kann nun in extensive Formen überführt werden. In der in Abbildung 4 vorgestellten Form, der sogenannten Harsanyi Transformation, wird der Fokus des Spielbaums auf die zwar vollständige, jedoch imperfekte Information gelegt.[60] Die durch Wahrscheinlichkeiten bestimmten Teilspiele sind jeweils räumlich getrennt. Vom Spieler nicht differenzierbare Knotenpunkte – also Knotenpunkte eines jeweiligen Spielers, bei denen der Spieler nicht mit Sicherheit feststellen kann, an welchem Knotenpunkt er sich genau befindet – werden durch eine gestrichelte Linie miteinander verbunden. Am Ende eines jeden Pfades stehen die Auszahlungsergebnisse durch Schrägstrich getrennt in Klammern. Dabei stellt der Ausdruck vor dem Schrägstrich den Gewinn des Verkäufers, der Ausdruck nach dem Schrägstrich den Nutzen des Käufers dar.

Als Alternative zur Darstellung nach Harsanyi bietet sich die normale Darstellung eines Spielbaums an, welche durch den zeitlichen Ablauf der einzelnen Schritte bestimmt ist. Hierbei ziehen die Spieler streng vertikal in der vorgegebenen Reihenfolge, wobei am oberen Ende des Spielbaums begonnen wird. Analog zu Harsanyi werden von den Akteuren nicht differenzierbare Knotenpunkte durch eine gestrichelte Linie dargestellt. Am unteren Ende des Spielbaums befinden sich sämtliche möglichen Auszahlungen. Abbildung 5 zeigt diesen Spielbaum.

Vergrößert man die Abbildung 5 auf den Ausschnitt der Stufe $t = 4$ mit den Knotenpunkten eines uninformierten Kunden, so lassen sich gut die einzelnen Betrugsmöglichkeiten des Experten zeigen. Um sämtlichen Optionen des Experten Rechnung zu

---

[59]Diese Annahmen sind gängig und werden in dieser oder ähnlicher Form unter anderem auch von Pitchik und Schotter (1987), Wolinsky (1993), Emons (1997) und Dulleck und Kerschbamer (2006) getroffen.

[60]Vgl. hierzu Harsanyi (1967, 1968a,b) sowie Harsanyi und Selten (1972).

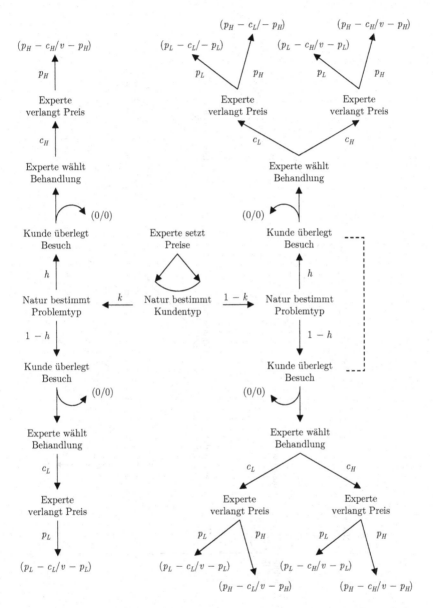

Abbildung 4.: Extensivform als Spielbaum nach Harsanyi. Quelle: eigene Darstellung.

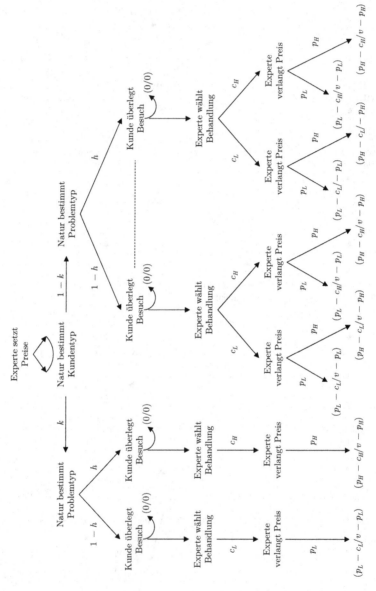

Abbildung 5.: Extensivform als ablaufbezogener Spielbaum. Quelle: eigene Darstellung.

tragen, ist bei den Spielbäumen auch die Wahl einer teuren Behandlung in Verbindung mit einem günstigen Preis abgebildet. Da dies im Prinzip eine Preismanipulation zum Vorteil des Kunden darstellt, handelt es sich hierbei nicht um einen Betrug, sondern um eine Rabattform. Diese spielt im weiteren theoretischen Modell jedoch keine Rolle.[61] Abbildung 6 zeigt dieses Teilspiel.

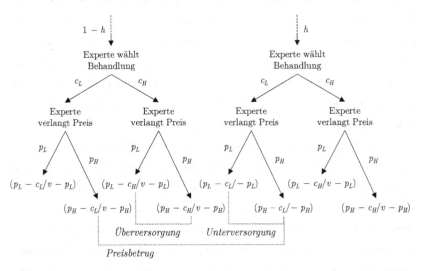

Abbildung 6.: Spielbaum des Experten beim Besuch eines uninformierten Kunden. Quelle: eigene Darstellung.

In Abbildung 6 ist ersichtlich, dass der Experte Preisbetrug und Unterversorgung kombinieren kann. Damit kann er dem Kunden eine sein Bedürfnis nicht erfüllende günstige Behandlung zum Preis der teuren Behandlung verkaufen. In manchen Vertrauensgütermärkten ist jedoch ein derartiger Betrug am Kunden ausgeschlossen, da bestimmte Marktcharakteristika sowohl einen möglichen Preisbetrug als auch eine mögliche Unterversorgung wirksam verhindern können. Die daraus folgenden Marktunterscheidungen werden im kommenden Abschnitt dargestellt.

---

[61]Die Preiswahl des Experten findet in der letzten Stufe des Spiels statt, wobei der Experte dabei streng seinen Gewinn maximiert. Er wird also immer den größeren Preis wählen, wenn er diesen verlangen kann.

4.1.4. Marktunterscheidungen

Um unterschiedliche Märkte mit verschiedenen Ausprägungen eines Vertrauensgutes abzubilden, wird auf die im Abschnitt 3.2 ausgeführten Charakterisierungen von Vertrauensgütermärkten zurückgegriffen. Im Modell mit nur einem Verkäufer sind die zwei Annahmen der Verifizierbarkeit des Gutes sowie der Haftbarkeit des Verkäufers von grundlegender Bedeutung, da sie direkte Auswirkungen auf die Betrugsmöglichkeiten zur Folge haben. Von der Annahme einer Verpflichtung des Käufers gegenüber einem bestimmten Verkäufer wird – der Argumentation von Dulleck und Kerschbamer (2006) folgend – abgesehen, da diese Annahme nur im Fall mehrerer, in einem Wettbewerb miteinander stehender Verkäufer greift und somit im Fall eines einzelnen Verkäufers nicht anzuwenden ist.[62]

Ist die Verifizierbarkeit des Gutes gegeben, so ist kein Preisbetrug mehr möglich. Der Kunde kann erkennen, ob die Aktion des Experten eine kostengünstige oder kostenintensive Behandlung war. Somit ist es dem Experten nicht möglich, dem Kunden die kleine Behandlung als große Behandlung zu verkaufen und den dementsprechenden Preis zu verlangen. Der Experte kann jedoch weiterhin überversorgen, also die große Behandlung zum entsprechenden Preis durchführen, obwohl auch die kleine Behandlung mit günstigerem Preis für den Behandlungserfolg ausreichend gewesen wäre. An dieser Stelle ist zu beachten, dass der Experte in einem Markt ohne Verifizierbarkeit des Gutes durch $c_H > c_L$ stets den Preisbetrug gegenüber der Überversorgung bevorzugt, da sein Gewinn von $p_H - c_L$ durch Preisbetrug immer größer als sein Gewinn von $p_H - c_H$ durch Überversorgung ist.

Im Falle einer Haftbarkeit des Verkäufers ist es diesem nicht mehr gestattet, den Kunden unterzuversorgen. Es handelt sich hierbei um eine Annäherung an die Realität,

---

[62]Dulleck und Kerschbamer (2006) betrachten noch eine vierte Annahme, zusätzlich zu den drei bisher vorgestellten. Diese betrifft eine mögliche Heterogenität der Kunden mit Bezug auf deren Schadenswahrscheinlichkeit. Im weiteren Verlauf der Arbeit wird diese Heterogenität nach Dulleck und Kerschbamer (2006) im Abschnitt 4.4 betrachtet und untersucht, ebenso wie die Heterogenität der Kunden durch unterschiedliche Erfüllungsnutzen. An dieser Stelle wird jedoch – da dieses Modell bereits unterschiedliche Kundentypen annimmt und eine weitere Unterscheidung dieser Typen die Komplexität des Modells deutlich erhöht, ohne in Bezug auf die Analyse der Rolle der Information an grundlegenden Erkenntnissen beizutragen – auf diese Erweiterung verzichtet.

da ein Verkäufer theoretisch auch trotz seiner Haftbarkeit den Kunden per Unterversorgung betrügen könnte. Es wird im Rahmen des Modells jedoch davon ausgegangen, dass aufgrund rechtlicher Konsequenzen, wie Schadensersatzansprüche des Kunden oder eine Pflicht zur Nachbesserung, die Unterversorgung aufgrund hoher Folgekosten für den Verkäufer unattraktiv wird und demnach als Handlungsmöglichkeit ausscheidet.

Durch die gleichzeitige Anwendung der beiden Marktcharakteristika ergeben sich somit vier verschiedene Märkte, die sich durch ihre Betrugsmöglichkeiten unterscheiden. Diese Märkte werden durch zwei binäre Indizes der Form (q,r) beschrieben. Das q steht für die Annahme der Verifizierbarkeit des Gutes und nimmt den Wert 1 an, falls das Vertrauensgut verifizierbar ist, ansonsten gilt $q = 0$. Analog bezieht sich r auf die Haftung des Verkäufers: Ist der Verkäufer haftbar, so gilt $r = 1$, ansonsten gilt $r = 0$. Tabelle 1 fasst die Eigenschaften der Märkte zusammen.

| | Haftung | |
Verifizierbarkeit	aktiv	inaktiv
aktiv	Markt (1,1)	Markt (1,0)
	~~Preisbetrug~~	~~Preisbetrug~~
	Überversorgung	Überversorgung
	~~Unterversorgung~~	Unterversorgung
inaktiv	Markt (0,1)	Markt (0,0)
	Preisbetrug	Preisbetrug
	Überversorgung	Überversorgung
	~~Unterversorgung~~	Unterversorgung

Tabelle 1.: Die verschiedenen Märkte im Monopolmodell. Quelle: eigene Darstellung.

Ähnlich wie bei den Märkten werden der Variablen k und allen anderen fallbezogenen Variablen die beiden binären Indizes der Form (q,r) hinzugefügt. Die Variable $k_{(0,1)}$ bezieht sich also auf einen Markt mit fehlender Verifizierbarkeit des Gutes aber haftendem Verkäufer. Diese Regelung gilt auch für den Gewinn des Verkäufers, welcher mit $\Pi_{(q,r)}$ ausgedrückt wird. Für den Kundennutzen U gilt analog $U_{(q,r)}$. Es können beim Kundennutzen zudem optional Buchstaben je nach Kunden- und Schadenstyp angehängt werden. Dabei werden Kundentypen durch u für uninformierte und i für informierte Kunden beschrieben, Schadenstypen durch h für große und l für kleine Schäden. Damit steht beispielsweise ein $U_{(1,1;uh)}$ für den Nutzen uninformierter Kunden mit großem Schaden in einem Markt für den die Annahmen der Verifizierbarkeit und Haftung gelten. Es ist stellenweise notwendig, in bestimmten Märkten die Variablen weiter nach verschiedenen Preisstrategien des Verkäufers und allgemeinen Marktgleichgewichten zu unterteilen. In diesem Falle werden die resultierenden Gewinne und Nutzen nach a, b, c oder d im Falle von Preisstrategien, und A, B, C oder D im Falle von Gleichgewichten benannt. Somit bezeichnet $\Pi_{B(1,0)}$ den Gewinn eines Verkäufers im Gleichgewicht B eines Marktes unter Verifizierbarkeit und fehlender Haftung.

4.2. Die verschiedenen Märkte

In diesem Unterkapitel wird jeder der vier Märkte in einem eigenen Abschnitt behandelt. Zwei Hauptaussagen des Modells werden hergeleitet und in Propositionen beschrieben, wobei sechs Lemmata wichtige Teilergebnisse festhalten.

4.2.1. Markt (1,0) – Mit Verifizierbarkeit, ohne Haftung

Die Ermittlung der Auswirkungen informierter Kunden wird in diesem Markt sehr ausführlich dargestellt. Dies hat zwei Gründe: Zum einen ist es der erste untersuchte Markt der Arbeit und die Besonderheiten der Vertrauensgütermärkte müssen erklärt werden. Zum anderen sind die Ergebnisse und die Berechnung in Bezug auf die verbleibenden Monopolmärkte relativ komplex. Es wird wie folgt vorgegangen: Zuerst werden für einen Markt ohne informierte Kunden die Markteigenschaften erklärt und per Rückwärtsinduktion die entscheidenden Gleichungen und Gleichgewichte bestimmt. In einem Unterabschnitt werden die Erkenntnisse teilweise auf einen Markt mit informierten Kunden übertragen, wobei sich vier Preisstrategien des Experten abgrenzen lassen. In einem weiteren Unterabschnitt wird anschließend geprüft, unter welchen Umständen die Preisstrategien zu Gleichgewichten im Markt führen, wie deren Eigenschaften ausgestaltet sind und wie sich die Gleichgewichte zueinander verhalten.

In einem Markt mit verifizierbarem Vertrauensgut steht dem Verkäufer nicht die Möglichkeit des Preisbetrugs offen, da der Käufer einwandfrei erkennen kann, ob eine kostenintensive Behandlung durchgeführt wurde oder nicht. Der Experte kann, da er nicht für eine Falschbehandlung haftet, den Kunden jedoch mit einer günstigen, nicht ausreichenden Behandlung bei einem schwerwiegenden Problem betrügen und somit unterversorgen. Ebenso kann er den Kunden mit kleinem Problem durch eine teure Behandlung überversorgen. Dem Verkäufer stehen somit insgesamt zwei Betrugsarten zur Verfügung. Schaubild 7 verdeutlicht dies mit der Abbildung der letzten Spielstufe des Spielbaums im Ausschnitt des Zweiges der uninformierten Kunden.

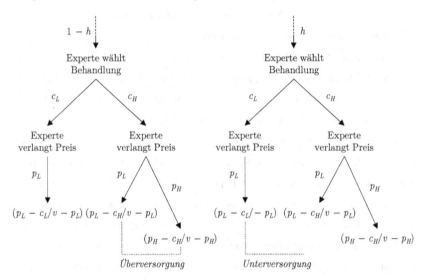

Abbildung 7.: Ausschnitt des Spielbaums eines Marktes mit Verifizierbarkeit, ohne Haftung. Quelle: eigene Darstellung.

Um die Strategien der Spieler zu untersuchen, wird das Prinzip der Rückwärtsinduktion angewendet. Dabei werden zuerst die Bedingungen der letzten Entscheidungsknoten berechnet, bevor die Entscheidungsknoten der nächsthöheren Stufe im Spielbaum angegangen werden. Dieses Verfahren wird wiederholt, bis der letzte Entscheidungsknoten erreicht ist und damit das gesamte Spiel berechnet wurde. Aus didaktischen Gründen wird zur Komplexitätsreduktion für den ersten Teil dieses Abschnitts $k = 0$ angenommen, womit quasi ein identisches Modell zu dem von Dulleck und Kerschbamer (2006) erreicht wird.[63] Durch die nicht vorhandene Existenz der informierten Kunden wird damit die gesamte Stufe $t = 4$ des Spiels in Schaubild 7 abgebildet.

Der Experte hat in der letzten Stufe in zwei Entscheidungsknoten die Möglichkeit, dem Kunden durch die Abrechnung des kleinen Preises p_L bei einer großen Behandlung einen Rabatt zu gewähren. Da das Spiel nach dieser Stufe endet, besteht für den Experten niemals ein Anreiz für den Rabatt, da er sich immer für den größeren Preis entscheiden wird.[64] Werden diese beiden Entscheidungsmöglichkeiten aus dem Spielbaum entfernt, so sind alle Schlussknoten des Spielbaums gelöst und die vorherigen Entscheidungsknoten können untersucht werden.

Bei der Auswahl der Behandlung hat der Experte stets die Möglichkeit zu betrügen, entweder durch eine Überversorgung, oder durch eine Unterversorgung. Es sei der erste Knotenpunkt der Stufe betrachtet, in welcher der Kunde mit einem geringen Problem den Experten besucht. Behandelt der Experte den Kunden fair, so ist sein Gewinn am Ende $p_L - c_L$. Falls er ihm eine teure Behandlung verkauft, erreicht er zwar den hohen Preis, muss aber auch die höheren Kosten der Behandlung bezahlen und erlangt somit einen Gewinn von $p_H - c_H$. Der Experte wird an dieser Stelle also nur betrügen, falls $p_H - c_H > p_L - c_L$ ist.[65] Wird der Experte stattdessen von einem Kunden mit großem Problem aufgesucht, so hat er die Betrugsmöglichkeit der Unterversorgung: Er wendet nur die kleine Behandlung an und erfährt dementsprechend nur geringe Kosten c_L, kann aber auch nur genau diese Behandlung abrechnen und der erreichte Gewinn wird $p_L - c_L$ sein. Behandelt er allerdings ehrlich, so muss er den Preis der teuren Behandlung verlangen und diese durchführen, womit er anschließend zu $p_H - c_H$ gelangt. Analog zur vorherigen Gleichung der Überversorgung wird er nur dann den Kunden per

---

[63]Hier nicht weiter relevant sind die in Dulleck und Kerschbamer (2006) zusätzlich angenommenen Diagnosekosten, welche gesondert innerhalb des Unterkapitels 4.4 behandelt werden.

[64]Selbst ein informelles Versprechen, den kleinen Preis zu verlangen, ist unglaubwürdig, da im Spiel keine vertragliche Bindung auf den kleinen Preis möglich ist.

[65]Bei Indifferenz behandelt der Experte gemäß der Modellannahmen stets ehrlich.

Unterversorgung betrügen, falls $p_H - c_H < p_L - c_L$ ist. Da jedoch der uninformierte Kunde nicht weiß, ob er den großen oder den kleinen Schaden hat, kann er nur bei einer Kombination der beiden Preiskonstellationen von

$$p_H - c_H = p_L - c_L \qquad\qquad (4.1)$$

sicher sein, dass er in jedem Fall ehrlich behandelt wird. Demnach muss als Signal einer ehrlichen Behandlung $p_H - p_L$ der Höhe von $c_H - c_L$ entsprechen, wobei dem Verkäufer jede Abweichung von dieser Gleichung einen Anreiz zum Betrug verschafft.

Damit ist für die gesamte Stufe 4 berechnet, wie sich der Verkäufer in den jeweiligen Knotenpunkten verhält – nämlich abhängig von der in Stufe 1 gewählten Preiskonstellation und dem Schaden des Kunden. Es folgt die Berechnung der vorhergehenden Stufe 3.

Abbildung 5 zeigt mit der gestrichelten Linie das Unwissen des uninformierten Kunden darüber, an welchem Entscheidungsknoten er sich befindet. Er muss also seine Entscheidung zum Besuch des Verkäufers über seinen erwarteten Nutzen treffen. Dabei gewichtet er mit der Wahrscheinlichkeit jedes möglichen Schadens die anschließenden jeweiligen Ergebnisse der folgenden Stufen. Es müssen hierbei wieder die obigen Preiskonstellationen unterschieden werden, welche im Markt allgemein bekannt sind: Für ein Verhältnis $p_H - c_H > p_L - c_L$ erwartet der Kunde unabhängig von seinem Problem die kostenintensive Behandlung c_H mit dem zugehörigen Preis p_H. Diese ist mit der Wahrscheinlichkeit $1 - h$ eines geringen Problems unnötig, behebt aber in allen Fällen zuverlässig das zugrunde liegende Problem und ermöglicht dem Kunden den Nutzen v. Der Kunde ist damit bis zu einem Preis von $p_H \leq v$ bereit, den Verkäufer zu besuchen. Der Preis der kleinen Behandlung p_L spielt hierbei keine Rolle, da dieser vom Verkäufer unter $p_H - c_H > p_L - c_L$ nie verlangt wird. Ist das Verhältnis allerdings umgekehrt mit $p_H - c_H < p_L - c_L$, so erwartet der Kunde stets die kleine Behandlung mit dem geringen Preis. Da diese jedoch bei den großen Problemen nicht zur Lösung führt, erfährt der Kunde mit der Wahrscheinlichkeit von h keinen Nutzen v. Seine Zahlungsbereitschaft reduziert sich damit auf $(1-h)v$, weshalb er unter $p_H - c_H < p_L - c_L$ nur bei einem Preis

$p_L \leq (1 - h)v$ den Verkäufer besuchen wird. Erfüllen die Preise stattdessen Gleichung 4.1, antizipiert der Kunde eine ehrliche Behandlung, welche in jedem Fall sein Problem löst und den angemessenen Preis dafür verlangt. Dieser ist mit einer Wahrscheinlichkeit von h der hohe Preis p_H und mit der Gegenwahrscheinlichkeit $(1 - h)$ der kleine Preis p_L. Zusammen mit der Zahlungsbereitschaft v ergibt sich eine Teilnahmebedingung von $hp_H + (1 - h)p_L \leq v$ für den Kunden, vorausgesetzt Gleichung 4.1 wird erfüllt.

Da von homogenen Kunden mit der Annahme $k = 0$ ausgegangen wird, und die Natur nach den gegebenen Wahrscheinlichkeiten h und k entscheidet, sind somit alle Entscheidungsknoten bis auf die der Stufe 1 gelöst. In dieser letzten zu lösenden Stufe wählt der Verkäufer die Preise seiner Behandlungen derart, dass er die Teilnahmebedingung der Kunden optimal diskriminiert und seinen Gewinn darüber entsprechend maximiert. Dies führt zu drei potentiell gewinnoptimalen Preisgestaltungsmöglichkeiten:

1. Ist 4.1 erfüllt mit $p_H - c_H = p_L - c_L$, so schöpft der Verkäufer die Zahlungsbereitschaft $hp_H + (1 - h)p_L \leq v$ des Kunden mit Preisen von $p_H = v + (1 - h)(c_H - c_L)$ und $p_L = v - h(c_H - c_L)$ optimal ab. Ein Gewinn von $v - hc_H - (1 - h)c_L$ ist das Resultat.

2. Im Verhältnis von $p_H - c_H > p_L - c_L$ mit der Bedingung des Kunden $p_H \leq v$ setzt der Verkäufer die Preise maximal mit $p_H = v$ und $p_L < v - c_H + c_L$. Der hierbei folgende Gewinn ist $v - c_H$.

3. Unter einem Preisverhältnis von $p_H - c_H < p_L - c_L$ mit $p_L \leq (1 - h)v$ als Teilnahmebedingung des Kunden kann der Verkäufer mit den Preisen $p_H < (1 - h)v + c_H - c_L$ und $p_L = (1 - h)v$ den hier größtmöglichen Gewinn von $(1 - h)v - c_L$ erzielen.

Der Vergleich der Gewinne zeigt, dass der Gewinn aus der ersten Preisgestaltung die Gewinne der beiden anderen Preiskonstellationen – aufgrund von $c_H > c_L$ und $h < 1$ für den Zweiten, sowie $v > c_H$ und $h > 0$ für den Dritten – strikt dominiert. Gleichzeitig ist mit diesem Gewinn das Wohlfahrtsmaximum SW_{max} erreicht. Unter $k = 0$ sind also nur Preise, die als glaubhaftes Signal einer ehrlichen Behandlung die Gleichung 4.1, sowie zum Abschöpfen des Kundennutzens die Gleichung

$$hp_H + (1-h)p_L = v \qquad (4.2)$$

erfüllen, gewinnmaximal für den Experten. Abbildung 8 veranschaulicht grafisch die Wahl der Preise unter den zwei gegebenen Bedingungen. Intuitiv ist dieses Gewinnmaximum jeweils erklärbar durch die Gewinnzunahme bei einer Preisanpassung im Falle von $p_H - c_H \neq p_L - c_L$. Ist $p_H - c_H > p_L - c_L$, so kann p_L auf $p_L = v - c_H + c_L$ erhöht werden, wodurch die Kunden nach wie vor zufriedenstellend behandelt werden, der Experte allerdings bei gleichem Erlös seine Kosten von $(1 - k + kh)c_H + k(1-h)c_L$ auf $hc_H + (1-h)c_L$ senkt. Ist $p_H - c_H < p_L - c_L$, so führt die Erhöhung von p_H auf $p_L + c_H - c_L$ zwar nicht direkt zu einer Steigerung des Expertengewinns, jedoch zu einer Steigerung der Zahlungsbereitschaft der Konsumenten auf v. Im Zuge dieser könnten die Preise insgesamt weiter angehoben werden, womit der Gewinn zusätzlich gesteigert würde.[66]

Da unter einer solchen Preiskonstellation die Kunden keinen Anreiz haben, ihre Entscheidung bezüglich des Besuchs des Verkäufers in der dritten Stufe des Spiels zu ändern, ergibt sich aus den Bedingungen 4.1 und 4.2 ein Gleichgewicht des Spiels für $k = 0$. Dies ist – aufgrund des nur durch diese Gleichungen erreichten Gewinnmaximums des Experten – dabei das einzige Gleichgewicht. Die uninformierten Kunden erfahren einen Gesamtnutzen von Null, während der Experte in einem effizienten und betrugsfreien Markt seinen maximal möglichen Gewinn erreicht.

---

[66]Der Gewinn des Experten vor der Preisanpassung ist $(1-h)v - c_L$, falls die Preise innerhalb des Preisverhältnisses $p_H - c_H < p_L - c_L$ mit $p_H < (1-h)v + c_H - c_L$ und $p_L = (1-h)v$ gewinnoptimal ausgerichtet sind. p_H wird angepasst zu $(1-h)v + c_H - c_L$, wodurch der Experte glaubwürdig die ehrliche Behandlung signalisiert, was einen steigenden Erwartungsnutzen der Kunden auf v zur Folge hat. Bei noch konstantem Gewinn des Experten erreichen die Kunden nun einen Nutzen von $v - hp_H - (1-h)p_L$, welcher sich bei eingesetzten Preisen zu $hv - hc_H + hc_L$ kürzt, was aufgrund von $v > c_H$ und $h > 0$ positiv ist. Durch eine Anpassung der Preise im gleichen Verhältnis nach oben ist dieser positive Nutzen der Konsumenten vom Experten zusätzlich abschöpfbar und damit dessen Gewinn insgesamt gesteigert.

[67]Die Abbildung ist maßstabsgetreu für Werte von $v = 1$, $c_H = 0{,}5$, $c_L = 0{,}25$ sowie $h = \frac{1}{3}$, wodurch

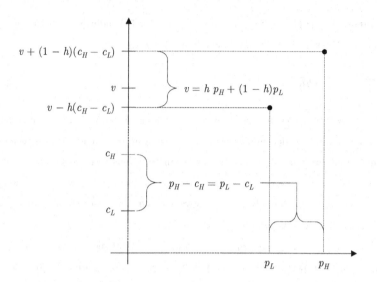

Abbildung 8.: Markt $(1,0)$: Wahl der Preise unter $k = 0$ nach den Gleichungen 4.1 und 4.2.[67] Quelle: eigene Darstellung.

4.2.1.1. Die Preisstrategien

Im Fall heterogener Kunden mit $k > 0$, welcher im weiteren Verlauf dieses Abschnittes angenommen wird, ergibt sich ein anderes Bild. Informierte Kunden können, da sie den Schweregrad ihres Problems kennen, nicht vom Verkäufer betrogen werden. Sie haben Gewissheit über ihren Entscheidungsknoten in der dritten Stufe, wie Schaubild 5 verdeutlicht. Es gilt für die informierten Kunden daher eine andere Teilnahmebedingung, da sie ihren Erwartungsnutzen nicht in der gleichen Form bilden wie die uninformierten Kunden, sondern je nach Schadensfall differenzieren. Ein informierter Kunde mit einem kleinen Schaden weiß demnach, dass er zufriedenstellend behandelt wird und besucht den Verkäufer stets, falls $p_L \leq v$ erfüllt ist. Hat er einen großen Schaden, so gilt analog $p_H \leq v$ als seine Teilnahmebedingung, da der Kunde die kostenintensive Behandlung mit zugehörigem Preis zurecht antizipiert.

---

sich gemäß den Gleichungen 4.1 und 4.2 die Preise $p_H = \frac{7}{6} \approx 1{,}17$ und $p_L = \frac{11}{12} \approx 0{,}92$ ergeben.

Obige Preiskonstellation, welche die Gleichungen 4.1 und 4.2 erfüllt, wird ab jetzt als Preisstrategie a des Verkäufers bezeichnet. Sie impliziert über $c_H > c_L$ in Verbindung mit Bedingung 4.1 Preise der Form $p_H > p_L$, welche wiederum durch die Bedingung 4.2 ein Verhältnis $p_H > v > p_L$ erzwingen. Ein informierter Kunde mit kleinem Schaden wird dann weiterhin den Verkäufer besuchen, da sein Erwartungsnutzen $v - p_L$ positiv ist. Der informierte Kunde mit großem Schaden erwartet jedoch einen negativen Nutzen von $v - p_H$ und wird sich daher dazu entscheiden, den Markt ohne Besuch des Verkäufers zu verlassen. Dies hat zwei Auswirkungen: Einerseits erzielen informierte Konsumenten nun insgesamt eine positive Rendite, da ihr Erwartungsnutzen mit

$$U_{a(1,0;i)} = (1 - h)(v - p_L) = (1 - h)h(c_H - c_L) > 0$$

ist.[68] Andererseits entgehen dem Verkäufer durch diesen Austritt die zugehörigen Gewinne in Höhe von $kh(p_H - c_H) = kh(v - h(c_H) - (1 - h)c_L)$.[69] Formt man die beiden Gleichungen um zu $kh(c_H - c_L - h(c_H - c_L))$ für die Nutzensteigerung der Kunden insgesamt und $kh(v - c_L - h(c_H - c_L))$ für den Verlust der Verkäufers, so ist

$$kh(c_H - c_L - h(c_H - c_L)) - kh(v - c_L - h(c_H - c_L)) = kh(c_H - v) < 0 \,,$$

da $v > c_H$ gilt. Somit ist die Nutzensteigerung der informierten Kunden kleiner als der Verlust des Verkäufers, weshalb diese beiden Auswirkungen zu einem Wohlfahrtsverlust der ermittelten Höhe von $kh(v - c_H)$ resultieren. Insgesamt ergeben sich

$$\Pi_{a(1,0)} = (1 - kh)(v - hc_H - (1 - h)c_L) \quad \text{und}$$

$$SW_{a(1,0)} = \Pi_{a(1,0)} + U_{a(1,0)} = (1 - kh)v - (1 - k)hc_H - (1 - h)c_L$$

---

[68]Durch das Einsetzen von $p_L = v - h(c_H - c_L)$ wird $(1 - h)(v - p_L)$ zu $(1 - h)h(c_H - c_L)$. Da es sich nur um den Nutzen der informierten Kunden handelt, ist die Gleichung nicht zusätzlich mit k gewichtet.

[69]$kh(p_H - c_H)$ wird durch die Anwendungen und Umformungen der Gleichungen 4.1, 4.2 und wieder 4.1 zu $kh(v - h(c_H) - (1 - h)c_L)$. Siehe B.1.1.1 für eine ausführliche Rechnung.

mit $\frac{\partial \Pi_{a(1,0)}}{\partial k} < 0$ und $\frac{\partial SW_{a(1,0)}}{\partial k} < 0$. Abbildung 9 veranschaulicht den Verlauf von $U_{a(1,0)}$, $\Pi_{a(1,0)}$ sowie $SW_{a(1,0)}$ in Abhängigkeit vom Anteil der informierten Kunden k.

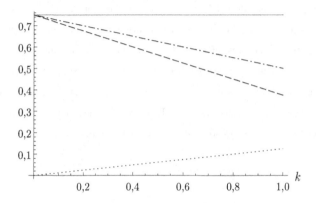

Abbildung 9.: $U_{a(1,0;i)}$, $\Pi_{a(1,0)}$ sowie $SW_{a(1,0)}$ mit zugehörigem Wohlfahrtsverlust in Abhängigkeit von k.[70] Quelle: eigene Darstellung.

Da der Experte über seine Preissetzung das Verhalten der Kunden in der zweiten Stufe beeinflussen kann, hat er die Möglichkeit, durch eine Anpassung des hohen Preises auf $p_H \leq v$ den Austritt der informierten Kunden bei einem hohen Problem zu verhindern. Will er dabei das Preisverhältnis aus 4.1 beibehalten, um den uninformierten Kunden weiterhin glaubwürdig die betrugsfreie und optimale Behandlung zu signalisieren, so muss er p_L um exakt denselben Betrag wie p_H senken. Damit wird die in Preisstrategie a bindende Gleichung 4.2 zwangsläufig zu Gunsten der beiden Bedingungen $p_H \leq v$ und 4.1 verletzt. Die Senkung der beiden Preise ergibt für den Verkäufer nur durch die Rückgewinnung der informierten Kunden mit großem Schaden Sinn, welche ab einem $p_H = v$ erreicht ist. Ein weiteres Absenken der Preise im Rahmen beider Bedingungen wirkt sich streng monoton negativ auf den Gewinn aus, da bereits sämtliche Kunden den Verkäufer besuchen und durch die Erfüllung der Gleichung 4.1 die effiziente

---

[70]Die gewählten Werte im Schaubild sind $v = 1$, $c_H = 0,5$, $c_L = 0$ sowie $h = 0,5$. Dabei ist $U_{a(1,0)} = (1-k)U_{a(1,0;u)} + kU_{a(1,0;i)}$ mit $U_{a(1,0;u)} = 0$. $U_{a(1,0)}$ ist in gepunkteter, $\Pi_{a(1,0)}$ in gestrichelter und $SW_{a(1,0)}$ in punkt-gestrichelter Funktion dargestellt. Die durchgezogene Linie stellt die maximale soziale Wohlfahrt dar.

Behandlung jedes Kunden garantiert ist. Als Bedingungen der neuen Preisstrategie b sind somit

$$p_H = v \qquad\qquad (4.3)$$

und die bekannte Gleichung 4.1 mit $p_H - c_H = p_L - c_L$ zu sehen, aus denen sich der geringe Preis mit $p_L = v - (c_H - c_L)$ ergibt. Abbildung 10 verdeutlicht die Anpassung der Preise von Strategie a zu b grafisch.

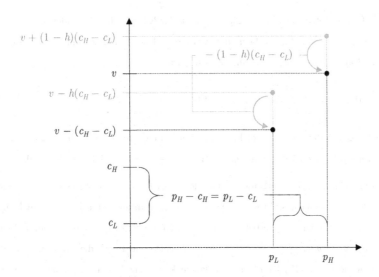

Abbildung 10.: Markt (1,0): Wahl der Preise nach den Gleichungen 4.2 und 4.3.[71]
Quelle: eigene Darstellung.

Da sich alle Kunden für den Besuch des Verkäufers entscheiden, und dieser sowohl bei der großen als auch der kleinen Behandlung einen Gewinn von $v - c_H$ erreicht,[72]

---

[71]Das Schaubild ist maßstabsgetreu für Werte von $v = 1$, $c_H = 0{,}5$, $c_L = 0{,}25$ sowie $h = \frac{1}{3}$, wodurch sich gemäß den Gleichungen 4.2 und 4.3 die Preise $p_H = 1$ und $p_L = 0{,}75$ ergeben. Die Werte aus Abbildung 8 sind grau hinterlegt.

[72]Durch $p_H = v$ und Kondition 4.1 ist $v - c_H = p_L - c_L$.

ergibt sich sein Gesamtgewinn von

$$\Pi_{b(1,0)} = v - c_H \ .$$

Auch die Kunden können einen positiven Nutzen generieren, da durch die Verletzung der Gleichung 4.2 nun $hp_H + (1 - h)p_L < v$ und somit

$$U_{b(1,0)} = (1 - h)(c_H - c_L) > 0$$

gilt.[73] Dieser Nutzen ist unabhängig davon, ob der Kunde informiert oder uninformiert ist. Da alle Kunden effizient behandelt werden und der Markt zudem frei von Betrug ist, wird auch das soziale Wohlfahrtsmaximum mit

$$SW_{b(1,0)} = v - hc_H - (1 - h)c_L = SW_{max}$$

erreicht. Der Anteil informierter Konsumenten k findet sich nicht in den Auszahlungen der Preisstrategie b wieder und folgerichtig ist $\frac{\partial U_{b(1,0)}}{\partial k} = \frac{\partial \Pi_{b(1,0)}}{\partial k} = \frac{\partial SW_{b(1,0)}}{\partial k} = 0$.

Bei steigendem k ist erkennbar, dass dem Verkäufer mit der Preisstrategie b trotz neutraler Ableitungen potentielle Gewinne entgehen: Informierten Kunden mit kleinerem Schaden, die keine Unterbehandlung fürchten müssen, würden auch einen höheren Preis von $p_L = v$ akzeptieren. Zur Prüfung einer Preisstrategie, die sich demnach rein auf informierte Kunden fokussiert, sei darum kurzzeitig $k = 1$ angenommen. Da informierte Kunden unabhängig von der Erfüllung der Bedingung 4.1 weder Über- noch Unterversorgung fürchten müssen, besitzen sie stets die Zahlungsbereitschaft v. Der Verkäufer kann demnach durch Bedingung 4.3 mit $p_H = v$ und

$$p_H = p_L \tag{4.4}$$

---

[73]Der Gesamtnutzen der Kunden von $v - hp_H - (1 - h)p_L$ wird durch einsetzen der Preise $p_H = v$ und $p_L = v - (c_H - c_L)$ zu $v - hv - (1 - h)(v - (c_H - c_L))$, was sich zu $(1 - h)(c_H - c_L)$ vereinfachen lässt.

die gesamte Zahlungsbereitschaft der informierten Kunden abschöpfen. Diese Preisstrategie, von nun an mit c bezeichnet, signalisiert allerdings bei Werten von $k < 1$ allen uninformierten Konsumenten durch $c_H > c_L$ und dem daraus folgenden $p_H - c_H < p_L - c_L$
eine sichere Unterversorgung. Der Erwartungsnutzen der uninformierten Kunden reduziert sich demnach auf $(1 - h)v$ und durch $p_H = p_L = v > (1 - h)v$ verlassen sämtliche
uninformierten Kunden den Markt. Die Preisstrategie c resultiert somit in einem separierenden Gleichgewicht, bei dem informierte Kunden den Verkäufer besuchen und
$U_{c(1,0;i)} = 0$ erzielen, während die uninformierten Kunden ebenso mit $U_{c(1,0;u)} = 0$ vom
Besuch absehen. Der Experte erzielt seinen Gewinn nur durch die informierten Kunden
und trägt als einziger zur sozialen Wohlfahrt bei, weshalb der Markt bei heterogenen
Kunden nicht effizient sein kann. Es ergibt sich

$$\Pi_{c(1,0)} = SW_{c(1,0)} = k(v - hc_H - (1 - h)c_L)$$

mit $\frac{\partial \Pi_{c(1,0)}}{\partial k} = \frac{\partial SW_{c(1,0)}}{\partial k} > 0$. Da die Unterversorgung der uninformierten Kunden aufgrund deren Marktaustritts nicht stattfindet, ist der Markt frei von Betrug.

Eine vierte, möglicherweise gewinnmaximale Preisstrategie d besteht wiederum in
der Anpassung der Preise nach unten, um auch die Behandlung uninformierter Kunden
– trotz Unterversorgung – sicherzustellen. Aus dem einführenden Beispiel des Abschnitts
mit $k = 0$ ist bekannt, dass p_L unter Beibehaltung von $p_H - c_H < p_L - c_L$ mindestens
auf $(1 - h)v$ gesenkt werden muss, um die uninformierten Kunden zum Markteintritt
zu bewegen. Daraus resultiert die erste Bedingung dieser Preisstrategie mit

$$p_L = (1 - h)v \; . \tag{4.5}$$

Weiter muss, da $p_H - c_H < p_L - c_L$ gilt, $p_H < (1 - h)v + c_H - c_L$ sein. Es ergeben sich
nun zwei Möglichkeiten:

1. Für $\frac{c_H - c_L}{v} > h$ ist $v < (1 - h)v + c_H - c_L$, wobei trotz $p_H < (1 - h)v + c_H - c_L$ ein
   $p_H > v$ erlaubt würde. Dies ist jedoch keinesfalls optimal, da lediglich informierte
   Kunden mit großem Schaden p_H zahlen müssten. Diese verlassen für $p_H > v$

allerdings den Markt.

2. Für $\frac{c_H - c_L}{v} \leq h$ ist $v \geq (1-h)v + c_H - c_L$, was $p_H \leq v$ erlaubt und somit konform zur Teilnahmebedingung informierter Kunden mit hohem Schaden steht.

Es sei nun im Fall $\frac{c_H - c_L}{v} < h$ der Wert $p_H = (1-h)v + c_H - c_L - \epsilon$, mit $\epsilon > 0$, angenommen; für $\frac{c_H - c_L}{v} \geq h$ gelte $p_H = v$.[74] Damit kann die zweite Bedingung der Preisstrategie d mit

$$p_H = \begin{cases} (1-h)v + c_H - c_L - \epsilon & \text{falls} \quad \frac{c_H - c_L}{v} < h \\ v & \text{sonst} \end{cases} \tag{4.6}$$

festgelegt werden. Unter diesen Preisen ist der Nutzen uninformierter Konsumenten $U_{d(1,0;u)} = 0$, da der Experte diese stets unterversorgt und deren antizipierten Erwartungsnutzen von $(1-h)v$ komplett mit p_L abgreift. Der Nutzen informierter Kunden ist dagegen abhängig von deren Schadenshöhe entweder stets positiv mit $U_{d(1,0;il)} = hv$ oder mit

$$U_{d(1,0;ih)} = \begin{cases} hv - c_H + c_L + \epsilon & \text{falls} \quad \frac{c_H - c_L}{v} < h \\ 0 & \text{sonst} \end{cases}$$

zumindest potentiell positiv. Der Verkäufer erzielt seinen Gewinn von

$$\Pi_{d(1,0)} = \begin{cases} (1-h)v - c_L - kh\epsilon & \text{mit } \frac{\partial \Pi_{d(1,0)}}{\partial k} < 0 \quad \text{falls} \quad \frac{c_H - c_L}{v} < h \\ kh(v - c_H) + (1-kh)((1-h)v - c_L) & \text{mit } \frac{\partial \Pi_{d(1,0)}}{\partial k} > 0 \quad \text{sonst} \end{cases}$$

ebenso in Abhängigkeit der beiden Möglichkeiten.[75] Da $\frac{\partial \Pi_{d(1,0)}}{\partial \epsilon} < 0$ ist, wird es der Verkäufer minimieren wollen. Für diesen Fall bei $\frac{c_H - c_L}{v} < h$ gilt dann $\lim_{\epsilon \to 0} \frac{\partial \Pi_{d(1,0)}}{\partial k} = 0$.

---

[74]Eine alternative Beschreibung des hohen Preises ist $p_H = \min(v, (1-h)v + c_H - c_L - \epsilon)$.

[75]Der Gewinn des Experten im Fall $\frac{c_H - c_L}{v} < h$ von $kh(p_H - c_H) + (1-kh)(p_L - c_L)$ kürzt sich durch einfaches Einsetzen der Preise zu $(1-h)v - c_L - kh\epsilon$, da sich dessen jeweilige Behandlungsgewinne von $p_H - c_H$ und $p_L - c_L$ nur durch ϵ unterscheiden.

Bezogen auf die soziale Wohlfahrt hat die Unterscheidung der beiden Fälle keine Auswirkungen, da durch den unterschiedlichen Preis lediglich die Renten zwischen informierten Kunden mit hohem Schaden und Experten verteilt wird, sich jedoch an der
Behandlungsstruktur des Marktes nichts ändert. Demnach ist

$$SW_{d(1,0)} = \underbrace{(1 - h + kh)v}_{\text{Gesamter Kundennutzen}} \underbrace{- (1 - kh)c_L - hkc_H}_{\text{Kosten des Experten}}$$

mit $\frac{\partial SW_{d(1,0)}}{\partial k} > 0$ die soziale Wohlfahrt der ineffizienten und Betrug erzeugenden Preisstrategie d. Schaubild 11 verdeutlicht insgesamt die Preisanpassung von Strategie c zu
d.

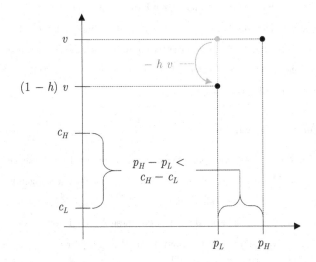

Abbildung 11.: Markt (1,0): Wahl der Preise nach den Gleichungen 4.5 und 4.6.[76]
Quelle: eigene Darstellung.

Die Preisstrategien a und c sind jeweils auf genau eine Kundengruppe fokussiert

---

[76]Das Schaubild ist maßstabsgetreu für Werte von $v = 1$, $c_H = 0{,}5$, $c_L = 0{,}1$ sowie $h = 0{,}5$, wodurch
sich gemäß den Gleichungen 4.5 und 4.6 die Preise $p_H = 1$ und $p_L = 0{,}75$ ergeben. Der Preis $p_L = v$
der Preisstrategie c ist mit einem grauen Punkt hinterlegt. Gleichung 4.6 wird verdeutlicht durch
die Beziehung $p_H - c_H < p_L - c_L$.

und vernachlässigen die andere komplett. Dies resultiert im vollkommenen Abschöpfen der Zahlungsbereitschaft der Fokusgruppe, bei unterschiedlichen Ergebnissen für die übergangene Kundengruppe. Die Preisstrategien b und d stellen Anpassungen von a und c auf die jeweils verbliebene Kundengruppe dar, wobei reduzierte Erlöse bei der Fokusgruppe in Kauf genommen werden.[77] Tabelle 18 im Anhang B.1.1.2 fasst die Prioritäten der vier Preisstrategien zusammen.

Wie in den jeweiligen Abschnitten festgestellt wird, kann es außerhalb dieser vier Strategien von Seiten des Experten keine weitere, potentiell gewinnmaximale Strategie geben: Preissenkungen innerhalb der vorgestellten Strategien führen nur zu verringerten Erlösen, während Preiserhöhungen die Teilnahmebedingung mindestens einer Kundengruppe überreizen. Es ist dem nicht-haftbaren Experten in einem Markt mit heterogenen Kunden und verifizierbaren Gütern nicht möglich, alle Kundengruppen effizient zu behandeln und die maximale Rente zu erwirtschaften, da sich die Bedingungen für diese Preissetzung gegenseitig ausschließen.[78] Das Erreichen von $\Pi_{(1,0)} = \Pi_{max} = SW_{max}$ ist damit für heterogene Kunden ausgeschlossen.

4.2.1.2. Die Gleichgewichte

Um zu prüfen, ob einige der vier potentiell gewinnmaximalen Preisstrategien zu einem Gleichgewicht im Markt führen, werden diese mit der Höhe ihres jeweiligen Expertengewinns im Hinblick auf k untersucht. Bekannt sind $\frac{\partial \Pi_{a(1,0)}}{\partial k} < 0$, $\frac{\partial U_{b(1,0)}}{\partial k} = 0$, $\frac{\partial \Pi_{c(1,0)}}{\partial k} > 0$ sowie für $\lim_{\epsilon \to 0} \frac{\partial \Pi_{d(1,0)}}{\partial k} \geq 0$. Abbildung 12 zeigt diese Abhängigkeiten auf.

Da $\Pi_{a(1,0)} = \Pi_{max}$ für $k = 0$ gilt, und damit $\Pi_{a(1,0)}$ größer als $\Pi_{b(1,0)}$, $\Pi_{c(1,0)}$ und $\Pi_{d(1,0)}$ ist, muss es in Verbindung mit $\frac{\partial \Pi_{a(1,0)}}{\partial k} < 0$ ein k' mit $0 < k' < 1$ geben, für das die Preisstrategie a alle anderen Preisstrategien dominiert. Da dies ein Gleichgewicht bedeuten würde, welches bei heterogenen Kunden zu einem ineffizienten Markt führt, wird das Ergebnis in einem ersten Hilfssatz festgehalten und anschließend bewiesen.

---

[77] Die Preisanpassungen sind bereits in den Abbildungen 10 und 11 grafisch dargestellt.

[78] Insbesondere die Bedingungen 4.1, 4.2 und 4.3 sind unvereinbar.

[79] Die gewählten Werte im Schaubild sind $v = 1$, $c_H = 0{,}5$, $c_L = 0{,}25$ sowie $h = 0{,}5$ und damit

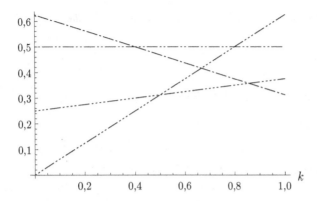

Abbildung 12.: $\Pi_{a(1,0)}$, $\Pi_{b(1,0)}$, $\Pi_{c(1,0)}$ und $\Pi_{d(1,0)}$ in Abhängigkeit von k.[79] Quelle: eigene Darstellung.

Lemma 1. *Es existiert ein $k' > 0$, so dass bei einem Anteil informierter Kunden von $k < k'$ ein ineffizienter Markt entsteht. Innerhalb dieses Bereichs führt zusätzliche Information zu einem Wohlfahrtsverlust.*

Wie bereits festgestellt, ist $\Pi_{a(1,0)} = \Pi_{max}$ für $k = 0$, sinkt jedoch in k, da durch die Zunahme der informierten Kunden der Anteil informierter Kunden mit hohem Schaden ebenso zunimmt und diese Kunden den Markt ohne den Besuch des Verkäufers verlassen. Ein Anreiz zum Wechsel der Preisstrategie besteht, falls diese Verluste durch informierte Käufer größer werden und schlussendlich der Gewinn einer anderen Preisstrategie höher ist. Es müssen deshalb die einzelnen Gewinne der Preisstrategien in einer Rechnung verglichen werden. Dieser Vergleich ist in den Anhang unter B.1.2 ausgegliedert. Es zeigt sich, dass der Experte für einen Anteil informierter Kunden von

$$k_{ab} = \frac{(1-h)(c_H - c_L)}{h(v - c_L - h(c_H - c_L))}$$

$h > h^* = \frac{1}{3}$. Dargestellt sind die Gewinne der vier Preisstrategien, dabei ist $\Pi_{a(1,0)}$ mit einem, $\Pi_{b(1,0)}$ mit zwei, $\Pi_{c(1,0)}$ mit drei und $\Pi_{d(1,0)}$ mit vier Punkten gekennzeichnet.

indifferent zwischen den Preisstrategien a und b ist. Analog dazu lässt sich

$$k_{ac} = \frac{1}{1+h}$$

berechnen, wobei $k_{ab} = k_{ac}$ für h^* gilt mit

$$h^* = \frac{c_H - c_L}{v - c_L} \; . \tag{4.7}$$

Verglichen mit Preisstrategie d ist der Experte für

$$k_{ad} = \begin{cases} \frac{v - c_H + c_L}{v - c_L - h(c_H - c_L)} & \text{falls } \frac{c_H - c_L}{v} < h \\[2mm] \frac{v - c_H + c_L}{v - c_H + h(v - c_H + c_L)} & \text{sonst} \end{cases}$$

indifferent. Da sowohl k_{ab}, als auch k_{ac} und k_{ad} stets positiv sind, lässt sich der Wert k' des Lemmas 1 wie folgt ausdrücken:

$$k' = \min\left(k_{ab}, k_{ac}, k_{ad}\right) > 0 \; . \tag{4.8}$$

Es existiert daher in jedem Markt ein Gleichgewicht in der Preisstrategie a des Experten und dem Marktaustritt der informierten Kunden mit hohem Schaden sowie dem Beitritt der uninformierten Kunden und informierten Kunden mit geringem Schaden. Dieses von nun an mit A bezeichnete Gleichgewicht ist ineffizient durch den Austritt der informierten Kunden mit hohem Schaden. Ohne Information, also bei $k = 0$, würde SW_{max} im Markt erreicht werden. Für Informationsniveaus von $0 < k < k'$ hingegen sinkt die soziale Wohlfahrt auf $SW_{a(1,0)} < SW_{max}$. Dabei führt unter $k < k'$ auch eine zunehmende Anzahl informierter Kunden durch $\frac{\partial SW_{a(1,0)}}{\partial k} < 0$ zur weiteren Reduzierung der Wohlfahrt, womit der Beweis für Lemma 1 vollständig erbracht ist.

Lemma 2. *Es existiert ein effizientes und betrugfreies Gleichgewicht für einen Anteil informierter Kunden von k mit $k_{ab} \leq k \leq k_{bc}$, wobei eine Mindestwahrscheinlichkeit schwerer Probleme von $h \geq h^*$ vorausgesetzt wird.*

Die Preisstrategie b des Experten stellt eine effiziente Versorgung aller Kunden durch das Erfüllen der Bedingungen 4.1 und 4.3 sicher. Damit kann der Experte zwar nicht die entstehende Wohlfahrt von SW_{max} vollständig abgreifen, aber erwirtschaftet mit $\Pi_{b(1,0)} = v - c_H$ seinen Gewinn ohne Betrug unabhängig von der Schadenshöhe und dem Grad der Information. Bisher wurde gezeigt, dass die Preisstrategie b gegenüber Preisstrategie a für $k > k_{ab}$ zu bevorzugen ist, was im linken Schaubild der Abbildung 13 für Beispielwerte dargestellt ist. Im Anhang unter B.1.3 werden die Abhängigkeiten zu den verbleibenden zwei Preisstrategien umfassend geprüft. Dabei wird der Verkäufer indifferent zwischen den Preisstrategien b und c für

$$k_{bc} = \frac{v - c_H}{v - c_L - h(c_H - c_L)}$$

mit $k_{bc} > 0$. Im Vergleich mit der Preisstrategie d ist die Schwerewahrscheinlichkeit des Marktes entscheidend. Für ein $h > h_{bd}$ mit

$$h_{bd} = \frac{c_H - c_L}{v}$$

wird der Experte Preisstrategie b bevorzugt. Untersucht man das Verhältnis von k_{ab} und k_{bc}, so stimmen beide Werte für h^* überein. Dies bedeutet, dass für $h > h^*$ und $k_{ab} = k_{bc}$ sowohl $\Pi_{b(1,0)} > \Pi_{a(1,0)}$ als auch $\Pi_{b(1,0)} > \Pi_{c(1,0)}$ erfüllt sind. Die Schaubilder aus Abbildung 13 verdeutlichen die Grenzen des Gleichgewichtes B für Beispielwerte.

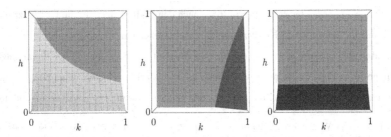

Abbildung 13.: Abgrenzung von $\Pi_{b(1,0)}$ gegenüber $\Pi_{a(1,0)}$, $\Pi_{c(1,0)}$ und $\Pi_{d(1,0)}$ in Abhängigkeit von h und k.[80] Quelle: eigene Darstellung.

Lemma 3. *Es gibt einen Anteil informierter Kunden mit $k \geq k''$ für den der Vertrauensgütermarkt ineffizient ist, jedoch auch frei von Betrug. Uninformierte Kunden besuchen nicht den Experten sondern verlassen den Markt, da sie Unterversorgung fürchten.*

Preisstrategie c führt nur zur effizienten Behandlung informierter Kunden, lässt jedoch uninformierte Kunden durch die Signalisierung von Unterversorgung den Markt verlassen. Durch die entgangenen, aus Sicht der Wohlfahrt behebenswerten Probleme entsteht Ineffizienz im Gesamtmarkt und SW_{max} kann unter $0 < k < 1$ durch Strategie c nicht erreicht werden. Weiter ist aus den Lemmata 1 und 2 bereits bekannt, dass die Preisstrategie c für Werte von $k > k_{ac}$ und $k > k_{bc}$ die Strategien a und c dominiert, da für $k > k_{ac}$ Gewinne von $\Pi_{c(1,0)} > \Pi_{a(1,0)}$ und für $k > k_{bc}$ Gewinne von $\Pi_{c(1,0)} > \Pi_{b(1,0)}$ gelten.

Der Vergleich zwischen den Preisstrategien c und d wird ausführlich im Anhang unter B.1.4 geführt. Für ein $k > k_{cd}$ mit

$$
k_{cd} = \begin{cases} \frac{(1-h)v - c_L}{v - hc_H - (1-h)c_L} & \text{falls} \quad h > h_{bd} \\ \frac{(1-h)v - c_L}{(1-h^2)v - c_L} & \text{sonst} \end{cases}
$$

favorisiert der Experte die Preisstrategie c. Da $k_{ac} < 1$, $k_{bc} < 1$ und $k_{bd} < 1$ erfüllt sind, muss eine Funktion k'' mit $k'' = \max(k_{ac}, k_{bc}, k_{bd}) < 1$ existieren. Mit Hilfe der Berechnungen ist gezeigt, dass für Werte von $k > k''$ die Preisstrategie c des Experten von keiner anderen Preisstrategie übertroffen wird. Es ergibt sich somit ein Gleichgewicht C für $k > k''$, in welchem der Experte Preise nach den Bedingungen 4.3 und 4.4 setzt und sich nur die informierten Kunden zum Besuch entscheiden. Wegen $p_H - c_H < p_L - c_L$ fürchten die uninformierten Kunden zurecht eine Unterversorgung und der Erwartungsnutzen ihres Besuchs ist negativ, weshalb sie den Markt verlassen, ohne dass es zum eigentlichen Betrug kommt. Dies schlägt sich in der nicht effizienten sozialen Wohlfahrt

---

[80]Die gewählten Werte im Schaubild sind $v = 1$, $c_H = 0{,}5$ und $c_L = 0{,}25$. Die Variable h ist jeweils auf der vertikalen, die Variable k jeweils auf der horizontalen Achse abgebildet. Dargestellt ist stets der Gewinn der Preisstrategie b sowie genau einer weiteren Strategie. Dabei ist $\Pi_{a(1,0)}$ hellgrau, $\Pi_{b(1,0)}$ grau, $\Pi_{c(1,0)}$ dunkelgrau und $\Pi_{d(1,0)}$ schwarz gekennzeichnet. Größere Abbildungen der Schaubilder finden sich im Anhang unter C.1 ab Seite 265.

von $SW_{c(1,0)} < SW_{max}$ nieder.

Lemma 4. *Für Werte von $c_L = 0$, $h \leq h^*$ und $k = k_{ac}$ existiert ein schwach dominiertes, ineffizientes Gleichgewicht mit Unterversorgung, bei dem sich alle Kunden zum Besuch des Experten entschließen.*

Die Lemmata 1, 2 und 3 beweisen, dass für Werte von $k > k_{ad}$ und $k < k_{cd}$ sowie $h < h^*$ der Gewinn $\Pi_{d(1,0)}$ die Gewinne der drei anderen Preisstrategien übertrifft. Inklusive der Grenzwerte mit $k \geq k_{ad}$, $k \leq k_{cd}$ und $h \leq h^*$ dominiert er zumindest jeweils schwach. Die Abbildungen 38, 13 und 39 zeigen hierzu die bekannten Schaubilder mit jeweils zwei Preisstrategien in Bezug auf h und k, während Abbildung 12 alle vier Preisstrategien für Beispielwerte mit $h > h^*$ auf k darstellt. Unklar bleibt an dieser Stelle jedoch, ob es für $h \leq h^*$ überhaupt ein k gibt, welches eine Beziehung $k_{ad} \leq k \leq k_{cd}$ erfüllen kann. Um dies zu berechnen, wird die Differenz aus $k_{cd} - k_{ad}$ untersucht. Ist das Ergebnis positiv oder gleich Null, so gibt es ein k mit $k_{ad} \leq k \leq k_{cd}$. Dabei müssen wieder die beiden bekannten Fälle unterschieden werden, da $h < h^*$ nicht $h \leq h_{bd}$ impliziert.

Unter $h > h_{bd}$ wird $k_{cd} - k_{ad} \geq 0$ mit $\lim_{\epsilon \to 0}$ zu $\frac{(1-h)v-c_L}{v-hc_H-(1-h)c_L} - \frac{v-c_H+c_L}{v-c_L-h(c_H-c_L)} \geq 0$. Das Ergebnis dieses Terms ist ein $\frac{c_H-2c_L}{v} \geq h$, das unter $h > h_{bd}$ nicht erfüllt werden kann.[81] Es gilt somit unter $h > h_{bd}$ ein $k_{ad} > k_{cd}$, weshalb die Preisstrategie d stets durch entweder Strategie a oder Strategie c dominiert wird und kein Gleichgewicht darstellen kann.

Unter $h \leq h_{bd}$ wird $k_{cd} - k_{ad} \geq 0$ zu $\frac{(1-h)v-c_L}{(1-h^2)v-c_L} - \frac{v-c_H+c_L}{v-c_H+h(v-c_H+c_L)} \geq 0$. Teilt man die Funktion auf in > 0 und $= 0$, so zeigt sich, dass $k_{cd} - k_{ad} > 0$ durch $v > c_H > c_L \geq 0$ nicht existieren kann. Allerdings ist $k_{cd} - k_{ad} = 0$ möglich, jedoch nur für den Extremwert von $c_L = 0$. Für jedes $c_L > 0$ ist anderenfalls stets $k_{cd} < k_{ad}$ und ein k mit $k_{ad} \leq k \leq k_{cd}$ würde verhindert. Anschaulich wird diese Berechnung durch Abbildung 14 gezeigt, die die Gewinne der vier Preisstrategien für Werte von $c_L = 0$ und $h \leq h_{bd}$ in Abhängigkeit von k darstellt. Der Punkt, an dem $k_{ad} = k_{cd}$ gilt, bedeutet somit

---

[81]Diese und die folgenden Rechnungen finden sich im Anhang B.1.5 ausführlich dargestellt.

$\Pi_{a(1,0)} = \Pi_{c(1,0)} = \Pi_{d(1,0)}$ und wurde bereits berechnet mit $k_{ac} = \frac{1}{1+h}$.

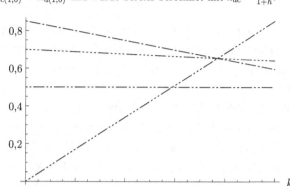

Abbildung 14.: Markt $(1,0)$: Schaubild der Gewinne unter Werten mit $c_L = 0$ und $h < h^*$ in Abhängigkeit von k.[82] Quelle: eigene Darstellung.

Es verbleibt die Untersuchung der Grenze h^*, um das Lemma zu beweisen. Da $c_L = 0$ eine bereits bestätigte notwendige Bedingung des Lemmas ist, reduzieren sich die Brüche $h^* = \frac{c_H - c_L}{v - c_L}$ und $h_{bd} = \frac{c_H - c_L}{v}$ jeweils zu $\frac{c_H}{v}$, womit $h^* = h_{bd}$ gilt und $h \leq h^*$ als weitere Bedingung gerechtfertigt ist. Damit wurden sämtliche Grenzen der Strategie untersucht und festgestellt, dass für die Werte von $c_L = 0$, $h \leq h^*$ und $k = k_{ac}$ die Preisstrategie d tatsächlich ein Gleichgewicht D darstellt, welches jedoch insgesamt von den Gleichgewichten A, B und C schwach dominiert wird.

Mit den Hilfsätzen 1, 2, 3 und 4 kann nun der erste Hauptsatz aufgestellt werden:

Proposition 1. *Für Vertrauensgütermärkte mit verifizierbaren Gütern und einem nicht-haftbaren Verkäufer ist die soziale Wohlfahrt nicht-monoton vom Anteil informierter Kunden abhängig. Ein effizientes Gleichgewicht kann dabei nur erreicht werden, falls die Wahrscheinlichkeit schwerer Probleme mit $h \geq h^*$ ausreichend hoch ist und ein ausgewogenes Verhältnis von informierten zu uninformierten Kunden mit $0 < k' \leq k \leq k'' < 1$ besteht.*

---

[82]Die gewählten Werte im Schaubild sind $v = 1$, $c_H = 0{,}5$, $c_L = 0$ sowie $h = 0{,}3$ und damit $h < h^* = 0{,}5$. Dargestellt sind die Gewinne der vier Preisstrategien, dabei ist $\Pi_{a(1,0)}$ mit einem, $\Pi_{b(1,0)}$ mit zwei, $\Pi_{c(1,0)}$ mit drei und $\Pi_{d(1,0)}$ mit vier Punkten gekennzeichnet.

Es wird zuerst die Aussage bewiesen, dass die soziale Wohlfahrt nicht monoton vom Anteil informierter Kunden abhängig ist. Dann erfolgt der Beweis eines zwangsläufig ineffizienten Marktes für $k < k'$ bzw. $k > k''$ und $h < h^*$. Abschließend wird die Effizienz für den umgekehrten Fall von $h \geq h^*$ und $0 < k' \leq k \leq k'' < 1$ gezeigt. Zur Verdeutlichung veranschaulicht Abbildung 15 das Auftreten der vier Gleichgewichte in Abhängigkeit von h und k.

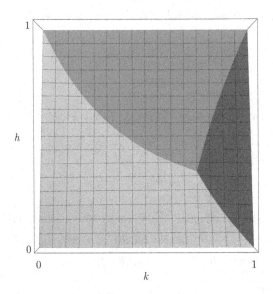

Abbildung 15.: Markt $(1,0)$: Auftreten der vier Gleichgewichte A, B, C und D in Abhängigkeit von h und k.[83] Quelle: eigene Darstellung.

Die Lemmata 1, 2 und 3 beschreiben, dass in jedem Markt die Gleichgewichte A, B, und C vorkommen, da stets $0 < h^* < 1$ existiert und bei $h > h^*$ ein $0 < k' < k'' < 1$ gilt. Für ein $h < h^*$ zeigt Lemma 2, dass Preisstrategie d die Preisstrategie b dominiert.

---

[83]Die gewählten Werte im Schaubild sind $v = 1$, $c_H = 0{,}5$ und $c_L = 0{,}25$. Die Variable h ist auf der vertikalen, die Variable k auf der horizontalen Achse abgebildet. Dargestellt sind die Gewinne des Verkäufers in den vier Preisstrategien, dabei ist $\Pi_{a(1,0)}$ hellgrau, $\Pi_{b(1,0)}$ grau, $\Pi_{c(1,0)}$ dunkelgrau und $\Pi_{d(1,0)}$ schwarz gekennzeichnet. Das Schaubild wird von oben betrachtet, weshalb nur der maximal vom Verkäufer erreichbare Gewinn sichtbar ist, welcher somit dem Gleichgewichtsgewinn des Verkäufers entspricht. $\Pi_{d(1,0)}$ ist nicht sichtbar.

Weiter zeigt Lemma 4, dass die Preisstrategie d nur für $c_L = 0$ nicht stets von entweder Strategie a oder Strategie c dominiert wird. Beide Erkenntnisse zusammen schließen den Fall aus, dass für $c_L > 0$ und $h < h^*$ die Strategien a und c von den Strategien b und d dominiert werden können. Somit muss für $h < h^*$ gelten, dass $0 < k' = k'' = k_{ac} < 1$ ist. Für $h = h^*$ müssen die Werte k_{ab}, k_{bc}, k_{ac} (und im Falle von $c_L = 0$ auch k_{ad}, k_{bd} und k_{cd}) identisch sein, da $\Pi_{a(1,0)} = \Pi_{b(1,0)} = \Pi_{c(1,0)}$ (und für $c_L = 0$ gegebenenfalls auch $= \Pi_{d(1,0)}$) gilt. Damit können k' und k'' umgeschrieben werden zu

$$
k' = \begin{cases} k_{ab} = \frac{(1-h)(c_H-c_L)}{h(v-c_L-h(c_H-c_L))} & \text{falls} \quad h \geq h^* \\[2mm] k_{ac} = \frac{1}{1+h} & \text{sonst,} \end{cases} \tag{4.9}
$$

mit $SW_{A(1,0)} = SW_{(1,0)}$ und somit $\frac{\partial SW_{(1,0)}}{\partial k} < 0$ für $0 < k < k'$, und

$$
k'' = \begin{cases} k_{bc} = \frac{v-c_H}{v-c_L-h(c_H-c_L)} & \text{falls} \quad h \geq h^* \\[2mm] k_{ac} = \frac{1}{1+h} & \text{sonst,} \end{cases} \tag{4.10}
$$

mit $SW_{B(1,0)} = SW_{(1,0)}$ und somit $\frac{\partial SW_{(1,0)}}{\partial k} > 0$ für $k'' < k < 1$. Da Preisstrategie c ein Gleichgewicht für $k' < k < k''$ darstellt mit $SW_{(1,0)} = SW_{C(1,0)}$ bei $\frac{\partial SW_{C(1,0)}}{\partial k} = 0$, ist unter den Annahmen von $0 < h < 1$ und $0 < k < 1$

$$
\frac{\partial SW_{(1,0)}}{\partial k} \begin{cases} < 0 & \text{für} \quad h \geq h^* \quad \text{und} \quad k < k' \\[2mm] = 0 & \text{für} \quad h \geq h^* \quad \text{und} \quad k' < k < k'' \\[2mm] > 0 & \text{für} \quad h \geq h^* \quad \text{und} \quad k'' < k \\[2mm] < 0 & \text{für} \quad h < h^* \quad \text{und} \quad k < k' \\[2mm] > 0 & \text{für} \quad h \leq h^* \quad \text{und} \quad k'' < k \end{cases} \tag{4.11}
$$

bestätigt und der Beweis für die Nicht-Monotonie der Abhängigkeit der sozialen Wohlfahrt vom Anteil der informierten Kunden erbracht.

Es ist bekannt, dass für eine geringe Wahrscheinlichkeit schwerwiegender Probleme mit $h < h^*$ kein Gleichgewicht C existiert, sondern nur die Gleichgewichte A oder B (und im Falle von $c_L = 0$ auch Gleichgewicht D) vorkommen können. Da für heterogene Kunden mit $0 < k < 1$ jedoch sowohl $SW_{A(1,0)} < SW_{max}$ als auch $SW_{C(1,0)} < SW_{max}$ und $SW_{D(1,0)} < SW_{max}$ gelten, und ein effizienter Markt $SW_{(1,0)} = SW_{max}$ bedeuten würde, kann der Vertrauensgütermarkt für $h < h^*$ nie ein effizientes Gleichgewicht finden. Zwar ist in den Gleichgewichten A und C kein Vorkommen von Betrug zu beobachten, doch werden durch die gewinnmaximierende Preisstrategie des Experten einzelne Kundengruppen abgeschreckt, deren Behandlung grundsätzlich zu einer Wohlfahrtssteigerung führen würden.

	$k = 0$	$0 < k < k'$	$k' \leq k < k''$
$U_{(1,0;u)}$	0	0	$(1-h)(c_H - c_L)$
$U_{(1,0;i)}$	n.v.	$(1-h)h(c_H - c_L)$	$(1-h)(c_H - c_L)$
$\Pi_{(1,0)}$	Π_{max}	$(1-hk)\Pi_{max}$	$v - c_H$
$SW_{(1,0)}$	SW_{max}	$v - (1-k)hc_H - khv - (1-h)c_L$	SW_{max}
Effizienz	Pareto-Effizienz	Ineffizienz	Pareto-Effizienz
Betrugsart	Kein Betrug	Kein Betrug	Kein Betrug

	$k' = k = k'' \wedge c_L = 0$	$k'' \leq k < 1$
$U_{(1,0;u)}$	0	0
$U_{(1,0;i)}$	$(1-h)hv$	0
$\Pi_{(1,0)}$	$(1-kh)((1-h)v - c_L) + kh(v - c_H)$	$k\Pi_{max}$
$SW_{(1,0)}$	$(1-h)v - (1-hk)c_L + hk((1-h)v - c_H)$	kSW_{max}
Effizienz	Ineffizienz	Ineffizienz
Betrugsart	Unterversorgung	Kein Betrug

Tabelle 2.: Auszahlungen unter Verifizierbarkeit, ohne Haftung. Quelle: eigene Darstellung.

Zum vollständigen Beweis der Proposition 1 ist die Effizienz für den Fall $h \geq h^*$ und $0 < k' \leq k \leq k'' < 1$ zu zeigen. Da nur für $h > h^*$ sowohl $k' = k_{ab}$ und $k'' = k_{bc}$ als auch $k_{ab} < k_{bc}$ gelten, ist nach den Lemmata 2 und 4 ein existierendes k mit $k_{ab} < k < k_{bc}$ die hinreichende Bedingung für ein stark dominierendes Gleichgewicht B. Für $h = h^*$ mit $k_{ab} = k_{bc} = k_{ac}$, beziehungsweise $k' = k''$, existiert das Gleichgewicht zwar auch, dominiert jedoch nicht. Es kann damit festgehalten werden, dass für ein Gleichgewicht B die Bedingungen $h \geq h^*$ und $k' \leq k''$, die sich gegenseitig implizieren, notwendig sind. Da nur das Gleichgewicht B mit $SW_{B(1,0)} = SW_{max}$ effizient ist, und für dieses $h \geq h^*$ beziehungsweise $k' \leq k''$ notwendig sind, ist somit der Beweis für Hauptsatz 1 vollständig erbracht. Zum Abschluss des Marktes zeigt Tabelle 2 eine Übersicht über die Auszahlungen der einzelnen Akteure in Bezug auf k.

4.2.2. Markt $(0,0)$ – Ohne Verifizierbarkeit, ohne Haftung

In einem Vertrauensgütermarkt, der sich weder durch verifizierbare Güter noch durch eine Haftung des Verkäufers auszeichnet, stehen letzterem grundsätzlich alle Betrugsmöglichkeiten zur Verfügung.[84] Insbesondere ist es dem Experten möglich, trotz eines großen Problems nur die günstige Behandlung durchzuführen, gleichzeitig aber den teuren Preis abzurechnen, was einer Kombination aus Unterversorgung und Preisbetrug entspricht. Selbst Preise, die ein Verhältnis nach Gleichung 4.1 erfüllen, bieten dem Verkäufer Anreiz zum zweifachen Betrug. Da keinerlei ex post Sanktionsmöglichkeiten existieren, wird ein uninformierter Kunde also stets die günstige Behandlung erwarten, gleichzeitig aber auch von einem Preis in Höhe von p_H ausgehen.[85]

Die Vorgehensweise ist wie folgt: Zur Ermittlung der grundsätzlichen Teilnahmebedingung uninformierter Kunden wird zunächst ein Fall $k = 0$ angenommen. Anschließend wird der Markt unter heterogenen Kunden untersucht. Dabei werden zwei Preisstrategien des Experten, e und c, ermittelt und in ihren Auswirkungen beschrieben. Die Preisstrategien werden voneinander abgegrenzt und die zugehörigen Gleichgewichte bestimmt. Es wird dann untersucht, wie sich diese Gleichgewichte und die soziale Wohlfahrt in Bezug auf den Anteil der informierten Kunden verhalten. Hierbei wird speziell auf mögliche Wohlfahrtsverluste durch die Existenz informierter Kunden eingegangen.

Wenn mit $k = 0$ nur uninformierte Kunden existieren, so ist dieser Markt im

---

[84]Die bereits bekannte Abbildung 6 auf Seite 71 zeigt den entsprechenden Ausschnitt des Spielbaums.

[85]Der Experte kann stets unterversorgen, da er bei seiner Preiswahl nicht an seine Behandlung gebunden ist. Weiter wirkt sich eine teure Behandlung nur negativ auf den Gewinn aus und ein zusätzlicher Anreiz zur ehrlichen Behandlung besteht nicht. Bezüglich des Preisbetrugs ist die Formulierung „in Höhe von p_H" an dieser Stelle bewusst gewählt, da in diesem Markt für $p_H > p_L$ der Experte stets p_H vom uninformierten Kunden verlangt, während er bei $p_H = p_L$ zwar ehrlich abrechnet, dies aber nur in dessen Indifferenz aufgrund der Preisgleichheit begründet liegt.

Wesentlichen aus dem Modell von Dulleck und Kerschbamer (2006) bekannt.[86] Die Kunden wissen, dass dem Experten die Anreize zur hochwertigen Behandlung fehlen, dieser jedoch trotzdem immer Preise in Höhe von p_H verlangen wird. Da der Anteil h der uninformierten Kunden nach der Reparatur keinen Erfüllungsnutzen v erreicht, bildet sich ein Erwartungswert von $(1 - h)v - p_H$ für den Besuch des Experten. Ist dieser Erwartungswert größer oder gleich Null, so findet ein Besuch statt, anderenfalls verlassen die uninformierten Kunden den Markt.

Der Experte kennt die Erwartungswertbildung der uninformierten Kunden und wird daher versuchen, deren Zahlungsbereitschaft maximal abzugreifen. Dies erreicht er durch Preise in Höhe von

$$p_H = (1 - h)v \geq p_L \; . \tag{4.12}$$

Preise nach dieser Gleichung führen zu einem Gewinn von $(1 - h)v - c_L$. Dieser kann jedoch negativ werden für ein Werteverhältnis von $c_L > (1-h)v$, welches nicht durch das bekannte $v > c_H > c_L$ ausgeschlossen ist. Sollte dies der Fall sein, so wird der Experte Verluste vermeiden und den Preis erhöhen. Das würde wiederum zwangsläufig zum Marktaustritt der uninformierten Kunden führen. Wenn also die Wahrscheinlichkeit schwerwiegender Probleme sehr groß wird und demnach kein Verhältnis von

$$(1 - h)v \geq c_L \tag{4.13}$$

vorherrscht, so führt dies – da nun keinerlei Behandlungen mehr stattfinden – zu einem Marktzusammenbruch. Die Schwerewahrscheinlichkeit h, unter der gerade noch der Marktzusammenbruch verhindert wird, ist $h = \frac{v - c_L}{v}$. Insgesamt sind damit bei $k = 0$ zwei nicht-effiziente Gleichgewichte möglich: ein Gleichgewicht mit Unterversorgung und möglichem Preisbetrug sowie das Gleichgewicht eines versagenden Marktes

---

[86]Auch in dieser Marktbeschreibung fehlen die Diagnosekosten. Diese werden jedoch gesondert innerhalb des Unterkapitels 4.4 behandelt.

ohne jede Transaktion.[87]

Es sei nun von heterogenen Kunden – also $k > 0$ – ausgegangen. Ist die Bedingung

4.13 erfüllt und Transaktionen finden statt, können die informierten Kunden zu den

Preisen p_H und p_L die jeweils adäquaten Behandlungen verlangen. War vorher ein

Preisverhältnis von $p_H > p_L$ gewählt, sinkt demnach der Gewinn des Experten auf

$(1 - k + hk)v + (1 - h)kp_L - hkc_H - (1 - hk)c_L$ und der durch Gleichung 4.12 variable

Preis p_L geht direkt in die Gewinnfunktion mit ein. Das führt zu dem Anreiz des

Experten, auf Preise von

$$p_H = p_L = (1 - h)v \tag{4.14}$$

zu erhöhen. Dies bringt ihn vom Preisbetrug gegenüber den uninformierten Kunden ab,

da er ohnehin $(1 - h)v$ verlangen wird. Sind vom Experten direkt Preise der Bedingung

$p_H = p_L$ gesetzt, so ändert sich durch weitere informierte Kunden nicht der Umsatz,

sondern lediglich die Kosten des Experten, die in k steigen. Diese Preisstrategie, welche

die Bedingungen 4.12 und 4.14 erfüllt, sei e genannt und führt zu Gewinnen von

$$\Pi_{e(0,0)} = (1 - h)v - hkc_H - (1 - hk)c_L$$

mit $\frac{\partial \Pi_{e(0,0)}}{\partial k} < 0$ durch $c_H > c_L$. Da die gesamte Zahlungsbereitschaft der uninformierten

Kunden abgeschöpft wird, erreichen diese einen neutralen Nutzen mit $U_{e(0,0;u)} = 0$. Im

Gegensatz dazu stehen die informierten Kunden, welche durch ihre stets erfolgreiche

Behandlung einen positiven Nutzen von $U_{e(0,0;i)} = hv$ erreichen. Da sich die zusätzlichen

erfolgreichen Behandlungen der informierten Kunden aus Sicht der sozialen Wohlfahrt

durch $v > c_H > c_L$ lohnen, übertrifft mit $hv > h(c_H - c_L)$ der zusätzliche Nutzen den

entstehenden Verlust des Experten und die soziale Wohlfahrt steigt mit $\frac{\partial SW_{e(0,0)}}{\partial k} > 0$

---

[87]Der ausführliche Beweis für die Existenz der zwei Gleichgewichte findet sich bei Dulleck und Kerschbamer (2006). Auf eine weiter vertiefte Gleichgewichtsermittlung wird an dieser Stelle verzichtet, da der Markt unter $k = 0$ zur didaktischen Einleitung des Abschnitts gedacht und durch die Definition $0 < k < 1$ ausgeschlossen ist.

in k zu

$$SW_{e(0,0)} = (1 - h + kh)v - hkc_H - (1 - hk)c_L \ .$$

Durch die höheren Behandlungskosten der informierten Kunden wird der Gewinn des Experten unter heterogenen Kunden bereits bei kleineren Schwerewahrscheinlichkeiten als $\frac{v - c_L}{v}$ negativ. Dabei entspricht der Gewinn noch Null für ein h_0 genanntes h mit $h_0 = \frac{v - c_L}{v + k(c_H - c_L)}$, wobei durch $k > 0$ ein $h_0 < \frac{v - c_L}{v}$ gilt.[88] Dementsprechend wird unter Preisstrategie e der Gewinn negativ für einen Anteil der informierten Kunden von $k > k_0$, mit $k_0 = \frac{(1 - h)v - c_L}{h(c_H - c_L)}$.

Der Experte muss sich angesichts heterogener Konsumenten jedoch nicht mit Nullgewinnen und Marktzusammenbruch abfinden, da ihm die aus Markt (1,0) bekannte und in Lemma 3 beschriebene Preisstrategie c zur Verfügung steht: Da informierte Kunden stets ordnungsgemäß behandelt und abgerechnet werden müssen, besitzen diese immer die maximal mögliche Zahlungsbereitschaft v für die Behandlung. Der Experte könnte somit nach den Bedingungen 4.3 und 4.4 Preise von $p_H = p_L = v$ wählen, die zu einem Gewinn von

$$\Pi_{c(0,0)} = k(v - hc_H - (1 - h)c_L)$$

unter $\frac{\partial \Pi_{c(0,0)}}{\partial k} > 0$ führen. Wie bekannt, verlassen unter dieser Preisstrategie die uninformierten Kunden mit $U_{c(0,0;u)} = 0$ den Markt, da deren Erwartungsnutzen des Expertenbesuchs mit $-hv < 0$ negativ ist, während alle informierten Kunden das Vertrauensgut beim Verkäufer kaufen und mit $U_{c(0,0;i)} = 0$ ebenso einen Nutzen von Null erreichen. Damit trägt mit $SW_{c(0,0)} = \Pi_{c(0,0)}$ lediglich der Gewinn des Experten zur sozialen Wohlfahrt bei, welche aber deshalb ebenso in k steigt mit $\frac{\partial SW_{c(0,0)}}{\partial k} > 0$.

---

[88]Das h_0 erfüllt in Abhängigkeit von k die Nullsetzung des Expertengewinns $(1 - k + h_0k)v + (1 - h_0)kp_L - h_0kc_H - (1 - h_0k)c_L = 0$ unter der Preisstrategie e.

[89]Die gewählten Werte im Schaubild sind $v = 1$, $c_H = 0{,}75$, $c_L = 0{,}25$ sowie $h = 0{,}4$. Dabei ist $\Pi_{c(0,0)}$ mit vier Punkten und $\Pi_{e(0,0)}$ gestrichelt gekennzeichnet. Der Schnittpunkt von $\Pi_{e(0,0)}$ mit der x-Achse liegt bei $k_0 = \frac{8}{11}$.

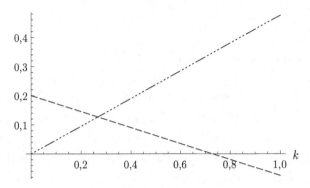

Abbildung 16.: $\Pi_{c(0,0)}$ und $\Pi_{e(0,0)}$ in Abhängigkeit von k.[89] Quelle: eigene Darstellung.

Zur Berechnung möglicher Gleichgewichte stellt Schaubild 16 die Gewinne des Experten in beiden Preisstrategien für ausgewählte Werte dar. Da $\frac{\partial \Pi_{e(0,0)}}{\partial k} < 0$ und $\frac{\partial \Pi_{c(0,0)}}{\partial k} > 0$ ist, gibt es einen Schnittpunkt der beiden Geraden in k. Dieser Schnittpunkt wird k_1 benannt und entspricht dem Anteil informierter Kunden, an dem der Experte indifferent zwischen den beiden Preisstrategien ist, da seine jeweiligen Gewinne mit $\Pi_{c(0,0)} = \Pi_{e(0,0)}$ identisch sind. Für $k > k_1$ ist Preisstrategie c besser als Preisstrategie e, für Werte von $k < k_1$ dominiert e. Ausgerechnet ergibt sich

$$k_1 = \frac{(1-h)v - c_L}{v - c_L}$$

mit $k_1 < 1$ durch $h > 0$ und $v > c_L$. Ist der Anteil der informierten Kunden gegeben und die Schwerewahrscheinlichkeit h variabel, so ist der Verkäufer indifferent zwischen den Preisstrategien c und e für ein h_1 mit $h_1 = \frac{(1-k)(v-c_L)}{v}$. Sehr große Werte von h mit $h > h_1 = \frac{(1-k)(v-c_L)}{v}$ bedeuten durch das entstehende $k_1 < 0$ eine strikte Dominanz der Strategie c gegenüber der Strategie e. Unter $h < h_1$ wird Strategie c für steigende Werte von h durch $\frac{\partial k_1}{\partial h} < 0$ ebenso attraktiver, da der kritische Anteil informierter Kunden k_1 sinkt.

Es sei an dieser Stelle angemerkt, dass es außer den Preisstrategien c und e keine weitere sinnvolle Strategie geben kann. Da durch die Marktannahmen der fehlenden

Verifizierbarkeit und Haftung dem Experten die Signalisierung einer ehrlichen Behandlung an die uninformierten Kunden unmöglich ist, bleibt ihm nur Strategie e, will er die uninformierten Kunden im Markt behalten und seinen Gewinn dementsprechend maximieren. Jede Abweichung der Preise nach oben lässt die uninformierten Kunden vom Besuch absehen und eine anschließende Maximierung des Gewinns unter der Bedingung der Teilnahme informierter Kunden führt zwangsläufig zur Preisstrategie c. Preise, die die Bedingungen 4.3 und 4.4 der Preisstrategie c überschreiten, würden zum Marktzusammenbruch und Nullgewinnen führen, weshalb der Experte stets zwischen c und e wählt. Damit sind die Grundlagen für den folgenden Hilfssatz gelegt.

Lemma 5. *In Märkten ohne Verifizierbarkeit und Haftung eliminiert Information den möglichen Preisbetrug an uninformierten Kunden und verhindert unter Wahrscheinlichkeiten schwerer Probleme von $h > \frac{v - c_L}{v}$ den Zusammenbruch des Marktes.*

Es seien zuerst vollständig die Gleichgewichte des Marktes bestimmt. Es ist bewiesen, dass – ohne informierte Kunden – der Markt für Werte von $h > \frac{v - c_L}{v}$ zusammenbrechen muss, da es dem Verkäufer nicht gelingt, das Vertrauensgut kostendeckend an die uninformierten Kunden abzusetzen. Für $k > 0$ besteht jedoch stets die Möglichkeit, Behandlungen unter den Bedingungen 4.3 und 4.4 gewinnbringend an die informierten Kunden zu verkaufen, weshalb ein vollständiges Marktversagen abgewendet werden kann. Da Preisstrategie c für Werte von $h > \frac{v - c_L}{v}$ gewinnmaximal ist, dominiert sie jede andere mögliche Strategie und bildet ein Gleichgewicht C für $h > \frac{v - c_L}{v}$. Da Preisstrategie e bereits für Wahrscheinlichkeiten von $h > h_0$ negativ wird, bildet Strategie c auch das Gleichgewicht C für Wahrscheinlichkeiten von $h_0 < h \leq \frac{v - c_L}{v}$, wobei $0 < h_0 < \frac{v - c_L}{v} \leq 1$ gilt. Damit kann Gleichgewicht C für $0 < h < 1$ in jedem Markt auftreten. Für Werte von $h < h_0$ gilt k_1 als Indifferenzwert der beiden Preisstrategien: Für $k \leq k_1$ bildet Strategie e das Gleichgewicht E, für $k \geq k_1$ existiert Gleichgewicht C, wobei nur für $k = k_1$ beide Gleichgewichte auftreten. Da $\lim_{k \to 0} h_1 > 0$ gilt, existiert Gleichgewicht E für ein $0 < h < h_1$ in jedem Markt, wobei stets $h_1 < h_0$ für $k > 0$ gilt, mit $\lim_{k \to 0} h_1 = h_0$. Abbildung 17 zeigt das Auftreten der beiden Gleichgewichte in einem Markt unter Beispielwerten. Die Dominanz von c für $h > h_1 = \frac{3}{4}$ ist erkennbar.

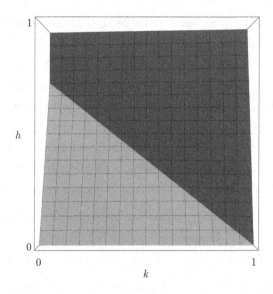

Abbildung 17.: Markt (0,0): Auftreten der zwei Gleichgewichte C und E in Abhängigkeit von h und k.[90] Quelle: eigene Darstellung.

Wie bereits gezeigt, würden uninformierte Kunden Preise der Bedingung 4.12 mit impliziertem Preisbetrug nach $p_H > p_L$ akzeptieren. Da die Existenz informierter Kunden den Experten jedoch zum Anheben der Preise auf $p_H = p_L$ veranlasst, entfällt dessen Anreiz zum Preisbetrug. Dementsprechend kommt dieser weder in Gleichgewicht C noch in Gleichgewicht E vor, womit Lemma 5 bestätigt wird.

In den Gleichgewichten C und E bilden sich jeweils die zugehörigen sozialen Wohlfahrten mit $SW_{C(0,0)}$ und $SW_{E(0,0)}$, wobei $\frac{\partial SW_{C(0,0)}}{\partial k} > 0$ und $\frac{\partial SW_{E(0,0)}}{\partial k} > 0$ gelten. Beide

---

[90]Die gewählten Werte im Schaubild sind $v = 1$, $c_H = 0{,}75$ und $c_L = 0{,}25$, die Variable h ist auf der vertikalen, die Variable k auf der horizontalen Achse abgebildet. Dargestellt sind die Gewinne des Experten in den beiden Gleichgewichten C und E. Dabei ist $\Pi_{C(1,0)}$ dunkelgrau und $\Pi_{E(1,0)}$ hellgrau gekennzeichnet.

Funktionen bilden zusammen die Gesamtfunktion der sozialen Wohlfahrt

$$SW_{(0,0)} = \begin{cases} SW_{E(0,0)} = (1 - h + kh)v - hkc_H - (1 - hk)c_L & \text{falls} \quad k < k_1 \\ SW_{C(0,0)} = k(v - hc_H - (1 - h)c_L) & \text{sonst} \end{cases}$$

mit $SW_{(0,0)} > 0$. Hierbei sind zwei Anmerkungen zu bringen: Für $h > h_0$, was $k > k_1$ durch $k_1 < 0$ impliziert, wird die soziale Wohlfahrt allein durch $SW_{C(0,0)}$ gebildet. Weiter gilt beim nicht-stetigen Verlauf von $SW_{(0,0)}$ ein

$$\lim_{k \to k_1} SW_{(0,0)} = \begin{cases} \frac{((1-h)v-c_L)(v-c_L+hv-h(c_H-c_L))}{v-c_L} & \text{für} \quad 0 < k_1 < k \\ \frac{((1-h)v-c_L)(v-c_L-h(c_H-c_L))}{v-c_L} & \text{für} \quad 0 < k < k_1 \end{cases}$$

mit einem Unterschied zwischen den beiden Termen von $\frac{((1-h)v-c_L)hv}{v-c_L} = k_1 hv > 0$. Dieser Unterschied ist begründet im Wegfallen des Nutzens informierter Kunden bei dem Wechsel der Preisstrategie des Experten. Da der Expertengewinn in beiden Gleichgewichten bei $k = k_1$ identisch ist, bleibt sein Einfluss auf die soziale Wohlfahrt derselbe. Allerdings erreichen die informierten Kunden im Gleichgewicht E einen Nutzen von hv, der mit ihrem Anteil k gewichtet in die soziale Wohlfahrt eingeht. Beim Wechsel des Marktes in Gleichgewicht E reduziert sich der Nutzen der informierten Kunden auf 0, weshalb die soziale Wohlfahrt bei diesem Wechsel fallen muss.

Wird der Fall der sozialen Wohlfahrt bei $k = k_1$ in Kombination mit den Ableitungen $\frac{\partial \Pi_{E(0,0)}}{\partial k} < 0$ und $\frac{\partial \Pi_{C(0,0)}}{\partial k} > 0$ sowie der Grenzwertbetrachtung $\lim_{k \to 1} SW_{(0,0)} = SW_{max}$ gesetzt, so lässt sich erkennen, dass es ein k_2 mit $0 < k_1 < k_2 < 1$ geben muss, für das bei $k_1 < k < k_2$ die soziale Wohlfahrt unter das Niveau der sozialen Wohlfahrt eines Marktes mit homogenen Kunden ohne Information fällt. Diese Intuition führt zusammen mit den Erkenntnissen aus Lemma 5 zum folgenden Hauptsatz.

Proposition 2. *In einem Markt ohne verifizierbare Güter und ohne Haftung des Experten existieren genau zwei ineffiziente Gleichgewichte bei heterogenen Kunden. Durch diese hat Information generell positive, bei einer ausreichend kleinen Schwerewahrscheinlichkeit $h < h_0$ sowie einem bestimmten Anteil informierter Kunden von $k_1 < k < k_2$*

jedoch negative Auswirkungen auf die soziale Wohlfahrt.

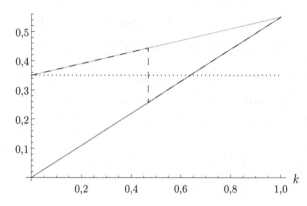

Abbildung 18.: $SW_{c(0,0)}$ und $SW_{e(0,0)}$ in Abhängigkeit von k.[91] Quelle: eigene Darstellung.

Die soziale Wohlfahrt aus dem Fall $k = 0$ ergibt sich für $h < h_0$ aus $\lim_{k \to 0} SW_{(0,0)} = (1 - h)v - c_L$. Wird dies gleichgesetzt zu der Wohlfahrt aus Gleichgewicht C, so ergibt sich das k_2 durch $(1 - h + k_2h)v - hk_2c_H - (1 - hk_2)c_L = (1 - h)v - c_L$ zu

$$k_2 = \frac{(1 - h)v - c_L}{v - c_L - h(c_H - c_L)}$$

mit $k_2 < 1$ durch $v > c_H > c_L$. Für einen bestimmten Anteil informierter Konsumenten mit k existiert, analog zu h_1, auch eine bestimmte Wahrscheinlichkeit h_2 mit $h_2 = \frac{(1-k)(v-c_L)}{v-k(c_H-c_L)}$. Dabei ist bemerkenswert, dass für ein $\lim_{k \to 0}$ Werte von $0 < h_1 = h_2 = h_0 \leq 1$ gelten, während für $0 < k < 1$ die Werte mit $0 < h_1 < h_2 < h_0 < 1$ unterschiedlich sind. Schaubild 18 zeigt für ausgewählte Werte die soziale Wohlfahrt im Gleichgewicht sowie in den Preisstrategien abhängig von k. Dabei ist auch der Gesamtverlust der

---

[91] Die gewählten Werte im Schaubild sind $v = 1$, $c_H = 0{,}75$, $c_L = 0{,}25$ sowie $h = 0{,}4$. Die soziale Wohlfahrt im Gleichgewicht, $SW_{(0,0)}$, entspricht der gestrichelten Linie und überlagert stellenweise $SW_{c(0,0)}$ in dunkelgrau und $SW_{e(0,0)}$ in hellgrau. Ihr senkrechter Sprung zwischen $SW_{c(0,0)}$ und $SW_{e(0,0)}$ ist zur anschaulichen Darstellung gewählt und entspricht – da $SW_{(0,0)}$ an dieser Stelle nicht stetig ist – nicht der eigentlichen Funktion. Der Wert der sozialen Wohlfahrt im Fall ohne Information mit $k = 0$ ist gepunktet dargestellt. Die beiden Schnittpunkte der gestrichelten Linie mit der gepunkteten Linie bilden die Werte $k_1 = \frac{7}{15} \approx 0{,}47$ und $k_2 = \frac{7}{11} \approx 0{,}64$.

Wohlfahrt im Bereich $k_1 < k_2$ zu erkennen.

Es sei nun angenommen, dass $h > h_0$ ist. In diesem Fall würde der Markt ohne informierte Kunden vollständig zusammenbrechen. Eine Verbesserung der sozialen Wohlfahrt durch Information ist hierbei offensichtlich. Werden in einem solchen Markt die Variablen k_1 und k_2 berechnet, so würden durch $h > \frac{v-c_L}{v+k(c_H-c_L)}$ beide negativ werden und ein Verhältnis von $k_2 < k_1$ bilden. Beides sind Gründe, weshalb kein Anteil informierter Kunden von $0 < k < 1$ einen Wert $k_1 < k < k_2$ erfüllen könnte. Da also nur für $h < h_0$ ein Verhältnis $k_1 < k_2 < 1$ entsteht, impliziert die Bedingung der Proposition von $k_1 < k < k_2$ bereits die ausreichend kleine Schwerewahrscheinlichkeit von $h < h_0$. Ist eine Schwerewahrscheinlichkeit von $h = h_0$ gegeben, so impliziert diese durch $0 < k < 1$ direkt ein $h > h_2$, weshalb es somit für $h \geq h_0$ ebenso keinen Wohlfahrtsverlust durch Information geben kann. Proposition 2 ist damit bestätigt. Insgesamt kann demnach der Wohlfahrtsverlust durch Information als ein Korridor zwischen den Werten k_1 und k_2 dargestellt werden, der für eine ausreichend geringe Schwerewahrscheinlichkeit von $h < h_0$ existiert. Schaubild 19 verdeutlicht diesen Korridor grafisch für Beispielwerte.

Es zeigt sich abschließend, dass in einem Vertrauensgütermarkt mit einer fehlenden Verifizierbarkeit des Gutes und nicht-haftenden Verkäufern Information verschiedene Effekte haben kann. Bedeutend ist die Aufrechterhaltung von Behandlungen trotz hoher Schwerewahrscheinlichkeiten von $h > h_0$. Während die Eliminierung des Preisbetrugs für uninformierte Kunden keine wirkliche Nutzensteigerung bringt, kann für Schwerewahrscheinlichkeiten von $h \leq h_0$ durch informierte Kunden im Markt meist eine Wohlfahrtsverbesserung erreicht werden. Es bleibt jedoch ein bestimmter Korridor im Anteil der informierten Kunden zwischen k_1 und k_2, für den Information zu einer Verschlechterung der sozialen Wohlfahrt führt, da der Experte Anreize hat die Preisgestaltung ab einem Anteil k_1 der informierten Kunden neu zu strukturieren. Tabelle 3

---

[92]Die gewählten Werte im Schaubild sind $v = 1$, $c_H = 0{,}75$ und $c_L = 0{,}25$. Die Variable h ist auf der vertikalen, die Variable k auf der horizontalen Achse abgebildet. Dargestellt ist $SW_{(0,0)}$, wobei die Farbe Schwarz bedeutet, dass die Wohlfahrt im Vergleich zu einem Markt ohne Information kleiner ist. Graue Farbe bedeutet einen Wohlfahrtsgewinn durch Information, wobei der Gewinn durch eine Abwendung des Marktversagens in dunkelgrau dargestellt ist, während der Wohlfahrtszuwachs durch bessere Behandlungen in hellgrau verdeutlicht wird.

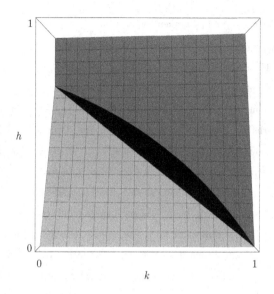

Abbildung 19.: Markt (0,0): Darstellung des Wohlfahrtsverlustes von $k_1 < k <$ k_2.[92] Quelle: eigene Darstellung.

gibt eine Übersicht über die Auszahlungen je nach k.

4.2.3. Markt (0,1) – Ohne Verifizierbarkeit, mit Haftung

Ist das Vertrauensgut eines Marktes nicht verifizierbar, der Verkäufer jedoch haftbar, so fehlt diesem die Betrugsmöglichkeit der Unterversorgung eines Kunden. Es bleiben jedoch die Betrugsformen der Überversorgung und des Preisbetrugs, falls der Verkäufer in der vierten Stufe des Spiels von einem Kunden mit geringem Problem besucht wird. Abbildung 20 zeigt diese Möglichkeiten als Ausschnitt des zugehörigen Spielbaums.

Für den uninformierten Kunden ist die Haftbarkeit des Verkäufers ein sicheres Zeichen für die ausreichende Behandlung seines Problems und demnach das garantierte Erreichen von v. Gleichwohl ist dem Kunden aber bewusst, dass sich der Verkäufer angesichts der fehlenden Verifizierbarkeit des Gutes durch $c_H > c_L$ nie für die Überversorgung entscheiden wird, da der Preisbetrug die effiziente Behandlung des Problems

	$k = 0 \wedge h < \frac{v-c_L}{v}$	$k = 0 \wedge h \geq \frac{v-c_L}{v}$
$U_{(1,0;u)}$	0	0
$U_{(1,0;i)}$	n.v.	n.v.
$\Pi_{(1,0)}$	$(1-h)v - c_L$	0
$SW_{(1,0)}$	$(1-h)v - c_L$	0
Effizienz	Ineffizienz	Ineffizienz
Betrugsart	Unterversorgung	Kein Betrug

	$k \leq k_1$	$k > k_1$
$U_{(1,0;u)}$	0	0
$U_{(1,0;i)}$	hv	0
$\Pi_{(1,0)}$	$(1-h)v - khc_H - (1-kh)c_L$	$k(v - c_L - h(c_H - c_L))$
$SW_{(1,0)}$	$(1-h)v + kh(v - c_H) - (1-kh)c_L$	$k(v - c_L - h(c_H - c_L))$
Effizienz	Ineffizienz	Ineffizienz
Betrugsart	Unterversorgung	Kein Betrug

Tabelle 3.: Auszahlungen ohne Verifizierbarkeit und Haftung. Quelle: eigene Darstellung.

erlaubt und dessen dadurch resultierender Gewinn von $p_H - c_L$ stets höher als der Gewinn $p_H - c_H$ der Überversorgung ist. Es folgt die Erkenntnis, dass bei einem Anreiz zum Preisbetrug von $p_H > p_L$ der Verkäufer in jedem Fall einen uninformierten Kunden mit geringem Problem betrügen wird. Die Partizipationsbedingung der uninformierten Kunden verlangt demnach ein $p_H \leq v$, da es ansonsten für diese vorteilhafter ist, den Markt über einen nicht-Besuch des Verkäufers zu verlassen. Der Preis der günstigeren Behandlung ist für uninformierte Kunden nicht weiter relevant.

Sollten mit $k = 0$ nur uninformierte Kunden im Markt sein, so ist bei Preiskonstellationen von $p_H = v \geq p_L$ ein Gleichgewicht erreicht, da der Verkäufer die Zahlungsbereitschaft sämtlicher Kunden optimal abschöpft, die Probleme effizient behandelt und sich den maximalen Gewinn von SW_{max} sichert. Gleichzeitig verbleiben die Käufer mit einem Nutzen von Null im Markt. Für $p_H = p_L$ verlangt der Verkäufer stets den korrekten Preis, für $p_H > p_L$ wird er – wie vom Kunden antizipiert – bei kleinen Problemen über den Preis betrügen und die teure Behandlung abrechnen. Trotzdem stellt letzteres Preisverhältnis ein teilspielperfektes Gleichgewicht mit Betrug dar, da der Verkäufer in der vierten Stufe nicht indifferent zwischen den Preisen ist und zudem in der ersten Stufe

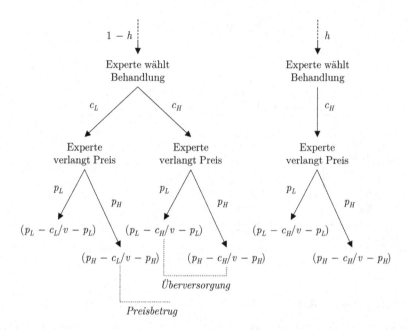

Abbildung 20.: Ausschnitt der vierten Stufe unter uninformierten Kunden des Spielbaums eines Marktes ohne Verifizierbarkeit, mit Haftung. Quelle: eigene Darstellung.

kein Anreiz zur Änderung der Preisstruktur besteht. Dulleck und Kerschbamer (2006) sprechen in ihrer Analyse an dieser Stelle nur vom effizienten Ergebnis des Marktes, erwähnen jedoch nicht das mögliche Auftreten von Betrug.

Für $k > 0$ existieren informierte Kunden, die nicht betrogen werden können und im Falle eines geringen Problems p_L verlangen. Nun entgehen dem Verkäufer bei diesen Kunden und einer Preisstruktur von $v > p_L$ Gewinne, da die Kunden eine Preiserhöhung von p_L auf v mittragen würden. Schaubild 21 zeigt diesen Gewinnverlust abhängig von den Variablen h und k. Der Verkäufer ist somit bei $k > 0$ in der ersten Stufe nicht mehr

---

[93]Die gewählten Werte im Schaubild sind $v = 1$, $c_H = 0,5$, $c_L = 0,25$. Die Variable h ist auf der vertikalen, die Variable k auf der horizontalen Achse abgebildet. Die hellgraue Fläche ist der Gewinn des Verkäufers für die Preisstrategie $p_H = v$ sowie $p_L = \frac{1}{2}v$, die dunkelgraue Fläche zeigt den Gewinn aus $p_H = p_L = v$. Eine zusätzliche Ansicht des Schaubildes befindet sich im Anhang unter C.2.

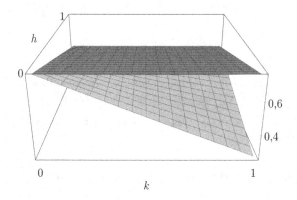

Abbildung 21.: Markt $(0,1)$: Gewinn zweier Preisstrategien in Abhängigkeit von h und k.[93] Quelle: eigene Darstellung.

indifferent zwischen der $p_L < v$ und der $p_L = v$ Preissetzung und die Preise von $p_H = p_L = v$ führen zum einzigen Gleichgewicht des Marktes. Der resultierende Gewinn des Verkäufers $\Pi_{(0,1)}$ entspricht SW_{max}, der Markt ist effizient und ohne Betrug. Informierte Kunden in diesem Markt führen demnach zu einer Eliminierung möglichen Betrugs und der Reduzierung der Anzahl potentiell möglicher Gleichgewichte. Gleichwohl haben informierte Kunden keinen Einfluss auf die Auszahlungen der einzelnen Akteure sowie die Effizienz des Marktes. Dieses Ergebnis ist im Hilfssatz 6 beschrieben:

Lemma 6. *Märkte mit haftbarem Verkäufer aber ohne verifizierbares Gut sind unabhängig von informierten Kunden stets effizient. Information verhindert jedoch möglichen Preisbetrug und verringert die Anzahl der potentiellen Gleichgewichte auf eines mit den Preisen $p_H = p_L = v$.*

Tabelle 4 zeigt übersichtlich die Auszahlungen des Marktes und verdeutlicht die Aussage von Lemma 6. Betrug in einem Markt mit homogenen, uninformierten Käufern ist möglich, jedoch nicht sicher. Gibt es informierte Käufer, so ist der Markt stets frei von Betrug. Der Zuwachs an Information hat jedoch keine Änderungen bezüglich weiterer Kennzahlen.

	$k = 0$	$0 < k \le 1$
$U_{(0,1;u)}$	0	0
$U_{(0,1;i)}$	n.v.	0
$\Pi_{(0,1)}$	Π_{max}	Π_{max}
$SW_{(0,1)}$	SW_{max}	SW_{max}
Effizienz	Pareto-Effizienz	Pareto-Effizienz
Art des Betrugs	Betrug möglich	kein Betrug

Tabelle 4.: Auszahlungen ohne Verifizierbarkeit, mit Haftung. Quelle: eigene
Darstellung.

4.2.4. Markt (1,1) – Mit Verifizierbarkeit, mit Haftung

Wenn sowohl das Gut verifizierbar als auch der Verkäufer haftbar sind, bleibt als einzige Betrugsmöglichkeit für den Verkäufer die Überversorgung des Kunden. Seine Handlungsmöglichkeiten bei einem unwissenden Kunden werden durch den Ausschnitt der letzten Stufe des Spielbaums im Schaubild 22 verdeutlicht.

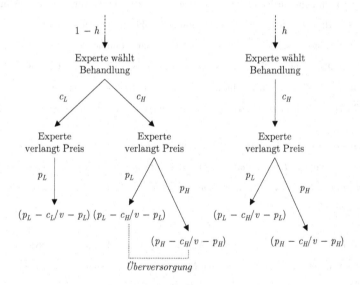

Abbildung 22.: Ausschnitt der vierten Stufe unter uninformierten Kunden des Spielbaums eines Marktes mit Verifizierbarkeit und Haftung. Quelle: eigene Darstellung.

In diesem Marktszenario wissen die Konsumenten, dass ihr Problem in jedem Fall gelöst wird. Für einen uninformierten Kunden ist daher die Bedingung $p_L + h(p_H - p_L) \leq v$, für einen informierten Kunden je nach dessen Schadensfall die Bedingungen $p_H \leq v$ oder $p_L \leq v$ bindend, um am Markt teilzunehmen. Ein möglicher Betrug durch Überversorgung ist für die Kunden nicht weiter relevant und lohnt sich, wie bereits in den vorangegangenen Abschnitten dargestellt, für den Verkäufer nur bei $p_H - c_H > p_L - c_L$. Damit sind insgesamt jedoch die Kosten des Verkäufers unerheblich für die Entscheidungen der Konsumenten.

Um die maximale Zahlungsbereitschaft von v der Kunden abzugreifen, setzt der Experte Preise in Höhe von $p_H = p_L = v$. Damit sichert er sich einen Gewinn in Höhe der maximalen sozialen Wohlfahrt mit $h(v - c_H) + (1 - h)(v - c_L)$, da kein Anreiz zur Überversorgung besteht. Uninformierte Kunden würden unter der Erfüllung ihrer Teilnahmebedingung $p_L + h(p_H - p_L) \leq v$ auch einen Preis $p_H > v$ akzeptieren, hierbei würden jedoch die informierten Kunden mit hohem Schaden den Markt verlassen. Jede Veränderung der Preise hätte somit geringere Profite zur Folge, weshalb das einzige Gleichgewicht des Marktes bei der Existenz informierter Kunden erreicht ist. Dieses ist effizient und frei von Betrug.

Dulleck und Kerschbamer (2006) beweisen, dass bei $k = 0$ unter Beachtung der Bedingungen $p_L + h(p_H - p_L) = v$ und $p_H - c_H \leq p_L - c_L$ eine Vielzahl möglicher Gleichgewichte existiert, die ebenso sämtlich effizient und betrugslos sind. Demnach führt Information im Markt zur Reduktion dieser Gleichgewichte auf ein einziges. Mit diesen Ergebnissen, die im Anhang unter B.1.6 ausführlich hergeleitet werden, kann der folgende Hilfssatz aufgestellt werden:

Lemma 7. *Unter den Annahmen der Verifizierbarkeit und Haftung reduziert die Existenz informierter Kunden die Anzahl möglicher Marktgleichgewichte zu genau einem Gleichgewicht mit den Preisen $p_H = v$ und $p_L = v$. Die Verteilung der Auszahlungen sowie die Effizienz und Betrugslosigkeit des Marktes bleiben durch zusätzliche Information unverändert.*

In Tabelle 5 werden die Auszahlungen des Marktes und damit die Aussage von

Lemma 7 übersichtlich dargestellt. Ein Zuwachs an Information durch informierte Kunden in einem Markt mit verifizierbaren Gütern und haftbaren Verkäufern hat keine grundlegenden Auswirkungen auf die wesentlichen Kennzahlen des Marktes.

	$k = 0$	$0 < k \leq 1$
$U_{(1,1;u)}$	0	0
$U_{(1,1;i)}$	n.v.	0
$\Pi_{(1,1)}$	Π_{max}	Π_{max}
$SW_{(1,1)}$	SW_{max}	SW_{max}
Effizienz	Pareto-Effizienz	Pareto-Effizienz
Art des Betrugs	kein Betrug	kein Betrug

Tabelle 5.: Auszahlungen unter Verifizierbarkeit und Haftung. Quelle: eigene Darstellung.

4.3. Vergleich und komparative Statik

4.3.1. Gesamteinfluss der Information

Dieser Abschnitt widmet sich der Klärung, wie Information insgesamt auf die vier vorgestellten Vertrauensgütermärkte wirkt. Dabei werden zuerst die in der Existenz informierter Kunden begründeten Unterschiede der Bedeutung der Marktannahmen festgestellt. Anschließend wird ermittelt, ob der Einfluss informierter Kunden auf die soziale Wohlfahrt des Marktes ohne verifizierbares Gut und haftenden Verkäufer auch grundsätzlich negativ sein kann, nachdem eine teilweise Negativität bereits von Proposition 2 bewiesen wurde.

In Vertrauensgütermärkten mit einem haftenden Monopolisten zeigt sich aus den bisherigen Analysen und den Hilfssätzen 6 und 7, dass die Auswirkungen informierter Kunden äußerst beschränkt sind. Zwar werden in beiden Märkten – unabhängig von der Verifizierbarkeit des Gutes – die Anzahl möglicher Gleichgewichte und damit die Anzahl möglicher Preiskonstellationen verringert, dies hat jedoch keine Auswirkungen auf die Effizienz der Märkte sowie deren grundsätzliche Auszahlungsstruktur.

Im Gegensatz dazu stehen die Auswirkungen der Information auf Vertrauensgütermärkte eines nicht-haftenden Monopolisten, wie die Hauptsätze 1 und 2 belegen. Hier sind die Einflüsse bedeutend, und zwar abhängig von den Eigenschaften des Vertrauensgutes entweder negativer oder – im Falle nicht-verifizierbarer Güter – auch potentiell positiver Natur. Dabei ist bemerkenswert, dass eine Wohlfahrtsverschlechterung durch Information grundsätzlich in jedem Markt ohne haftenden Monopolisten möglich ist. Während bei gegebener Verifizierbarkeit des Gutes diese Wohlfahrtsverschlechterung bestenfalls durch eine ausgewogene Heterogenität der Kunden neutralisiert wird, ist sie bei nicht-verifizierbaren Gütern auf einen ausgewogenen Bereich beschränkt und kann – bezogen auf die Gesamtheit des Marktes – von der Wohlfahrtssteigerung der anderen Bereiche übertroffen werden. Diese Ergebnisse werden in einem dritten Hauptsatz festgehalten und anschließend bewiesen.

Proposition 3. *Grundlegende Auswirkungen von Information werden in einem Monopolmarkt nur mit der fehlenden Haftbarkeit des Verkäufers ausgelöst. Die Verifizierbarkeit des Vertrauensgutes steuert im Gegenzug die möglichen Auswirkungen der Information auf die soziale Wohlfahrt und kann diese abhängig vom Markt in eine grundsätzlich negative oder mögliche positive Richtung lenken.*

Die fehlenden Auswirkungen der Information auf Märkte mit haftendem Verkäufer sind bereits in den Lemmata 6 und 7 bewiesen. Ebenso ist durch Proposition 1 bewiesen, dass in einem Markt mit fehlender Haftung bei verifizierbaren Gütern stets mindestens zwei ineffiziente und genau ein effizientes Gleichgewicht auftreten. Da der Ausgangsmarkt mit homogenen Kunden ohne Information stets effizient ist, kann die durchschnittliche Änderung der sozialen Wohlfahrt nur negativ sein, was in der Gesamtbetrachtung des Marktes einer grundsätzlich negativen Auswirkung der Information entspricht. Unklar ist bisher die grundsätzliche Auswirkung von Information auf einen Markt ohne haftenden Verkäufer und ohne verifizierbare Güter, da hier nach Proposition 2 sowohl eine Wohlfahrtssteigerung als auch ein Wohlfahrtsverlust möglich ist.

Um die grundsätzlichen Auswirkungen der Information auf den Markt $(0,0)$ zu untersuchen, sei die durchschnittliche Steigerung der sozialen Wohlfahrt gegenüber einem Markt homogener Kunden ohne Information berechnet. Dabei müssen drei Fälle unterschieden werden:

- Für den Fall $h > \frac{v-c_L}{v}$ ist die wohlfahrtssteigernde Wirkung der Information eindeutig, da der Zusammenbruch des Marktes durch den alleinigen Verkauf des Vertrauensgutes an die informierten Kunden verhindert wird.

- Bei $h = \frac{v-c_L}{v}$ ist die positive Wohlfahrt ebenso eindeutig, da für $k = 0$ eine Gesamtwohlfahrt von 0 existiert, welche unter heterogenen Kunden durch den positiven Gewinn des Monopolisten beim Verkauf des Vertrauensgutes an die informierten Kunden steigen muss.

- Unklar bleibt der verbleibende Fall $h < \frac{v-c_L}{v}$, für den ein k mit $k_1 < k < k_2$ existiert. Hier ist für $0 < k < k_1$ und $k_2 < k < 1$ die soziale Wohlfahrt größer, für $k_1 < k < k_2$ jedoch kleiner als das Wohlfahrtsniveau bei $k = 0$.

Ist der Beweis erbracht, dass sich im dritten Punkt die Wohlfahrt durch Information durchschnittlich verbessert, so muss sich diese ebenso positiv auf den Gesamtmarkt niederschlagen. Demnach sei ein $h < \frac{v-c_L}{v}$ angenommen. Die durchschnittliche Wohlfahrtsverbesserung für ein derartiges h wird bezeichnet als $\Delta_{SW_{(0,0)}}$ und berechnet mit

$$\Delta_{SW_{(0,0)}} = \begin{cases} \frac{1}{2}k_1 \left(\frac{((1-h)v-c_L)(v-c_L+hv-h(c_H-c_L))}{v-c_L} - ((1-h)\,v - c_L) \right) \\ +\frac{1}{2}\left(k_2 - k_1\right) \left(\frac{((1-h)v-c_L)(v-c_L-h(c_H-c_L))}{v-c_L} - ((1-h)\,v - c_L) \right) \\ +\frac{1}{2}\left(1-k_2\right)\left((v - hc_H - (1-h)\,c_L) - ((1-h)\,v - c_L)\right) \end{cases} \quad .$$

Diese Funktion ist, intuitiv erklärt, dazu geeignet, in Schaubild 18 auf Seite 106 die Differenz der Flächen zwischen der gestrichelten und der gepunkteten Linie zu bestimmen. Dabei berechnet der erste Teil der Summe den Wohlfahrtsgewinn bis zu $k = k_1$, der zweite Teil wird negativ durch die Berechnung des Wohlfahrtsverlusts für $k_1 < k < k_2$, während der dritte Teil wieder positiv wird durch die Berechnung des Wohlfahrtsgewinns für $k_2 < k < 1$.[94] Es existiert $\Delta_{SW_{(0,0)}} < 0$, wenn Werte die Bedingungen $0 \leq c_L < \frac{v}{4}$,

---

[94]Aus Gründen der Interpretierbarkeit ist die Funktion nicht weiter vereinfacht. Sie ergibt sich anderenfalls zu $\Delta_{SW_{(0,0)}} = \frac{h(c_L^3 - c_H(c_L-v)^2 - c_L^2 v - c_L(1-h)v^2 + (1-(1-h)h)v^3)}{2(c_L-v)^2}$.

$\frac{4c_L+3v}{4} < c_H$ sowie

$$\frac{v - c_L - v\sqrt{\frac{(4c_H-4c_L-3v)(c_L-v)^2}{v^3}}}{2v} < h < \frac{v - c_L + v\sqrt{\frac{(4c_H-4c_L-3v)(c_L-v)^2}{v^3}}}{2v}$$

erfüllen. Da diese Bedingungen ein $c_L = 0$ zulassen, können diese zu $\frac{v-c_L}{v} = 1$ führen und somit den positiven Einfluss der Information für die ersten beiden Punkte, die ein $h \geq \frac{v-c_L}{v}$ voraussetzen, eliminieren. Damit ist bewiesen, dass es für einen Markt mit bestimmten Werten von v, c_H, c_L und h zu durchschnittlich negativen Einflüssen der Information auf die soziale Wohlfahrt kommen kann. Schaubild 23 zeigt einen solchen Beispielmarkt, bei dem im Gegensatz zu dem Markt aus Schaubild 18 der Gesamteffekt negativ ist.

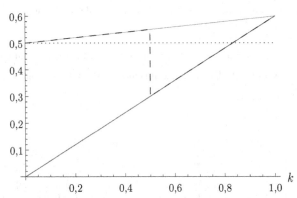

Abbildung 23.: Markt (0,0): Gesamteinbußen der sozialen Wohlfahrt durch Information.[95] Quelle: eigene Darstellung.

Um festzustellen, ob durchschnittliche Wohlfahrtsverluste auch in einem Markt mit variablem h möglich sind, muss die Funktion $\Delta_{SW_{(0,0)}}$ über den Bereich von $0 < h <$

---

[95] Die gewählten Werte im Schaubild sind $v = 1$, $c_H = 0,8$, $c_L = 0$ sowie $h = 0,5$. Die soziale Wohlfahrt im Gleichgewicht, $SW_{(0,0)}$, entspricht der gestrichelten Linie und überlagert stellenweise $SW_{c(0,0)}$ in dunkelgrau und $SW_{e(0,0)}$ in hellgrau. Ihr senkrechter Sprung zwischen $SW_{c(0,0)}$ und $SW_{e(0,0)}$ ist zur anschaulichen Darstellung gewählt und entspricht – da $SW_{(0,0)}$ an dieser Stelle nicht stetig ist – nicht der eigentlichen Funktion. Der Wert der sozialen Wohlfahrt im Fall ohne Information mit $k = 0$ ist gepunktet dargestellt. Die beiden Schnittpunkte der gestrichelten mit der gepunkteten Linie bilden die Werte k_1 und k_2.

$\frac{v-c_L}{v}$ integriert werden. Es ergibt sich der Term

$$\int_0^{\frac{v-c_L}{v}} \Delta_{SW_{(0,0)}} dh = \frac{(c_L - v)^2(-6c_H + 6c_L + 5v)}{24v^2} \,,$$

welcher für Werte von $0 \leq c_L < \frac{v}{6}$ und $\frac{(6c_L + 5v)}{6} < c_H < v$ negativ wird. Da hier ebenso ein $c_L = 0$ möglich ist, welches die positiven Effekte der Information durch die Verhinderung des Marktzusammenbruchs minimiert, kann also nicht von einem durchschnittlich positiven Einfluss der Information auf einen Markt ohne haftenden Verkäufer und ohne verifizierbare Güter ausgegangen werden. Dennoch ist dieser grundsätzlich positive Einfluss möglich. Es ist damit auch der letzte Teil der Proposition 3 bewiesen, wonach abhängig vom Markt die Steuerung des Effekts der Information durch die Verifizierbarkeit des Gutes in eine grundsätzlich negative oder mögliche positive Richtung stattfindet.

Die bisherigen Ergebnisse werden abschließend stark vereinfacht in der Tabelle 6 zusammengefasst, wobei die Unterschiede auf einen Markt mit homogenen Kunden ohne Information bezogen sind.

Verifizier-	Haftung	
barkeit	aktiv	inaktiv
aktiv	Markt (1,1): Wohlfahrt bleibt maximal, Effizienz bleibt konstant. Betrug bleibt nicht vorhanden.	Markt (1,0): Wohlfahrt nimmt durchschnittlich ab, Markt wird ineffizient. Betrug wird möglich.
inaktiv	Markt (0,1): Wohlfahrt bleibt maximal, Effizienz bleibt konstant. Möglicher Betrug wird verhindert.	Markt (0,0): Wohlfahrts- und Effizienzveränderungen wahrscheinlich, Verluste wie Gewinne möglich. Betrug nimmt ab.

Tabelle 6.: Auswirkungen der Information in den verschiedenen Monopolmärkten. Quelle: eigene Darstellung.

4.3.2. Einfluss der Schwerewahrscheinlichkeit

Die Wahrscheinlichkeit des Auftretens schwerer Probleme hat zwei Möglichkeiten die Auszahlungen der Akteure und die soziale Wohlfahrt zu beeinflussen. Einerseits kann dies direkt und in trivialer Weise durch die verstärkt vorkommenden großen Probleme und deren kostenintensive Behebung geschehen, wie es beispielsweise in den Märkten mit Erreichung der maximalen sozialen Wohlfahrt der Fall ist. Dabei wird offensichtlich SW_{max} durch $c_H > c_L$ mit $\frac{\partial SW_{max}}{\partial h} < 0$ negativ in h beeinflusst. Andererseits besteht jedoch auch die Möglichkeit, dass die Zunahme schwerer Probleme den Markt in andere Gleichgewichte bringt, die positiver oder negativer Natur sein können. Beide Punkte werden nun untersucht.

Es stellen sich einfach zu ermittelnde Auswirkungen der Schwerewahrscheinlichkeit dar, wenn die Haftung des Verkäufers in einem Markt gegeben ist. Unabhängig von der Verifizierbarkeit des Gutes gibt es in beiden möglichen Märkten genau ein Gleichgewicht, wobei der Verkäufer jeweils den Reservationsnutzen der Kunden komplett abschöpft und es schafft, sich mit $\Pi_{(1,1)} = \Pi_{(0,1)} = SW_{max}$ die maximal mögliche soziale Wohlfahrt zu sichern. Da diese, wie dargestellt, von h negativ beeinflusst wird, verschlechtert sich die Wohlfahrt und demnach mit $\frac{\partial \Pi_{max}}{\partial h} < 0$ auch der Gewinn des Monopolisten in h. Gleichzeitig gibt es für die Kunden keinen Unterschied – sie erwirtschaften weiterhin einen Gesamtnutzen von 0, unabhängig ihres Informationsgrades. Sowohl für ein maximales wie auch ein minimales h ändern sich diese Ergebnisse nicht. Abbildung 24 zeigt in einem Beispielmarkt den Verlauf von $SW_{(1,1)}$ und $SW_{(0,1)}$ in der gepunkteten Funktion.

Komplizierter ist das Bild für Märkte ohne haftenden Verkäufer. Es sei zuerst ein Markt ohne verifizierbares Gut angenommen. Sowohl für das Gleichgewicht C mit $h > h_1$ als auch bei Gleichgewicht E unter $h < h_1$ sinkt die soziale Wohlfahrt in h mit $\frac{\partial SW_{(0,0)}}{\partial h} < 0$. Bemerkenswert ist jedoch der Sprung der Wohlfahrt bei h_1, wenn eine geringe Steigerung der Schwerewahrscheinlichkeit zu einem plötzlichen Einbrechen der sozialen Wohlfahrt führt. Abbildung 24 verdeutlicht diesen Einbruch von $SW_{(0,0)}$ mit der durchgezogenen Linie. Der über h induzierte Wechsel der Gleichgewichte hat besondere Auswirkungen für die informierten Kunden: Für sie hat unter $h < h_1$ eine Wahrscheinlichkeitssteigerung positive Auswirkungen, da der Verkäufer die Preise senken muss um die uninformierten Kunden weiterhin im Markt zu behalten. Daher gilt $\frac{\partial U_{E(0,0;i)}}{\partial h} > 0$, während uninformierte Kunden zwar im Markt bleiben, jedoch weiterhin nur einen Nutzen von Null erlangen. Steigt nun jedoch h über h_1, so verlieren die informierten Kunden schlagartig ihren positiven Nutzen mit dem Wechsel zum Gleichgewicht C. Ab dann betrifft sie ein $h \uparrow$ nicht weiter. Für den Verkäufer ist ein steigendes h dagegen stets mit Verlusten verbunden. Er schafft es durch den Wechsel der Preisstrategie in h_1 zwar vor dem eigentlichen Zusammenbrechen des Marktes seine Verluste in h zu begrenzen, verliert jedoch weiterhin in h, wie sichtbar im Schaubild. Es gilt dabei $\frac{\partial \Pi_{E(0,0)}}{\partial h} > \frac{\partial \Pi_{C(0,0)}}{\partial h} > 0$.

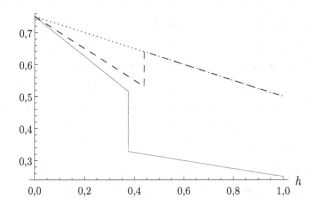

Abbildung 24.: Die soziale Wohlfahrt in verschiedenen Märkten für Beispielwerte in Abhängigkeit von h.[96] Quelle: eigene Darstellung.

Ist das Vertrauensgut verifizierbar, gibt es zwei Möglichkeiten: Zuerst sei $h < h^*$, womit sich der Markt zwangsläufig in einem der ineffizienten Gleichgewichte A, C oder

---

[96]Die gewählten Werte im Schaubild sind $v = 1$, $c_H = 0{,}5$, $c_L = 0{,}25$ sowie $k = 0{,}5$. Die sozialen Wohlfahrten im Gleichgewicht in den Märkten mit haftendem Verkäufer, $SW_{(1,1)}$ und $SW_{(0,1)}$, entsprechen SW_{max} und damit der gepunkteten Linie. Die gestrichelte Linie kennzeichnet $SW_{(1,0)}$, die grau durchgezogene Linie $SW_{(0,0)}$. Die senkrechten Sprünge der gestrichelten und der durchgezogenen Linie sind so zur anschaulichen Darstellung gewählt und entsprechen – da beide Funktionen nicht stetig sind – an diesen Stellen nicht den eigentlichen Verläufen.

D befindet. Bei diesen drei Gleichgewichten ist der Gewinn des Monopolisten stets negativ von einer steigenden Schwerewahrscheinlichkeit beeinflusst, da er entweder effizient behandelt und höhere Kosten erfährt (Gleichgewichte A und C), oder durch unterschiedliche Preise mit der geringen Behandlung mehr Gewinn erzeugt als mit der teuren (Gleichgewicht D). Die Konsumenten erreichen stattdessen nur in A und D positiven Nutzen, falls sie informiert sind. Allerdings gilt hier ebenso $\frac{\partial U_{A(0,0;i)}}{\partial h} < 0$, und ihr Nutzen nimmt mit zunehmender Schwerewahrscheinlichkeit ab.

Ist nun $h \geq h^*$, so ist auch das Gleichgewicht B möglich, neben den bisher genannten. Hier zeigt sich ein vollkommen anderes Bild mit $\frac{\partial \Pi_{B(0,0)}}{\partial h} = 0$, während die Gesamtheit der Kunden die Verluste durch das steigende h trägt und $\frac{\partial U_{B(0,0)}}{\partial h} < 0$ gilt. Für den Experten ist es in diesem Gleichgewicht nicht von Bedeutung, ob die Kunden ein großes oder kleines Problem haben – sie werden stets effizient und mit derselben Gewinnspanne behandelt. Das Risiko der teuren Behandlung geht auf die Kunden über. Es seien nun noch die Übergänge in andere Gleichgewichte durch steigende oder fallende h betrachtet. Dabei gibt es drei kritische Werte der Schwerewahrscheinlichkeit, die einen Gleichgewichtswechsel einleiten: h_{ab}, h_{bc} und h_{ac}. Da sowohl A als auch C ineffizient sind, bringt ein über h_{ab} beziehungsweise h_{bc} steigendes h mit dem Wechsel zum effizienten Gleichgewicht und dem folgenden SW_{max} zwangsläufig eine Steigerung der sozialen Wohlfahrt. Diese sinkt zwar anschließend in h, steigt jedoch kurzfristig sprunghaft im Wechsel an. Schaubild 24 zeigt diesen Sprung anschaulich mit der gestrichelten Linie für Beispielwerte an. Im Gegensatz dazu fällt bei steigendem h in h_{ac} die soziale Wohlfahrt, da beim Wechsel von A nach C der Nutzen der informierten Kunden – ähnlich wie beim Markt ohne verifizierbarem Gut – verloren geht. Nichtsdestotrotz findet jedoch, da stets $h_{ab} < 1$ und $h_{bc} < 1$ gilt, bei einer maximal werdenden Schwerewahrscheinlichkeit zwangsläufig ein Wechsel zum effizienten Gleichgewicht, mit verbundenem Sprung der sozialen Wohlfahrt, statt.

Insgesamt kann damit festgehalten werden, dass eine Steigung der Wahrscheinlichkeit schwerer Probleme in Märkten mit haftendem Verkäufer oder nicht-verifizierbarem Vertrauensgut stets in einer Verringerung der sozialen Wohlfahrt resultiert. Lediglich für einen Markt ohne haftenden Verkäufer, aber mit gegebener Verifizierbarkeit des Gutes, kann eine Zunahme schwerer Probleme kurzfristig zu einer Wohlfahrtssteigerung führen.

4.3.3. Einfluss des Erfüllungsnutzens

Steigt der Kundennutzen einer Bedürfniserfüllung, so bedeutet dies neben dem steigenden v ein dazu relatives Sinken der Kosten c_H und c_L. Es steigt damit die mögliche Marge für den Experten, gleichzeitig sollten sich jedoch auch die soziale Wohlfahrt und sämtliche anderen, positiven Auszahlungen erhöhen. Dies liegt daran, dass der Erfüllungsnutzen v die einzige Generierung von Nutzen im Markt überhaupt darstellt, weshalb ein Steigen von v eine direkte Zunahme des zu verteilenden Nutzens bedeutet. Es können sich jedoch Unterschiede im Auftreten der verschiedenen Gleichgewichte ergeben, falls sich deren Grenzwerte verschieben.

Es sind wieder die vier unterschiedlichen Märkte zu unterscheiden, wobei sich – analog zur steigenden Schwerewahrscheinlichkeit – die Märkte mit haftendem Verkäufer trivial verhalten. Eine Steigerung des Erfüllungsnutzens fließt hier direkt in die Gewinnfunktion des Verkäufers ein und die Nutzen der Konsumenten bleiben bei Null. Damit führt der zunehmende Erfüllungsnutzen offensichtlich zu einer Wohlfahrtssteigerung. Änderungen der Gleichgewichte kommen somit für haftende Verkäufer nicht vor, da das normale Verhältnis $v > c_H > c_L$ beibehalten wird und demnach die selben Gleichgewichte gelten.

In den Märkten ohne haftenden Verkäufer ist die Beziehung nicht so eindeutig. Im Markt ohne verifizierbares Gut erzielt der Verkäufer nun in beiden Gleichgewichten höhere Gewinne. Ein Vergleich wird daher am besten über die Ableitung des Grenzwertes h_1 erreicht, welcher durch $\frac{\partial h_1}{\partial v} \geq 0$ steigt, wobei $\frac{\partial h_1}{\partial v} = 0$ nur für $c_L = 0$ gilt.[97] Für den Verkäufer wird die Preisstrategie e somit attraktiver. Für die informierten Kunden hat dies den Vorteil, dass sie nicht nur durch das steigende v an Nutzen durch $\frac{\partial U_{E(0,0;i)}}{\partial v} > 0$ gewinnen, sondern ebenso durch die verschobene Gleichgewichtsgrenze

---

[97] Es gilt $\frac{\partial h_1}{\partial v} = \frac{(1-k)c_L}{v^2}$.

das Gleichgewicht E insgesamt an Bedeutung gewinnt.

Bei Märkten ohne verifizierbares Gut gibt es mehrere Effekte. Einerseits ändern sich die Auszahlungen der Akteure in den jeweiligen Gleichgewichten, andererseits verschieben sich jedoch auch die Grenzen dieser Gleichgewichte. Der Experte gewinnt in allen Gleichgewichten durch die Erhöhung, während ebenso die informierten Kunden in den Gleichgewichten A und D profitieren. Interessant ist, dass die Kunden, die unabhängig von ihrer Information in Gleichgewicht B einen positiven Nutzen erreichen, nicht von ihrem höheren Erfüllungsnutzen profitieren. Dieser geht vollständig an den Experten. Da in allen anderen Gleichgewichten ein Teil der Erhöhung von v durch die Ineffizienz verloren gehen muss, kann intuitiv bereits ein größerer Raum des Gleichgewichts B hergeleitet werden. Dieses wird bestätigt durch die Ableitungen von k_{ab}, k_{bc} und h^*, welche $\frac{\partial k_{ab}}{\partial v} < 0$, $\frac{k_{bc}}{\partial v} > 0$ und $\frac{h^*}{\partial v} < 0$ sind. Da $\frac{k_{ac}}{\partial v} = 0$ ist, ändert sich nichts zwischen den Gleichgewichten A und C.

Abschließend können zwei Ergebnisse festgehalten werden. Zum einen führt eine Erhöhung des Erfüllungsnutzens v in jedem Markt zu einer Erhöhung der sozialen Wohlfahrt. Zum anderen zeigt sich, dass in den nicht effizienten Märkten ohne haftbaren Verkäufer die Zunahme des Erfüllungsnutzens in für die soziale Wohlfahrt positiven Verschiebungen der Gleichgewichtsgrenzen resultiert. Dies bedeutet nicht nur $\frac{\partial SW_{(1,0)}}{\partial v} > 0$ und $\frac{\partial SW_{(0,0)}}{\partial v} > 0$, sondern auch eine positive zweite Ableitung mit $\frac{\partial^2 SW_{(1,0)}}{\partial v^2} > 0$ und $\frac{\partial^2 SW_{(0,0)}}{\partial v^2} > 0$, womit eine Effizienzsteigerung der Märkte verdeutlicht wird.

4.3.4. Einfluss des Kostenverhältnisses

Es gibt zwei Möglichkeiten, wie das Kostenverhältnis Einfluss auf den Markt nehmen kann: Zum einen durch die relative Höhe der Kosten der günstigen und teuren Behandlung zu v, zum anderen durch die relative Höhe der beiden Kosten zueinander. Ersteres wurde bereits im vorherigen Abschnitt behandelt, weshalb die grundsätzliche Höhe des Kostenniveaus $hc_H + (1-h)c_L$ an dieser Stelle nicht weiter untersucht wird. Stattdessen geht es in diesem Abschnitt um die Änderung des Unterschiedes von c_H und c_L relativ zueinander, bei konstantem v. Während eine zunehmende Ausprägung des Kostenverhältnisses $(c_H - c_L) \uparrow$ demnach bei konstant bleibendem Kostenniveau $hc_H + (1 - h)c_L$ ein $c_H \uparrow$ und $c_L \downarrow$ impliziert, ist für die gegensätzliche Richtung ein $c_H \downarrow$ und $c_L \uparrow$ gegeben. Dabei kann $c_H - c_L$ in absoluter Höhe maximal zu v und minimal zu 0 streben, es gilt jedoch stets $v > c_H > c_L \geq 0$.

In Märkten mit haftendem Monopolisten gibt es keinerlei Einflüsse. Da $hc_H + (1 - h)c_L$ konstant bleibt, ändern sich weder die Preise noch die Auszahlungen. Zwar ändert sich der Deckungsbeitrag des Monopolisten für die bestimmten Behandlungen, es bleibt jedoch bei der optimalen Preisstrategie, da beide Behandlungen durch $v > c_H > c_L \geq 0$ weiterhin profitabel sein müssen und der Verkäufer bereits die maximale soziale Wohlfahrt abgreift. Der Monopolist hat somit keine Möglichkeit, seinen Gewinn zu vergrößern, während ihn die Kunden weiterhin mit einem Nutzen von Null besuchen.

Ohne haftenden Verkäufer und ohne verifizierbares Gut ändern sich sowohl die Auszahlungen als auch die Gleichgewichtsgrenzen durch eine Veränderung des Kostenverhältnisses $c_H - c_L$ bei konstantem $hc_H + (1 - h)c_L$. Die Preisstrategie c bleibt zwar unbeeinflusst – der Gewinn des Monopolisten bleibt gleich, ebenso die Nutzenwerte der Kunden mit Null – Preisstrategie e profitiert jedoch stark von den sinkenden Kosten der günstigen Behandlung. Da jeder uninformierte Kunde im Gleichgewicht E unterversorgt wird, fällt für den Verkäufer ein verringertes c_L stärker ins Gewicht als die gegenläufige Erhöhung von c_H. Preisstrategie e wird somit attraktiver und durch $\frac{\partial h_1}{\partial(c_H - c_L)} > 0$ verschiebt sich die Gleichgewichtsgrenze. Da $U_{(0,0;i)}$ mit hv nicht von der Änderung beeinflusst ist, und sich die gefallenen Kosten der günstigen Behandlung überproportional im Gewinn des Monopolisten niederschlagen, ist $\frac{\partial SW_{E(0,0)}}{\partial(c_H - c_L)} > 0$ die logische Folge. Durch die Verschiebung der Grenze h_1 nach oben bei konstanter $SW_{C(0,0)}$ muss zudem $\frac{\partial^2 SW_{(0,0)}}{\partial(c_H - c_L)^2} > 0$ gelten.

Bei verifizierbarem Gut ohne haftenden Verkäufer sind zuerst die Einflüsse auf die Gleichgewichte zu betrachten. Da $hc_H + (1 - h)c_L$ konstant ist, gibt es bezüglich der sozialen Wohlfahrt im effizienten Gleichgewicht B keine Änderungen, allerdings geht ein zunehmendes Kostenverhältnis $c_H - c_L$ stark zu Lasten des Experten, da das steigende c_H direkt und vollständig auf dessen Nutzen $\Pi_{B(1,0)} = v - c_H$ einwirkt. Im Gegenzug profitieren die Kunden mit $U_{B(1,0)} = (1 - h)(c_H - c_L)$ nicht nur vom steigenden c_H, sondern zusätzlich noch vom sinkenden c_L. Gleichgewicht A verhält sich unterschiedlich: Durch die Preisgestaltung nach Bedingung 4.1 mit $p_H - c_H = p_L - c_L$ muss p_L sinken und p_H steigen bei $(c_H - c_L) \uparrow$. Dies steigert jedoch nicht den Verlust, den der Monopolist aufgrund des Nicht-Besuchs informierter Kunden mit hohem Schaden erfährt. Zwar verkauft er die durchschnittliche Behandlung günstiger, seine durchschnittlichen Behandlungskosten sind jedoch ebenso geringer geworden und sein Gewinn pro Behandlung bleibt aufgrund der angepassten Preisstruktur gleich. Einflüsse bestehen dagegen beim Nutzen der informierten Kunden, da sie weniger für die günstige Behandlung zahlen müssen. Es steigt somit durch $\frac{\partial SW_{A(1,0)}}{\partial(c_H - c_L)} > 0$ die soziale Wohlfahrt als Summe des Nutzens und des Gewinns, was sich mit den entgangenen teuren Behandlungen, die sich aus Wohlfahrtssicht nun weniger stark rentieren, erklären lässt. Gleichgewicht C bleibt stattdessen unverändert: Der Gewinn des Monopolisten und der neutrale Nutzen der Kunden bleiben konstant. Preisstrategie d wird durch die überproportional ausgeführte günstige Behandlung bei steigendem $c_H - c_L$ attraktiver. Da für ein Gleichgewicht D ein extremes $c_L = 0$ gelten muss, könnte das Auftreten des Gleichgewichts als Resultat der Kostenverschiebung stehen. Die veränderten Gleichgewichtsgrenzen gehen insgesamt stets auf Gewinnveränderungen des Monopolisten zurück. Da hier $\Pi_{d(1,0)}$ und $\Pi_{a(1,0)}$ konstant bleiben, während $\Pi_{b(1,0)}$ sinkt, gilt sowohl $\frac{\partial k_{ab}}{\partial(c_H - c_L)} > 0$ als auch $\frac{\partial k_{bc}}{\partial(c_H - c_L)} < 0$, womit der Raum für Gleichgewicht B abnimmt. Steigt das relative Kostenverhältnis extrem und ein $c_L = 0$ entsteht, kann auch Gleichgewicht D auftreten. Dessen ungeachtet bleibt die Gesamtauswirkung von $(c_H - c_L) \uparrow$ auf $SW_{(1,0)}$ uneindeutig: Zwar wird das effiziente Gleichgewicht B mit negativen Auswirkungen für die Gesamtwohlfahrt beschnitten, gleichzeitig steigt jedoch die soziale Wohlfahrt in Gleichgewicht A mit $\frac{\partial SW_{A(1,0)}}{\partial(c_H - c_L)} > 0$. Es hängt somit von den konkreten Marktgegebenheiten in h und k ab, welcher Effekt überwiegt.[98]

---

[98]Da für $h < h^*$ kein Gleichgewicht B auftritt, führt hier $(c_H - c_L) \uparrow$ zu $SW_{(1,0)} \uparrow$, bei variablem k, da sich nur $SW_A(1,0)$ positiv verändert. Ist jedoch $h \to 1$, überwiegt Gleichgewicht B und somit dessen negativer Einfluss mit den abnehmenden Grenzen, weshalb $SW_{(1,0)} \downarrow$ gelten muss. An dieser Stelle ist es ausreichend zu zeigen, dass es ein h mit $h^* < h < 1$ gibt, welches die unterschiedlichen Effekte aus den Gleichgewichten A und B auf die soziale Wohlfahrt ausgleicht.

Zusammenfassend lässt sich sagen, dass ein zunehmender Kostenunterschied für Märkte mit haftendem Verkäufer keinerlei Auswirkungen besitzt, weder auf die soziale Wohlfahrt noch auf Gewinne und Nutzen der Akteure. Im Gegensatz dazu ist für nichthaftbare Verkäufer bei nicht-verifizierbaren Gütern die Veränderung positiv, da sich die geänderte Kostenstruktur durch die überproportionale Nachfrage von c_L fördernd auf den Gewinn und damit die soziale Wohlfahrt des Monopolisten auswirkt. Ist das Gut dagegen verifizierbar, wirkt sich die Kostenveränderung stets negativ auf den Gewinn des Verkäufers aus, während sie sich für informierte Kunden positiv darstellen kann. Die Gesamtauswirkung auf die soziale Wohlfahrt ist in diesem Markt jedoch insbesondere von h abhängig und kann sowohl positiv als auch negativ ausfallen.

4.4. Erweiterungen

In diesem Unterkapitel werden drei verschiedene Modellerweiterungen betrachtet. Im Vergleich zum Unterkapitel der komparativen Statik wird dabei untersucht, welche Einflüsse neu eingeführte Modellvariablen auf die vorhandenen Gleichgewichte nehmen. Dabei werden verschiedene Möglichkeiten einer Implementierung der Diagnosekosten untersucht, ebenso wie Unterschiede zwischen den beiden Kundengruppen in Bezug auf deren Erfüllungsnutzen und deren jeweiligen Schwerewahrscheinlichkeit.

4.4.1. Diagnosekosten

Im bisherigen Modell lernt der Experte beim Besuch direkt und ohne Kosten den Problemtyp des Kunden kennen. In der Realität sind Vertrauensgüter jedoch oft mit Diagnosekosten verbunden, welche einerseits die Kosten des Kunden beim Expertenbesuch in Form von Zeit und Aufwand, andererseits die Beratungskosten und tatsächlichen Diagnosekosten des Experten umfassen. Erstere seien mit c_K bezeichnet, letztere mit c_D. Dabei gibt es prinzipiell zwei Möglichkeiten, die Diagnosekosten in einem spieltheoretischen Modell zu berücksichtigen: exogen und endogen.

1. Bei exogener Modellierung werden Kosten γ erhoben, die der Kunde beim Besuch des Experten zu zahlen hat.[99] Dabei verdeutlicht γ insbesondere die Entschädigung für die Ausgaben des Experten bezüglich Diagnose und Beratung, wobei jedoch auch die eigenen Kosten des Kunden durch γ abgedeckt werden. Es gilt somit $\gamma = c_K + c_D$.[100]

2. Eine andere Variante stellt die Endogenisierung der Diagnosekosten dar,[101] wobei der Experte seine Kosten c_D beim Besuch des Kunden erfährt, dafür jedoch eine Besuchsgebühr p_D vom Kunden verlangen kann. Dabei ist p_D, ebenso wie p_H und p_L, frei vom Experten wählbar.

Da die Kunden bei der ersten Variante keine Behandlung ohne die Diagnosekosten γ erreichen können, sinkt ihre maximale Zahlungsbereitschaft einer problemlösenden Behandlung auf $v - \gamma$. Der Monopolist passt sich dementsprechend an und muss – um die Kunden weiterhin im Markt zu halten – seine Preise um γ reduzieren, was durch $v > c_H + \gamma$ grundsätzlich möglich ist. In den Märkten mit haftbarem Experten, welche effizient und frei von Betrug sind, sinken daher p_L und p_H auf $v - \gamma$. Dies ist nicht mehr der Fall bei Unterversorgung, wenn uninformierte Kunden von den Diagnosekosten relativ gesehen stärker betroffen sind. Im Markt $(0,0)$ sinkt die Zahlungsbereitschaft der uninformierten Kunden auf $(1 - h)v - \gamma$, während sich die der informierten Kunden auf $v - \gamma$ reduziert. Durch $(1 - h)v < v$ vergrößert sich somit der Abstand der beiden Zahlungsbereitschaften, weshalb k_1 auf $k_1 = \frac{(1-h)v - c_L - \gamma}{v - c_L - \gamma}$ durch $\frac{\partial k_1}{\partial \gamma} < 0$ sinkt.[102] Im Markt $(1,0)$ werden ebenso die Grenzen der Gleichgewichte verschoben, da

---

[99]Dieser Ansatz wird vom Großteil der Literatur vertreten. Siehe unter anderem Wolinsky (1993, 1995), Dulleck und Kerschbamer (2006) und Fong (2005).

[100]Unter den Annahmen $c_K > 0$ und $c_D > 0$, mit $v > c_H + \gamma > c_L + \gamma > 0$.

[101]Eine endogene Modellierung wird von Pesendorfer und Wolinsky (2003), Dulleck und Kerschbamer (2009) sowie Alger und Salanie (2006) gewählt. Wolinsky (1995) stellt eine Erweiterung mit Diagnosekosten (die beim Experten anfällt), Diagnosegebühren (die der Experte dem Kunden beim Besuch berechnen kann) und Suchkosten (die der Kunde tragen muss) vor, die im Gleichgewicht der Höhe der vorherigen Diagnosekosten entspricht.

[102]Eine andere Argumentation bezieht sich auf die Gewinne $\Pi_{c(0,0)}$ und $\Pi_{e(0,0)}$, welche durch $\frac{\partial \Pi_{c(0,0)}}{\partial \gamma} = -k > -1 = \frac{\partial \Pi_{e(0,0)}}{\partial \gamma}$ unterschiedlich betroffen sind.

nicht in allen Gleichgewichten dieselbe Höhe an Diagnosekosten gezahlt wird. Es gilt

$\frac{\partial \Pi_{b(1,0)}}{\partial \gamma} = \frac{\partial \Pi_{d(1,0)}}{\partial \gamma} = -1$, während $\frac{\partial \Pi_{a(1,0)}}{\partial \gamma} = -(1 - kh)$ ist und $\frac{\partial \Pi_{c(1,0)}}{\partial \gamma} = -k$. Damit

sind die Preisstrategien a und c weniger stark von den Diagnosekosten betroffen als die

Strategien b und d, weshalb $\frac{\partial k_{ab}}{\partial \gamma} > 0$ und $\frac{\partial k_{bc}}{\partial \gamma} < 0$ gelten müssen. Zudem kann, da

$\Pi_{d(1,0)}$ stärker als $\Pi_{a(1,0)}$ und $\Pi_{c(1,0)}$ sinkt, kein Gleichgewicht in Unterversorgung mehr

existieren.

Die zweite Variante beinhaltet mit c_D nur Kosten für den Experten. Da jeder

Kunde bei seinem Besuch behandelt wird, kann die Einführung von c_D auch wie eine

Erhöhung der Kosten c_H und c_L um denselben Betrag c_D betrachtet werden. Es gilt

nach wie vor $v > c_H + c_D$, weshalb sich die grundsätzlichen Eigenschaften des Marktes

– insbesondere die Zahlungsbereitschaft der Kunden – nicht ändern. In den Märkten

mit nur einem Gleichgewicht, welches effizient und ohne Betrug ist, wird der Experte

somit weiter stets Gesamtpreise in der bisherigen Höhe v wählen, mit $v = p_H + p_D$ sowie

$v = p_L + p_D$.[103] Ebenso wird der Monopolist in den beiden verbleibenden Märkten die

Gesamtpreise stets in derselben Höhe setzen. Da somit seine Erlöse über die Preisstra-

tegien konstant bleiben, während sich die Behandlungskosten proportional zur Anzahl

der durchgeführten Behandlungen erhöhen, werden die Strategien mit insgesamt weni-

ger besuchenden Kunden attraktiver. Im Markt $(0,0)$ profitiert damit Preisstrategie c

und k_1 sinkt auf $k_1 = \frac{(1-h)v - c_L - c_D}{v - c_L - c_D}$ mit $\frac{\partial k_1}{\partial c_D} < 0$. Die Gewinne in Markt $(1,0)$ ändern

sich ebenso unterschiedlich, wobei mit $\frac{\partial \Pi_{b(1,0)}}{\partial c_D} = \frac{\partial \Pi_{d(1,0)}}{\partial c_D} = -1$ und $\frac{\partial \Pi_{a(1,0)}}{\partial c_D} = -(1 - kh)$

sowie $\frac{\partial \Pi_{c(1,0)}}{\partial c_D} = -k$ die Ableitungen nach c_D identisch zu denen der ersten Variante der

Modellierung mit exogenen Diagnosekosten von γ sind. Es zeigt sich daher, dass beide

Modellierungen zum selben Ergebnis führen müssen.

Abschließend kann festgehalten werden, dass die Einführung von Diagnosekosten

Auswirkungen auf die Gleichgewichtsgrenzen und damit die Kundennutzen und Exper-

tengewinne hat. Eine grundsätzliche Veränderung der Marktstruktur – mit Ausnahme

der Eliminierung des schwach dominierten Gleichgewichtes D im Markt $(1,0)$ – kann

---

[103]Dies beinhaltet auch die Möglichkeit, dass p_D negativ wird. Eine solche Besuchsprämie für Kunden
ist hier jedoch ohne Auswirkungen.

jedoch bei keinem der Märkte festgestellt werden. Die Robustheit dieses Ergebnisses wird bestätigt durch die identischen Auswirkungen der beiden unterschiedlichen Modellierungen.

4.4.2. Unterschiedlicher Erfüllungsnutzen

Für einen unterschiedlichen Erfüllungsnutzen kommen zwei verschiedene Bezugsmöglichkeiten in Betracht. Dabei kann eine Erweiterung des Modells durch eine Variation des Erfüllungsnutzens in Bezug auf die Behandlung grundsätzlich kritisch gesehen werden, da sich Vertrauensgüter insbesondere dadurch auszeichnen, dass der Erfüllungsnutzen verschiedener Behandlungen ex post nicht von den Kunden unterschieden werden kann.[104] Mit der Ausnahme der Unterversorgung bleibt der uninformierte Kunde im Unklaren über seinen Problemtyp. Ebensowenig lässt sich argumentieren, dass die soziale Wohlfahrt durch eine schwere Reparatur steigen sollte.[105] Es besteht durch die Heterogenität der Kunden jedoch die Möglichkeit, den Erfüllungsnutzen nicht abhängig von der Art der Reparatur zu setzen, sondern bezüglich des Kundentyps zu variieren. In diesem Fall erreichen informierte Kunden bei erfolgreicher Behandlung mit v_i einen anderen Nutzen als die uninformierten Kunden mit v_u. Die grundlegende Argumentation ist dabei, dass sich informierte Kunden unter anderem deshalb besser bezüglich des Vertrauensgutes auskennen, weil sie diesem einen hohen Nutzen zuweisen.

Es sei demnach $v_i > v_u$, mit $v_i > v_u > c_H > c_L \geq 0$. Die informierten Kunden haben damit stets eine höhere Zahlungsbereitschaft und es wird für den Monopolisten attraktiver, uninformierte Kunden durch zu hohe Preise zu vernachlässigen. Dies führt vor allem dann zu Änderungen der bisherigen Marktgleichgewichte, wenn der Unterschied der Erfüllungsnutzen $\Delta_v = v_i - v_u$ und der Anteil der informierten Kunden k

---

[104]Fong (2005) wählt, wie in 3.2.4.2 ab Seite 56 vorgestellt, einen besonderen Modellaufbau um einen unterschiedlichen Erfüllungsnutzen bei ansonsten homogenen Kunden trotzdem zu ermöglichen. Ein ähnlicher Aufbau wird auch von Liu (2011) gewählt.

[105]Muss der Taxifahrer seinen Kunden durch einen langen Stau anstelle einer schnellen Abkürzung zum Flughafen fahren, ändert dies nichts am Wohlfahrtsgewinn der rechtzeitigen Ankunft des Kunden. Auch der zusätzliche Kundennutzen durch wiederhergestellte Daten einer beschädigten Festplatte ist nicht abhängig von der Art der Datenrettung.

ausreichend groß ist. Ist bei Märkten mit haftendem Verkäufer der Gewinn des Monopolisten bei effizienter Versorgung des Marktes $v_u - hc_H - (1-h)c_L$ kleiner als der Gewinn durch die einseitige Versorgung informierter Kunden mit $k(v_i - hc_H - (1-h)c_L)$, so wechselt der Experte die Preisstrategie. Dies ist bei einem $k_{\Delta v} = \frac{v_u - hc_H - (1-h)c_L}{v_i - hc_H - (1-h)c_L}$ erreicht, mit $\frac{\partial k_{\Delta u}}{\partial \Delta v} < 0$ und $0 < k_{\Delta v} < 1$. Da für $k > k_{\Delta v}$ die uninformierten Kunden wegen $hp_H - (1-h)p_L > v_u$ den Markt verlassen und nicht behandelt werden, verliert der Markt die Effizienz und die soziale Wohlfahrt sinkt sprunghaft bei $k = k_{\Delta v}$ von $SW_{k \leq k_{\Delta v}} = kv_i + (1-k)v_u - hc_H - (1-h)c_L$ auf $SW_{k > k_{\Delta v}} = k(v_i - hc_H - (1-h)c_L)$. Der Nutzen uninformierter Kunden bleibt bei 0, während der Nutzen informierter Kunden von $v_i - v_u$ bei $k \leq k_{\Delta v}$ ebenso auf 0 für $k > k_{\Delta v}$ sinkt. Damit kann zusätzliche Information bei unterschiedlichem Erfüllungsnutzen und haftbarem Monopolisten zur Ineffizienz des Marktes und damit abnehmender sozialer Wohlfahrt führen.

Beim Markt (0,0) ohne haftenden Verkäufer und ohne verifizierbare Güter besteht bereits ein Gleichgewicht der Alleinversorgung informierter Kunden für $k > k_1$. Unter $v_i > v_u$ verschiebt sich diese Grenze $k_1 = \frac{(1-h)v_u - c_L}{v_i - c_L}$ mit Δ_v nach unten, da $\frac{\partial k_1}{\partial \Delta v} < 0$ ist. Der Experte wechselt somit für geringere Anteile informierter Kunden seine Preisstrategie. Es bleibt abhängig von den genauen Eigenschaften des jeweiligen Marktes, ob die Existenz informierte Kunden insgesamt zu Wohlfahrtsverlusten oder -gewinnen führt.

Im Markt (1,0) kann ein unterschiedlicher Erfüllungsnutzen auf mehrere Gleichgewichte Einfluss nehmen. Die Preisstrategie c des Monopolisten, mit der Diskriminierung uninformierter Kunden, wird hier ebenso attraktiver: Die Grenze $k_{bc} = \frac{v_u - c_H}{v_i - hc_H - (1-h)c_L}$ zur effizienten Preisstrategie b sinkt durch $\frac{\partial k_{bc}}{\partial \Delta v} < 0$. Unklar ist jedoch der Einfluss auf Preisstrategie a, da zwar $p_H > v_u$ gilt, dies jedoch die beiden Fälle $p_H \leq v_i$ und $p_H > v_i$ ermöglicht. Für $p_H \leq v_i$ nehmen nun auch informierte Kunden am Markt teil, womit sich der Gewinn des Experten deutlich erhöht und der Markt effizient wird. Da nun stets $\Pi_a > \Pi_b$ gilt, verschwindet Gleichgewicht B.[106] Die Grenze k_{ac} wird völlig abhängig von Δv mit $k_{ac} = \frac{v_u - hc_H - (1-h)c_L}{v_i - hc_H - (1-h)c_L}$ und $\frac{\partial k_{ac}}{\partial \Delta v} < 0$. Ist stattdessen weiterhin der

---

[106]Für $p_H \leq v_i$ ist $\Pi_a = v_u - hc_H - (1-h)c_L$ und damit größer als $\Pi_b = v_u - c_H$.

Marktaustritt informierter Kunden mit hohem Schaden bei $p_H > v_i$ gegeben, so ändert

sich k_{ab} nicht, während $k_{ac} = \frac{v_u - c_H h - (1-h)c_L}{v_i + h v_u - h(1+h)c_H - (1-h^2)c_L}$ mit $\frac{\partial k_{ac}}{\partial \Delta v} < 0$ abnimmt. Es ist

somit abschließend zu unterscheiden, ob $v_i - v_u$ ausreichend groß ist, um $p_H \leq v_i$ zu

ermöglichen. Ist dies der Fall, bleibt der Markt effizient und die soziale Wohlfahrt stabil,

solange $k = k_{ac}$ gilt. Ist $p_H > v_i$, sinkt die Wohlfahrt verstärkt in k, durch $\frac{\partial k_{bc}}{\partial \Delta v} < 0$.

Es zeigt sich somit, dass bei unterschiedlichem Erfüllungsnutzen die soziale Wohlfahrt nun auch bei Märkten mit haftendem Monopolisten sinken kann. Dies geschieht
durch das Auftreten neuer Gleichgewichte, in denen nur informierte Kunden den Monopolisten besuchen und sich behandeln lassen. Es kann sich ebenso die soziale Wohlfahrt
für Markt (0,0) verschlechtern, während die Auswirkungen auf Markt (1,0) abhängig
vom absoluten Unterschied des Erfüllungsnutzens positiv oder negativ ausfallen können.

4.4.3. Unterschiedliche Schadenswahrscheinlichkeit

Im Grundmodell wird von einer einheitlichen Schadenswahrscheinlichkeit h für die Kunden ausgegangen. Diese Wahrscheinlichkeit kann jedoch auf die beiden Kundengruppen
bezogen und damit variiert werden, wobei die Schadenswahrscheinlichkeit für die informierten Kunden mit h_i und für die uninformierten Kunden mit h_u bezeichnet wird.
Je nach Situation lässt sich dabei sowohl ein $h_i < h_u$, wenn beispielsweise informierte Kunden durch ihre Information ein Produkt besser warten können, als auch ein
$h_i > h_u$, wenn sich Kunden aufgrund einer bekannten, hohen Wahrscheinlichkeit des
großen Schadens besser informieren, begründen.[107] Im Folgenden werden die vier Monopolmärkte nacheinander auf Auswirkungen untersucht.

Unabhängig von $h_i <$ oder $> h_u$ ändern sich die Marktgleichgewichte für Märkte mit einem haftenden Verkäufer nicht. Die Preise p_H und p_L werden ohne Bezug
zur Schadenswahrscheinlichkeit auf v gesetzt, um die gesamte Zahlungsbereitschaft der
Konsumenten abzugreifen. Der Verkäufer behandelt stets optimal, da er jeden Schaden

---

[107]Der kundige Fahrer eines Autos wird eine bessere Wartung als der unkundige Fahrer vornehmen,
wodurch ein $h_i < h_u$ ermöglicht wird. Im Vergleich dazu ist ein Risikopatient einer Erbkrankheit
wahrscheinlich genau deshalb über die Krankheit informiert, weil er weiß, dass er diesbezüglich ein
Risikopatient ist und $h_i > h_u$ vorliegt.

beheben muss und nicht unterversorgen kann.

Ist der Verkäufer weder haftbar noch das Gut verifizierbar, sind die beiden Preis-strategien der Unterversorgung uninformierter Kunden und der Fokussierung auf infor-mierte Kunden abhängig von der jeweiligen Schadenswahrscheinlichkeit. Ist $h_i > h_u$, ist für ein gegebenes k und $h = kh_i + (1 - k)h_u$ die Unterversorgung der uninformier-ten Kunden attraktiver für den Experten, da der Erwartungsnutzen der uninformierten Kunden $(1 - h_u)v$ relativ gesehen steigt. Der Monopolist führt zwar keine zusätzlichen großen Behandlungen durch, die uninformierten Kunden erreichen jedoch häufiger ih-ren Erfüllungsnutzen und sind daher bereit, mehr zu zahlen. Dazu wird die alleinige Behandlung informierter Kunden weniger rentabel, da hier durch das höhere h_i nun verstärkt kostenintensive Behandlungen geleistet werden müssen, der Umsatz mit kv jedoch identisch bleibt. In der Folge steigt k_1 für $h_i > h_u$. Ist das Verhältnis mit $h_i < h_u$ umgekehrt, verkehren sich auch die Auswirkungen ins Gegenteil: Die Fokussierung auf informierte Kunden führt zu einem sinkenden k_1, da die Kosten einer alleinigen Be-handlung informierter Kunden sinken, während bei der Unterversorgung uninformierter Kunden deren Zahlungsbereitschaft $(1 - h_u)$, und damit auch p_L, abnimmt.

Bei nicht haftendem Verkäufer und verifizierbarem Gut sind nur teilweise die Gleichgewichtsgrenzen betroffen. Preisstrategie b mit der wohlfahrtsoptimalen Versor-gung unter Preisen von $p_H = v$ und $p_L = v - (c_H - c_L)$ ist vollkommen unbeeinflusst von der Schadenswahrscheinlichkeit der Kunden, da der jeweilige Gewinn beider Be-handlungen identisch ist. Stattdessen ist Preisstrategie c, mit der Fokussierung auf informierte Kunden, beim Verhältnis $h_i < h_u$ durch die sinkenden Behandlungskosten bei gleichem Ertrag begünstigt. Damit sinkt k_{bc} für $h_i < h_u$. Uneinheitlich ist dage-gen der Einfluss auf Preisstrategie a, bei der informierte Kunden mit großem Schaden den Markt verlassen. Einerseits profitiert der Experte durch das sinkende h_i und damit sinkenden Gewinnausfällen durch die Marktaustritte informierter Kunden, gleichzeitig sinkt jedoch auch p_L, da der Unterschied aus $p_H - p_L$ in h_u zunimmt. Es verlassen somit zwar weniger informierte Kunden den Markt, durch ein steigendes p_H erhöht sich jedoch das entgangene Gewinnpotential je Marktaustritt. Der Gesamteinfluss einer unterschiedlichen Schadenswahrscheinlichkeit auf den Gewinn der Preisstrategie a, $(v - (1 - h_u)c_L - h_u c_H)(1 - h_i k)$, ist damit abhängig vom Anteil informierter Kunden k und von der Kostenstruktur $c_H - c_L$.

Zusammenfassend kann bezüglich der unterschiedlichen Schadenswahrscheinlichkeit gesagt werden, dass deren Auswirkungen auf die Märkte gering sind. Das grundsätzliche Auftreten der Gleichgewichte ändert sich nicht, lediglich in den Märkten ohne haftenden Verkäufer verschieben sich Gleichgewichtsgrenzen. Wird ein bestimmtes k angenommen und mit $h = kh_i + (1 - k)h_u$ die Schadenswahrscheinlichkeit verändert, so hat dies in den beiden betroffenen Märkten auch Auswirkungen auf die soziale Wohlfahrt. Diese sind jedoch abhängig von den Rahmenbedingungen der Märkte und sowohl für $h_i < h_u$ als auch den konträren Fall $h_i > h_u$ sind positive wie negative Wohlfahrtsveränderungen möglich.

4.5. Zusammenfassung

In diesem Kapitel wird ein Modell zur Abbildung informierter Kunden in einem monopolistischen Vertrauensgütermarkt vorgestellt. Dabei werden die Käufer des Gutes in zwei Typen unterteilt, die entweder bezüglich ihres Bedürfnisses und des Gutes informiert sind, oder nicht. Durch die Annahmen der Verifizierbarkeit des Gutes und der Haftung des Monopolisten lassen sich insgesamt vier verschiedene Märkte abbilden. Die Existenz der informierten Kunden lässt sich dabei in drei zentrale Auswirkungen auf die monopolistischen Vertrauensgütermärkte zusammenfassen, in Abhängigkeit der Eigenschaften des jeweiligen Marktes.

Die Haftung des Monopolisten entscheidet über die grundsätzlichen Auswirkungen informierter Kunden. Nur falls der Verkäufer nicht für eine Unterversorgung haftet, lassen sich Änderungen bezüglich der Effizienz des Marktes und der Auszahlungen der Spieler durch die Präsenz informierter Kunden feststellen. Haftet der Monopolist dagegen, sind die Käufer des Vertrauensgutes von der bedürfniserfüllenden Behandlung des Experten überzeugt. Durch einen Festpreis für beide Behandlungen, der dem Erfüllungsnutzen der Kunden entspricht, kann der Monopolist die gesamte Rente im Markt auf sich vereinen. Alle Bedürfnisse werden optimal behandelt, es besteht kein Betrug und mit der Effizienz des Marktes wird das Marktoptimum erreicht. Während bei verifizierbaren Gütern überhaupt keine Gleichgewichtsveränderungen auftreten, besteht bei nicht-verifizierbaren Gütern in der Vermeidung betrügerischer Gleichgewichte ein Nebeneffekt informierter Kunden. Hierbei ist der Monopolist durch drohende Gewinneinbußen zur Festlegung nicht-betrügerischer Preise gezwungen.

Ist der Monopolist nicht haftbar, aber das Gut verifizierbar, sind Einbußen für die soziale Wohlfahrt durch die Existenz informierter Kunden je nach den Marktparametern wahrscheinlich, für den Gewinn des Monopolisten jedoch sicher. Dies liegt daran, dass dieser den uninformierten Kunden nur bei einer bestimmten Preissetzung die ehrliche Behandlung signalisieren kann. Ein effizientes Marktgleichgewicht wird lediglich dann erreicht, falls mit $h > h^*$ eine ausreichend hohe Schwerewahrscheinlichkeit des Schadens vorliegt und die beiden Kundentypen mit $k' < k < k''$ ausgewogen im Markt vertreten sind. In diesem Fall wird der Monopolist Teile seiner Rente in gleicher Höhe an die Kunden abtreten und behandelt die jeweiligen Bedürfnisse ohne Betrug. Für alle anderen Gleichgewichte erzeugt die Präsenz informierter Kunden eine Ineffizienz im Markt und schädigt die soziale Wohlfahrt: Ist der Anteil der informierten Kunden mit $k < k'$ relativ gering, können die informierten Kunden die Preissetzung des Monopolisten ausnutzen und sich durch einen Marktaustritt bei großem Bedürfnis unter gleichzeitiger Vermeidung des hohen Preises einen positiven Gesamtnutzen sichern. Dies führt zur teilweisen Nichtbehandlung von Bedürfnissen und damit zur Gesamtineffizienz des Marktes. Für einen besonders hohen Anteil der informierten Kunden bei $k'' < k$ besteht dagegen eine Ineffizienz des Marktes durch die fehlende Befriedigung der Bedürfnisse uninformierter Kunden. Diese antizipieren eine drohende Unterversorgung durch den Experten und sehen folgerichtig von dessen Besuch ab. Beim Sonderfall $h \leq h^*$ mit $k = k' = k''$ besteht ein viertes Gleichgewicht, bei dem die uninformierten Kunden den Betrug durch Unterversorgung aufgrund geringer Preise des Monopolisten akzeptieren.

Ohne verifizierbares Gut sind beim nicht-haftenden Monopolisten durch die informierten Kunden sowohl positive als auch negative Veränderungen bezüglich der sozialen

Wohlfahrt denkbar. Die Veränderungen sind rein positiv, falls bei ausreichend großen Schwerewahrscheinlichkeiten mit $h > h_0$ ein Zusammenbruch des Marktes vermieden wird. Dieser Zusammenbruch ist bedingt durch die sichere Unterversorgung der uninformierten Kunden, weshalb diese vom Besuch des Experten absehen. Für $h < h_0$ könnte der Monopolist durch geringe Preise trotz der drohenden Unterversorgung einen Besuch der uninformierten Kunden induzieren, für einen ausgeprägten Anteil informierter Kunden mit $k > k_1$ lohnt sich jedoch eine Preiserhöhung und die uninformierten Kunden werden aus dem Markt getrieben. Besteht ein Anteil der informierten Kunden knapp über k_1 mit $k_1 < k < k_2$, ist damit die soziale Wohlfahrt auf einem geringerem Niveau, als sie es ohne die Existenz informierter Kunden wäre. Sie übertrifft dieses Niveau jedoch für $k > k_2$ und $k < k_1$, wobei im letztgenannten Fall nicht nur der Monopolist profitiert, sondern auch ein positiver Nutzen informierter Kunden besteht. Sowohl die positiven als auch die negativen Effekte der informierten Kunden können sich für bestimmte Marktparameter ausgleichen. Auf den gesamten Markt bezogen können die Effekte daher überwiegend positiv oder auch negativ ausfallen.

Zusammengefasst lauten die zwei wesentlichen Ergebnisse dieses Kapitels wie folgt:

- Die Haftbarkeit des Monopolisten ist entscheidend über die Existenz von Auswirkungen informierter Kunden. Sie bestimmt damit die Effizienz und Betrugsfreiheit des Marktes.

- Ohne diese Haftbarkeit können negative Auswirkungen informierter Kunden auf die soziale Wohlfahrt entstehen, wobei bei nicht-verifizierbaren Gütern auch positive Effekte möglich sind.

Die komparative Statik zeigt, dass durch Änderungen der Modellparameter keine neuen Gleichgewichte entstehen. Dabei ist der Erfüllungsnutzen stets positiv und die Schwerewahrscheinlichkeit stets negativ mit der sozialen Wohlfahrt korreliert. Im Gegensatz dazu kann das Kostenverhältnis abhängig von den Markteigenschaften unterschiedliche Auswirkungen auf die Wohlfahrt haben. Die Modellergebnisse zeigen sich ebenso robust gegenüber einer Erweiterung des Modells durch endogene oder exogene

Diagnosekosten und einer weiteren Heterogenisierung der Kunden durch Variation deren Schwerewahrscheinlichkeiten. Neue Gleichgewichte würden dagegen bei einem haftenden Monopolisten entstehen, besäßen die Kundengruppen einen unterschiedlichen Erfüllungsnutzen.

Kapitel 5.

Marktmodell mit mehreren Verkäufern

Nach der ausführlichen Analyse von Vertrauensgütermärkten mit einem Verkäufer stellt dieses Kapitel eine umfassende Weiterentwicklung des Modells aus Kapitel 4 vor: einen Vertrauengütermarkt mit mehreren Verkäufern. Dabei wird die Annahme einer monopolähnlichen Stellung der Verkäufer verworfen und eine Wettbewerbssituation geschaffen, in der die jeweiligen Experten ihren individuellen Gewinn maximieren.

Im Gegensatz zum Auftreten im Rahmen einer monopolähnlichen Stellung ist ein Vertrauensgütermarkt mit Experten im Wettbewerb die häufiger beobachtete Marktform, da sich Kunden im Normalfall zwischen verschiedenen Anbietern eines Gutes entscheiden können. Hierbei unterscheiden sich Märkte jedoch darin, ob der Kunde verpflichtet ist, mit der Diagnose auch das entsprechende Vertrauensgut zu kaufen, oder ob er auch nach erfolgter Diagnose und Empfehlung des Gutes den Experten wechseln kann. Durch die Einführung einer weiteren Annahme werden diese unterschiedlichen Märkte abgebildet.

Zuerst stellt das Unterkapitel 5.1 den Aufbau des Modells mit überarbeitetem Spielbaum und den neuen Marktunterscheidungen vor. Anschließend werden diese Märkte analog zum Monopolmodell analysiert und im Unterkapitel 5.3 miteinander verglichen. Nach möglichen Modellerweiterungen findet eine Zusammenfassung der Ergebnisse statt.

5.1. Aufbau

5.1.1. Grundstruktur

Ein großer Teil der Modellstruktur und der Annahmen wird analog zu der in 4.1 gebildeten Grundstruktur gesetzt. Die Problemstruktur aus großem und kleinem Bedürfnis mit der Schwerewahrscheinlichkeit h für einen Kunden ist zwischen den Modellen identisch, ebenso wie die Wahrscheinlichkeit der Informiertheit des Kunden mit k. Auch die Eigenschaften der Information – die Bekanntheit des eigenen Problemtyps sowie die Nicht-Betrügbarkeit – bestehen unverändert. Es bleibt somit weiter $h,k \in [0,1]$ für das Modell, wobei zum anschaulichen Vergleich ein Wert $k \in (0,1)$ gewählt werden kann.

Der Hauptunterschied des Modells besteht bei der Modellierung des Verkäufers. Zwar hat dieser nach wie vor dieselben Optionen – Behebung des Problems mit einer großen oder kleinen Behandlung – und legt ebenso vorab seine Preise fest, er befindet sich jetzt jedoch im Wettbewerb mit anderen, identisch modellierten Verkäufern. Insgesamt existieren n Verkäufer im Markt, mit $n \in \mathbb{N}$, welche gegenseitig in einem Preiswettbewerb nach Bertrand stehen. Dies bedeutet im Modell eine simultane Festsetzung der jeweiligen Preise. Die neue Preisgestaltung erfordert eine zusätzliche Notation. Setzen die Experten zueinander unterschiedliche Preise für p_H und p_L, so werden sie in Expertentypen y unterteilt mit $y \in (2,...,n)$. Experten eines Typs y verlangen demnach Preise von p_{Hy} und p_{Ly}.

Für den Kunden führt der Preiswettbewerb der Verkäufer zu n Behandlungsangeboten, zwischen denen er wählen kann. Dabei entscheidet er sich streng über die Maximierung seines Erwartungsnutzens. Setzen mehrere Verkäufer dieselben Preise und sind somit Teil eines Typs y, wählt der Kunde zufällig aus allen Verkäufern des Typs aus.[108]

---

[108] Es sei zur Vollständigkeit angemerkt, dass theoretisch die Möglichkeit besteht, nach der ein Expertentyp einen höheren Gewinn erwirtschaftet als die verbleibenden Typen. Eine Gleichgewichtslösung des Spiels impliziert demnach – da den Verkäufern dieser Unterschied bereits in der ersten Stufe $t = 1$ bekannt ist – dass sie sich durch ihre Preiswahl auf die jeweiligen Typen in einem Verhältnis verteilen, in welchem sie alle denselben durchschnittlichen Gewinn erwarten. Weiter sei angemerkt, dass die Anzahl der Verkäufer eine natürliche Zahl ist, womit es vorkommen könnte, dass zur Gleichsetzung des Erwartungsgewinnes einige Verkäufer über verschiedene Preisstrategien mischen. Beide Punkte sind spieltheoretisch trivial und werden im Verlauf der Modellbeschreibung nicht näher ausgeführt.

Eine weitere Neuerung ist die mögliche Entscheidungsfreiheit des Kunden, nach der Diagnose und dem Behandlungsangebot des Experten entweder den Markt zu verlassen und keinen Experten zu besuchen oder einen weiteren Experten aufzusuchen. Diese Optionen wiederholen sich nach jedem Besuch, so dass die Visite von bis zu n verschiedenen Experten möglich ist.[109] Abhängig ist diese zusätzliche Entscheidungsfreiheit jedoch von der Verpflichtungsannahme, wie sie im Abschnitt 5.1.4 vorgestellt wird. Es ist zu bemerken, dass das Behandlungsangebot des Experten keine Betrugsfreiheit impliziert und somit der Experte nach wie vor – unter den gegebenen Marktannahmen – betrügen kann. Der kommende Abschnitt erläutert den allgemeinen Ablauf des Spiels.

5.1.2. Zeitlicher Ablauf

Das Modell umfasst nun sechs, mit t bezeichnete Stufen im Zeitablauf. In jeder Stufe wählt genau ein Akteur seine jeweilige Handlungsoption. Das Spiel endet, wenn der Kunde entweder ein Behandlungsangebot angenommen hat und – wie auch immer – behandelt wurde, oder wenn er sich entschließt, keinen Experten zu besuchen. Im ersten Fall werden abhängig von Behandlung und Rechnung die Auszahlungen realisiert, im zweiten Fall erreichen Kunde und Experten einen Nutzen bzw. Gewinne von Null.

Die einzelnen Stufen sind folgendermaßen gegliedert:

$t = 1$ Die Experten wählen simultan ihre jeweiligen Preise p_{Hy} und p_{Ly}.

$t = 2$ Die Natur bestimmt den Typ des Kunden sowie den Schweregrad seines Problems.[110]

$t = 3$ Der Kunde wählt entweder einen Verkäufer, den er besucht, oder er entscheidet sich dazu, den Markt zu verlassen. Letzteres beendet das Spiel sofort.

---

[109]Besuchsmöglichkeiten in ähnlicher Form sind unter anderem von Wolinsky (1993, 1995), Taylor (1995), Pesendorfer und Wolinsky (2003) und Alger und Salanie (2006) angenommen.

[110]Auch an dieser Stelle sei der Grundsatz erwähnt, nach dem die Natur bei einem spieltheoretischen Modell eigentlich immer als Erstes zieht. In diesem Modell wird davon abgewichen, da es zum einen keinen Unterschied im weiteren Verlauf des Spiels ergibt, ob die Natur vor oder nach der Preissetzung agiert, und sich zum anderen die hier vorgestellte Version aufgrund ihrer Bildung von Teilspielen besser zur Herleitung der Ergebnisse eignet.

$t = 4$ Der besuchte Experte erfährt den Typ des Kunden sowie den Schweregrad des Problems. Er empfiehlt eine Behandlung durch Wahl von p_H oder p_L.

$t = 5$ Der Kunde entscheidet zwischen der Annahme des Angebotes, dem Besuch eines anderen Experten oder dem Austritt aus dem Markt. Im ersten Fall geht das Spiel in Stufe $t = 6$ weiter, im zweiten Fall geht es zurück nach Stufe $t = 3$, bei Marktaustritt endet das Spiel.

$t = 6$ Der Experte wählt eine Behandlung mit den zugehörigen Kosten c_H oder c_L und verlangt den empfohlenen Behandlungspreis aus Stufe $t = 3$. Im Falle einer erfolgreichen Behandlung erfährt der Kunde Nutzen in Höhe von v.

Mit der Behandlung durch den Experten ist das Spiel in jedem Fall beendet. Dabei ist es unerheblich, ob das Problem des Kunden gelöst wurde oder nicht. Eine Wiederholung des Spiels findet nicht statt. In Abschnitt 6.2.2 wird erörtert, ob sich eine Wiederholung als grundsätzlich sinnvoll darstellt.[111]

Abbildung 25 bietet mit dem Zeitstrahl eine Kurzübersicht zu den Stufen.

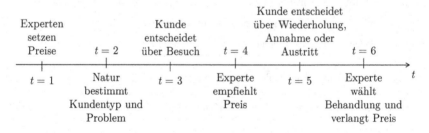

Abbildung 25.: Zeitstrahl des Wettbewerbmodells. Quelle: eigene Darstellung.

Uninformierte Kunden können nach wie vor betrogen werden und entscheiden in den Stufen $t = 3$ und $t = 5$ anhand ihres Erwartungsnutzens, welcher sich nach Erhalt der Behandlungsempfehlung aktualisiert. Sind sie indifferent zwischen der Angebotsannahme und dem neuen Besuch eines Experten oder dem Marktaustritt, so entscheiden

---

[111]Dies könnte intuitiv beispielsweise bei einer Unterversorgung der Fall sein, da der uninformierte Kunde dann über seinen Problemtyp informiert ist.

sie sich stets für die Annahme der Behandlung. Sind sie indifferent zwischen den beiden Optionen des Neubesuchs und des Marktaustritts, so entscheiden sie sich für den erneuten Besuch eines Experten. Bei Indifferenz zwischen dem Besuch eines betrügenden Experten und dem eines nicht-betrügenden Experten entscheiden sich die Kunden für den Experten, der sie ehrlich behandelt.

Für informierte Kunden besteht die Entscheidung in Stufe $t = 5$ nur theoretisch genauso wie für uninformierte Kunden, da bei ihnen die Wahl der Angebotsannahme offensichtlich ist. Sie wissen bereits bei ihrer Entscheidung über den Besuch eines Experten in Stufe $t = 3$, welche Behandlung bei ihnen empfohlen und gegebenenfalls auch durchgeführt wird, da sie vom Experten optimal und zum vorher festgelegten Preis behandelt werden müssen. Sie erhalten somit in Stufe $t = 5$ keine neuen Informationen, weshalb die Entscheidungsgrundlage in Stufe $t = 3$ dieselbe ist wie in Stufe $t = 5$. Die Entscheidung für den Besuch eines Experten impliziert demnach gleichzeitig auch die Entscheidung über die Annahme des Behandlungsangebotes.

Wichtig für den Verlauf des Spiels sind drei zusätzliche Annahmen: Es ist für die Experten grundsätzlich nicht ersichtlich, ob der Kunde bereits vorher andere Experten besucht hat oder nach der eigenen Preisempfehlung noch andere Experten besuchen wird.[112] Vorhersagen der eventuellen Reihenfolge von Kundenbesuchen sind jedoch möglich, falls diese durch Antizipation der Kundenstrategie und somit durch die Lösung des Spiels durch Rückwärtsinduktion absehbar sind. Weiter wählt ein Experte die Preiskonstellation, die seine erwartete Anzahl an Behandlungen maximiert, wenn er die Wahl zwischen verschiedenen Preisstrategien hat, welche allesamt denselben erwarteten Gewinn versprechen.[113] Ein Kunde verhält sich dann dahingehend, dass er bei Indifferenz

---

[112] Dies ist eine gängige Annahme bei mehrfacher Besuchsmöglichkeit, vgl. dazu u.a. Taylor (1995), Pesendorfer und Wolinsky (2003), Sülzle und Wambach (2005).

[113] Diese Annahme stellt sicher, dass beispielsweise bei allgemeinen Marktpreisen von $p_H = c_H$ und $p_L = c_L$ sowie ohne Betrugsmöglichkeiten ein Experte auch genau diese Preise wählt. Anderenfalls hätte er, da die Marktpreise bei der angenommenen Betrugsfreiheit Nullgewinne implizieren, auch die Möglichkeit mit $p_H > c_H$ und $p_L > c_L$ Preise zu setzen, die ebenso Nullgewinne erwirtschaften, da kein Kunde bei diesen Preisen den Experten besucht. Durch die angenommene Wahl der Marktpreise entsteht somit nur ein Expertentypus und die erwartete Nachfrage pro Experte beträgt $\frac{1}{n}$ der Konsumenten.

zwischen verschiedenen Besuchen seine Strategie so wählt, dass sie die durchschnittliche Anzahl an Besuchen minimiert. Alle drei Annahmen werden im Abschnitt 6.2.1 näher in ihren Auswirkungen betrachtet und dabei kritisch hinterfragt.

5.1.3. Spielbaum

Die Darstellung des Spiels in einem Entscheidungsbaum ist deutlich komplizierter als im Modell des Kapitel 4. Zum einen wird der Spielbaum durch die n Akteure mit der daraus folgenden variablen Anzahl an Besuchsmöglichkeiten in der dritten Stufe ausgedehnt, zum anderen befindet sich der Kunde bei Ablehnung eines Angebotes zwar wieder in Stufe 3, jedoch an einem anderen Entscheidungsknoten. Er kann sein Problem vom selben Experten nicht noch einmal diagnostizieren lassen und hat zudem durch die Information der Diagnose ein besseres Informationsniveau erreicht, weshalb sich seine Entscheidungsgrundlage zurück in der dritten Stufe ändert. Beide Gründe führen zu einem in Bezug auf die Anzahl der Verkäufer exponentiell wachsenden Spielbaum.

Der kleinstmöglich gehaltene Entscheidungsbaum dieses Modells entsteht unter den gegebenen Annahmen für $n = 2$. Doch bereits dieser Spielbaum umfasst zwangsläufig zwei Seiten, wobei die erste Seite mit der Abbildung 26 das Spiel im Überblick, mit nur angedeutetem Zweig des uninformierten Kunden, darstellt. Zur Vereinfachung ist die Beschreibung der Knotenpunkte knapp gehalten, zudem werden die Auszahlungen bei Spielende über die Schattierung kategorisiert: Ein gefüllter, dunkelgrauer Punkt steht für die Entscheidung des Kunden, den Markt zu verlassen, während dunkelgrau umrandete Punkte eine Behandlung anzeigen, mit weißem Inhalt und L für eine mit c_L günstige Behandlung, während grauer Inhalt und H eine nach c_H teure Behandlung beschreibt. Wie schon im Spielbaum des Monopolmodells bedeutet eine mehrere Knotenpunkte verbindende und gestrichelte Linie, dass dem Entscheider eines solchermaßen verbundenen Knotens nicht bewusst ist, an welchem der jeweils verbundenen Knoten er sich befindet. Eine Neuerung ist das Unwissen des Experten über seine Besuchsposition: Sowohl in Stufe $t = 4$ als auch in $t = 6$ ist ihm nicht bekannt, an welcher Stelle er sich befindet. Zur besseren Unterscheidung der gestrichelten Linien sind diese im Falle einer vorhergegangenen p_L-Empfehlung des Experten mit einem Punkt zwischen zwei Strichen gekennzeichnet, im Falle der p_H-Empfehlung durch zwei Punkte.

Der in Abbildung 26 nur angedeutete Zweig des uninformierten Kunden wird von der zweiten Abbildung 27 in einer noch weiter vereinfachten Form dargestellt: Aus Gründen der Übersichtlichkeit wird nun von der zeitlichen Darstellung in Stufen abgesehen und das in Abbildung 26 begonnene Spiel setzt sich in der Mitte des Schaubildes fort. Die Entscheidungsknoten folgen sonst der Struktur aus Abbildung 26, durch die zusätzlichen Betrugsmöglichkeiten des Experten nimmt die Komplexität des Zweiges jedoch zu. Die Beschreibungen der Entscheidungsknoten sind deshalb ersetzt durch schwarze Punkte, die je nach Entscheidungsträger mit einem N für Natur, K für Kunden oder einer 1 für Experte 1 beziehungsweise einer 2 für Experte 2 beschriftet sind. Auf eine weitere Differenzierung der unterschiedlichen Entscheidungsknoten durch ihre Beschreibung wird aus Platzgründen verzichtet, zumal sie durch ihre Position im Spielbaum auch ohne weitere Kennzeichnung eindeutig identifizierbar sind.[114] Die schattierte Unterscheidung der Auszahlungen wird beibehalten, auf eine zusätzliche Verdeutlichung der gewählten Behandlung wird verzichtet.

Bemerkenswert ist die ständige Unklarheit des Kunden darüber, ob er nun einen großen oder kleinen Schaden hat. Selbst nachdem zwei übereinstimmende Diagnosen gestellt wurden, bedeutet das – gegeben alle Betrugsformen sind erlaubt – nicht, dass die Diagnosen zutreffen müssen. Selbstverständlich ändert sich der Spielbaum im Bezug auf unterschiedliche Charakteristiken, sollte beispielsweise die Haftbarkeit des Verkäufers oder die Verifizierbarkeit des Produktes angenommen werden. Diese bekannten Annahmen führen zu Marktunterscheidungen und werden im kommenden Abschnitt behandelt.

---

[114]Ein mit K bezeichneter Entscheidungsknoten hat stets drei Entscheidungsmöglichkeiten: Der direkte Pfeil zum dunkelgrau gefüllten Punkt entspricht der Wahl, keinen Experten zu besuchen. Der Pfeil auf eine 1 oder 2 deutet den Besuch des Experten 1 oder des Experten 2 an. Dabei muss unterschieden werden, ob dieser Experte bereits im Verlauf des Spiels besucht wurde. Wurde er nicht besucht, so gibt der Experte zuerst seine Preisempfehlung ab und die Aktion geht mit Stufe $t = 5$ zurück an den Kunden. Wurde er bereits besucht, so bedeutet ein erneutes Besuchen den Kauf beim Experten und den Wechsel in die letzte Stufe $t = 6$, an welcher der Experte die Qualität wählt.

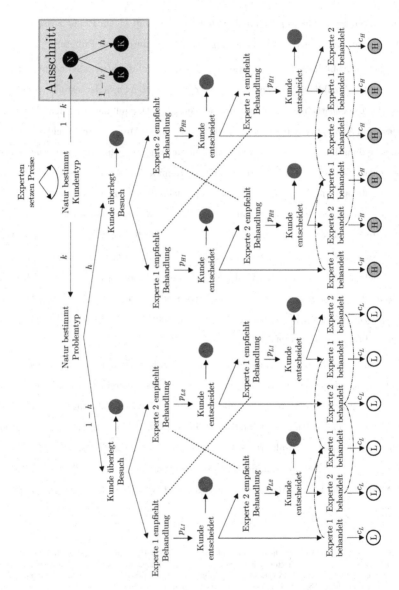

Abbildung 26.: Darstellung des Wettbewerbmodells als Spielbaum ohne ausführliche Abbildung uninformierter Kunden. Quelle: eigene Darstellung.

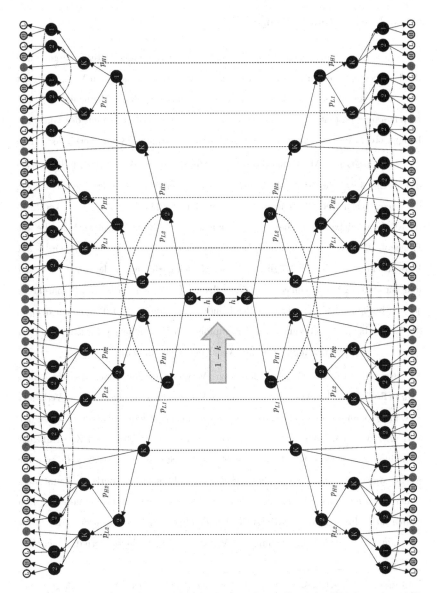

Abbildung 27.: Ausschnitt der stark vereinfachten Darstellung des Wettbewerbmodells als Spielbaum. Quelle: eigene Darstellung.

5.1.4. Marktunterscheidungen

Die drei prinzipiell möglichen Betrugsformen der Überversorgung, Unterversorgung und des Preisbetrugs bleiben bestehen. Auch in einem Markt mit mehreren Verkäufern gilt die Haftbarkeit eines Verkäufers als entscheidend darüber, ob die Möglichkeit der Unterversorgung besteht oder nicht. Ebenso ist es von der Verifizierbarkeit des Gutes abhängig, ob ein Preisbetrug von Seiten des Verkäufers ermöglicht oder verhindert wird.

Eine zusätzliche Marktcharakterisierung bei mehreren Verkäufern ist die Option des Wechsels zwischen den Verkäufern. Dabei können Märkte unterschieden werden, die einen solchen Wechsel zulassen, gegenüber Märkten, bei denen der Kunde verpflichtet ist, die vereinbarte oder bestellte Leistung auch zu beziehen. Zentral ist hierbei die Frage, ob Diagnose und Behandlung leicht voneinander getrennt werden können.[115] Zur Unterscheidung der beiden Möglichkeiten wurde demnach – neben der Verifizierbarkeit und der Haftung – von Dulleck und Kerschbamer (2006) eine dritte Marktcharakterisierung bezüglich der Verpflichtung der Kunden eingeführt. So wird unterschieden, ob der Kunde beim Besuch zum Kauf der empfohlenen Behandlung verpflichtet ist oder ob er nach der Produktempfehlung den Verkäufer wechseln kann.

Bezogen auf dieses Modell bedeutet die Verpflichtungsannahme, dass ein Kunde zwar in Stufe 3 die Möglichkeit hat, aus allen n Verkäufern seinen bevorzugten Verkäufer zu wählen, dann jedoch auch bei diesem das Vertrauensgut kaufen muss und weder den Verkäufer wechseln noch den Markt verlassen kann. Bezogen auf den Zeitstrahl der Abbildung 25 bedeutet dies die Verschmelzung der Stufen $t = 4$ und $t = 6$ sowie die Ausblendung der Stufe $t = 5$. In diesem Fall ist dem besuchten Experten bekannt, dass er der erste und einzige Experte ist, den der Kunde besucht, und dass dieser bei ihm kaufen muss. Im Gegensatz dazu ist der Kunde ohne Verpflichtung in der Lage, nicht nur einmal nach der Preisempfehlung den Verkäufer zu wechseln, sondern dies mehrfach

---

[115]Apotheken können telefonisch nach Medikamenten mit einer bestimmten Wirkung befragt und somit gegeneinander verglichen werden. Im Gegensatz dazu kann der IT-Experte einer Datenrettung vor der eigentlichen Rettung der Daten nicht offenlegen, ob Dateien eventuell mit einer günstigen Reparatur erfolgreich wiederherstellbar sind.

tun zu können, solange bis alle n Verkäufer besucht wurden.[116] Dabei steht es ihm nach jedem Besuch frei, einen noch nicht besuchten Verkäufer aufzusuchen, ohne Kauf des Vertrauensgutes den Markt zu verlassen oder das Gut von einem bereits besuchten Verkäufer zum vom ihm empfohlenen Preis zu beziehen.

Die Annahme des verpflichteten Kunden ergibt in Kombination mit der auf das Gut bezogenen Annahme der Verifizierung sowie der Annahme über die Haftung des Experten insgesamt acht unterschiedlich aufgebaute Märkte. Dies führt zu der Notwendigkeit, zusätzlich zu den unter 4.1 vorgestellten Indizes q und r noch eine weitere binäre Variable s anzufügen, die sich auf die Verpflichtungsannahme bezieht. Dabei nimmt s analog zu q und r den Wert 1 für eine vorhandene Verpflichtung des Käufers gegenüber des Verkäufers an, beziehungsweise den Wert 0, falls diese Verpflichtung nicht besteht. Ein Markt mit der Bezeichnung (1,1,0) beschreibt damit verifizierbare Güter, haftende Verkäufer und nicht zum Kauf verpflichtete Kunden. In Tabelle 7 werden die acht verschiedenen Märkte übersichtlich dargestellt.

	Verpflichtung			
	aktiv		inaktiv	
Verifizier-barkeit	Haftung			
	aktiv	inaktiv	aktiv	inaktiv
aktiv	Markt (1,1,1) ~~Preisbetrug~~ Überversorgung ~~Unterversorgung~~ ~~Expertenwechsel~~	Markt (1,0,1) ~~Preisbetrug~~ Überversorgung Unterversorgung ~~Expertenwechsel~~	Markt (1,1,0) ~~Preisbetrug~~ Überversorgung ~~Unterversorgung~~ Expertenwechsel	Markt (1,0,0) ~~Preisbetrug~~ Überversorgung Unterversorgung Expertenwechsel
inaktiv	Markt (0,1,1) Preisbetrug Überversorgung ~~Unterversorgung~~ ~~Expertenwechsel~~	Markt (0,0,1) Preisbetrug Überversorgung Unterversorgung ~~Expertenwechsel~~	Markt (0,1,0) Preisbetrug Überversorgung ~~Unterversorgung~~ Expertenwechsel	Markt (0,0,0) Preisbetrug Überversorgung Unterversorgung Expertenwechsel

Tabelle 7.: Die verschiedenen Märkte im Wettbewerbsmodell. Quelle: eigene Darstellung.

Die Bezeichnung (q,r,s) überträgt sich ebenso auf $\Pi_{(q,r,s)}$ und $U_{(q,r,s)}$. Weiter werden

---

[116]Im weiteren Verlauf wird dieser Fall an gegebener Stelle näher erläutert.

im Falle verschiedener Verkäufertypen y diese analog zu den Kundentypen mit einem Semikolon an die Marktbeschreibung unterschieden, also der Form $\Pi_{(q,r,s;y)}$. Demnach bezeichnet ein $\Pi_{A(1,0,1;2)}$ den Gesamtgewinn aller Verkäufer des Typs 2 im Gleichgewicht A eines Marktes mit Verifizierbarkeit und Verpflichtung, jedoch ohne Haftung.

5.2. Die verschiedenen Märkte

Dieses Unterkapitel behandelt die acht verschiedenen Märkte des Wettbewerbmodells. Die Märkte sind analog zu Kapitel 4 hinsichtlich der Haftbarkeit des Verkäufers und der Verifizierbarkeit des Vertrauensgutes zusammengefasst. Unterabschnitte widmen sich der weiteren Unterscheidung durch die Verpflichtung der Kunden. Im Vorgehen innerhalb der einzelnen Märkte wird zumeist ein Gleichgewicht ohne informierte Kunden ermittelt. Dies dient der Einführung in den jeweiligen Markt und erleichtert den anschließenden Einstieg in die Ermittlung der Gleichgewichte und Auswirkungen heterogener Kundschaft mit $k > 0$. Insgesamt fassen zwei Propositionen die bedeutendsten Ergebnisse zusammen, während neun Lemmata wichtige Teilergebnisse festhalten.

5.2.1. Märkte (1,1,1) und (1,1,0) – Mit Verifizierbarkeit und Haftung

In einem Markt mit verifizierbarem Vertrauensgut sowie haftenden Verkäufern scheiden die Betrugsmöglichkeiten der Unterversorgung und des Preisbetrugs aus. Demnach wissen die uninformierten Kunden, dass ihr Erfüllungsnutzen v in jedem Fall erreicht wird. Im Marktmodell ohne Wettbewerb bildet die Strategie des Experten, Preise in Höhe dieses Erfüllungsnutzens von v zu setzen, eine Gleichgewichtsstrategie. Es entsteht dann ein effizienter Markt ohne Betrug und der Monopolist kann die maximale soziale Wohlfahrt abgreifen.

Es sei angenommen, dass in diesem Monopolmarkt ein weiterer Experte eintritt und dieselbe Strategie wählt. Die Konsumenten würden diesen Preis akzeptieren und ihre Nachfrage auf beide Experten aufteilen, wodurch in Verbindung mit $n = 2$ ein Gewinn in Höhe von $\frac{1}{2}SW_{max}$ je Experte erreicht würde. Es hätten nun jedoch beide Experten den Anreiz, ihre Preise minimal zu senken, um so den jeweils anderen Experten im Preis zu unterbieten und sich die gesamte Nachfrage zu sichern. Diese Unterbietungsstrategie verspricht höhere Gewinne, schafft aber beim anderen Experten wiederum Anreize, den Preis ebenso weiter zu senken. Das Resultat dieses Preiswettbewerbs nach Bertrand sind Preise in Höhe der Grenzkosten – hier c_H und c_L – eines Produktes.

An dieser Stelle könnte die Analyse bereits beendet sein, wären die Untersuchungsgegenstände keine Vertrauensgüter. Es müssen vielmehr die Märkte im Hinblick auf ihre Verpflichtung unterschieden werden, denn durch die besonderen Eigenschaften der Vertrauensgüter implizieren Preise in Höhe der Grenzkosten nicht unbedingt Marktpreise von $p_H = c_H$ und $p_L = c_L$.

5.2.1.1. Markt (1,1,1) – Mit Verpflichtung

Es seien für den Anfang nur uninformierte Kunden mit $k = 0$ angenommen. Besteht die Verpflichtung zum Kauf, so bilden diese uninformierten Kunden ihren Erwartungsnutzen über die Schwerewahrscheinlichkeit h und besuchen den Verkäufer, der ihren Erwartungsnutzen maximiert. Dieser Erwartungsnutzen entspricht $hp_H + (1 - h)p_L$, falls die Experten Preise von

$$p_H - c_H \leq p_L - c_L \tag{5.1}$$

setzen und somit keine Überversorgung signalisieren. Dies ist im Wettbewerb stets der Fall. Zum Beweis dieser Aussage sei angenommen, dass die Bedingung 5.1 nicht erfüllt ist. Dann würden die Experten stets die teure Behandlung verkaufen und dementsprechend p_H bei ihrer Überversorgung verlangen. Im Preiswettbewerb würde p_H auf c_H sinken. Nun hätte ein Experte den Anreiz, p_H um ein minimales ϵ mit $(1-h)(c_H - c_L) > \epsilon > 0$ zu erhöhen, gleichzeitig p_L auf $c_L + \epsilon$ zu senken. Damit wäre $p_H - c_H = p_L - c_L$ und der Erwartungsnutzen des Kunden beim Besuch dieses Verkäufers würde sich zu $v - (hc_H + (1 - h)c_L + \epsilon) > v - c_H$ ändern, da die Kunden nun nicht mehr überversorgt würden. Die Folge wären positive Gewinne für den abweichenden Experten, weshalb auch die anderen Experten ihre Strategie ändern und ein Preisverhältnis nach Bedingung 5.1 setzen würden.

Unter Beachtung von 5.1 induzieren die Verkäufer den Erwartungsnutzen $v - (hp_H + (1 - h)p_L)$ der uninformierten Kunden, und im Preiswettbewerb um die Nachfrage senken sie solange ihre Preise, bis ihr erwarteter Umsatz je Kunde von $hp_H + (1 - h)p_L$ ihren erwarteten Kosten je Kunde von $hc_H + (1 - h)c_L$ entspricht. Dies wird zu

$$p_H = c_H - c_L - p_L + \frac{1}{h}(c_L - p_L) \tag{5.2}$$

mit $p_H \leq c_H$ durch Bedingung 5.1. Die Experten erreichen Nullgewinne, können jedoch im Rahmen der Preisrestriktionen 5.1 und 5.2 ihre Preise unterschiedlich voneinander setzen. Obwohl Kunden mit geringem Schaden bei Preisen von $p_H < c_H$ und $p_L > c_L$ diskriminiert würden, da sie mehr als die Kosten ihrer Behandlung bezahlen und somit die nicht-kostendeckenden, schweren Reparaturen querfinanzieren, sind alle Behandlungen effizient und Betrug findet nicht statt. Das Maximum der sozialen Wohlfahrt wird erreicht und geht vollständig an die Konsumenten.

Dieses Gleichgewicht ändert sich durch das Auftreten informierter Kunden mit $k > 0$. Da diese Kunden ihren Problemtyp kennen, wählen sie direkt den Verkäufer mit dem niedrigsten p_H oder p_L aus. Da nach 5.1 und 5.2 auch $p_L > c_L$ gilt, und ein niedrigeres p_L durch Bedingung 5.2 ein höheres p_H impliziert, erreicht der Verkäufer mit dem niedrigsten p_L nun nicht nur $\frac{1}{n}$ der uninformierten Käufer, sondern wird von sämtlichen informierten Käufer mit geringem Schaden zusätzlich besucht, was ihm eine um $k(1 - h)$ gesteigerte Nachfrage beschert. Durch den positiven Deckungsbeitrag der geringen Behandlung bei $p_L > c_L$ erwirtschaftet der Verkäufer positive Gewinne, was wiederum die anderen Verkäufer zum Senken ihres p_L anreizt. Der Preiswettbewerb um die informierten Kunden führt diesmal zu Preisen von

$$p_H = c_H \text{ und } p_L = c_L , \tag{5.3}$$

wobei die Experten mit $\Pi_{(1,1,1)} = 0$ weiterhin Nullgewinne erwirtschaften.[117] Dieses Ergebnis wird mit dem Hilfssatz 8 festgehalten.

Lemma 8. *Wenn die Kunden zum Kauf verpflichtet, das Vertrauensgut verifizierbar und die Verkäufer haftbar sind, reduzieren informierte Kunden die Anzahl der Gleichgewichte auf genau eines und verhindern damit eine mögliche diskriminierende Preissetzung.*

An der Effizienz des Marktes ändert sich durch die Existenz informierter Kunden nichts. Ebenso bleibt der Markt ohne Betrug und die soziale Wohlfahrt geht mit

$$SW_{(1,1,1)} = SW_{max} = U_{(1,1,1)} = v - hc_H - (1-h)c_L$$

vollständig an die Konsumenten, welche damit ihren Nutzen unabhängig vom Informationsniveau erreichen. Eine Zusammenfassung der Erkenntnisse und des Lemmatas bringt Tabelle 8 mit der Übersicht über die Auszahlungen des Marktes.

	$k = 0$	$0 < k < 1$
$U_{(1,1,1;u)}$	SW_{max}	SW_{max}
$U_{(1,1,1;i)}$	n.v.	SW_{max}
$\Pi_{(1,1,1)}$	0	0
$SW_{(1,1,1)}$	SW_{max}	SW_{max}
Effizienz	Pareto-Effizienz	Pareto-Effizienz
Art des Betrugs	kein Betrug	kein Betrug

Tabelle 8.: Auszahlungen unter Verifizierbarkeit und Haftung, mit Verpflichtung. Quelle: eigene Darstellung.

5.2.1.2. Markt (1,1,0) – Ohne Verpflichtung

Um die Auswirkungen der fehlenden Verpflichtungsannahme anschaulich zu zeigen, sei der Markt des vorherigen Abschnittes bei aktiver Verpflichtung und ohne informierte

---

[117]Auch das Gegenbeispiel des geringsten p_H würde als Argumentationslinie funktionieren, da hier der Deckungsbeitrag mit $p_H < c_H$ negativ wäre und der Verkäufer durch die zusätzliche Nachfrage insgesamt Verluste erleiden würde. Er hätte somit den Anreiz, auf $p_H = c_H$ zu erhöhen. Dies würde für alle Verkäufer gelten, so dass Bedingung 5.3 auf diesem Weg ebenso resultieren.

Kunden angenommen. Wie gezeigt, bilden Preise nach den Gleichungen 5.1 und 5.2 ein Gleichgewicht. Zusätzlich ist bekannt, dass die Kunden optimal behandelt werden und – da im Markt weder Unterversorgung noch Preisbetrug möglich sind und nach 5.1 auch keine Überversorgung auftritt – die Preisempfehlung der Spielstufe $t = 4$ der eigentlichen Behandlung in $t = 6$ entspricht.[118] Der Kunde bekommt also beim ersten Besuch eines Experten eine wahrheitsgemäße Diagnose.

Da die Kunden in einem Markt ohne Verpflichtung auch in Stufe $t = 5$ zwischen Experten wählen müssen, bilden sie erneut ihren Erwartungsnutzen der einzelnen Optionen. Die in Stufe $t = 4$ durch den Experten erhaltene, wahrheitsgemäße Diagnose führt nun zur Überarbeitung der einzelnen Erwartungswerte, da dem Kunden sein Problemtyp offenbart wurde. Im Falle einer Empfehlung von p_H wird sich der Kunde also für den Experten mit dem geringsten p_H entscheiden. Sind mit $y \geq 2$ mindestens zwei verschiedene Expertentypen am Markt vertreten, so muss es einen minimalen Preis mit $p_H < c_H$ geben. Alle uninformierten Kunden, die beim ersten Expertenbesuch eine p_H Empfehlung bekommen haben, werden nun diesen Expertentyp besuchen. In der Folge sinkt dessen Gewinn unter Null, da er mit jeder großen Behandlung Verluste erleidet, die nicht durch eine zusätzliche Nachfrage nach kleinen Behandlungen gedeckt werden. Es entsteht der Anreiz, p_H zu steigern. Dies gilt für alle Experten und ein $p_H = c_H$ nach Bedingung 5.3 wird die Folge.[119]

Wird $k > 0$ angenommen, so ändert sich dieses Gleichgewicht nicht: Informierte Kunden randomisieren wie die uninformierten Kunden ihren Besuch in Stufe $t = 3$ über die einzelnen Verkäufer, da alle dieselben Preise nach 5.3 verlangen. In Stufe $t = 4$ gibt der Verkäufer eine ehrliche Empfehlung von p_H oder p_L ab. Da die Kunden in Stufe $t = 5$ indifferent zwischen dem Wechsel zu einem anderen Experten – der ihnen die gleiche Preisempfehlung in der selben Höhe geben würde – und dem Kauf beim bereits

---

[118]Im Markt (1,1,1) werden beide Entscheidungen vom Experten simultan getroffen, dies beinhaltet jedoch keine Änderungen bezüglich des Entscheidungsergebnisses.

[119]Auch die Argumentation über das Gegenbeispiel des geringsten p_L würde diese Preisänderung bewirken. Da ein $p_L > c_L$ immer noch positive Gewinne versprechen würde, besteht der Anreiz der Experten, die jeweils anderen Experten im Preiskampf zu unterbieten. Dabei sinkt zwangsläufig der Preis nach Bertrand auf $p_L = c_L$ und Bedingung 5.3 würde erreicht.

besuchten Experten sind, entscheiden sie sich gegen den Expertenwechsel. Lemma 9 beschreibt dieses Ergebnis.

Lemma 9. *Wenn das Vertrauensgut verifizierbar und die Verkäufer haftbar sind, die Kunden jedoch nach der Empfehlung eines Produktes nicht zu dessen Kauf verpflichtet, hat die Existenz informierter Kunden keine Auswirkungen auf das Marktgleichgewicht.*

Bezüglich der Effizienz des Marktes sowie dessen Betrugslosigkeit ergeben sich keine Änderungen. Experten erwirtschaften Nullgewinne mit $\Pi_{(1,1,0)} = 0$, die Wohlfahrt ist maximal und wird mit $SW_{(1,1,0)} = SW_{max} = U_{(1,1,0)}$ voll den Konsumenten zugerechnet. Dabei können informierte Kunden keinen Vorteil durch ihren Informationsvorsprung erreichen. Tabelle 9 zeigt die Auszahlungen des Marktes.

	$k = 0$	$0 < k < 1$
$U_{(1,1,0;u)}$	SW_{max}	SW_{max}
$U_{(1,1,0;i)}$	n.v.	SW_{max}
$\Pi_{(1,1,0)}$	0	0
$SW_{(1,1,0)}$	SW_{max}	SW_{max}
Effizienz	Pareto-Effizienz	Pareto-Effizienz
Art des Betrugs	kein Betrug	kein Betrug

Tabelle 9.: Auszahlungen unter Verifizierbarkeit und Haftung, ohne Verpflichtung. Quelle: eigene Darstellung.

5.2.2. Märkte (1,0,1) und (1,0,0) – Mit Verifizierbarkeit, ohne Haftung

Vertrauensgütermärkte ohne haftenden Verkäufer sind im Monopolfall besonders durch den Einfluss der Information geprägt. Bei verifizierbaren Gütern führt die Existenz informierter Kunden nach Proposition 1 zur Ineffizienz eines vorher effizienten Marktes oder kann bestenfalls keine negativen Auswirkungen im Hinblick auf die soziale Wohlfahrt haben. Begründet sind diese Ergebnisse in der möglichen Unterversorgung der Kunden durch den Experten, welche dementsprechend zur Reduzierung des Erwartungsnutzens uninformierter Kunden führen kann.

Um den uninformierten Kunden signalisieren zu können, dass keine Unterversorgung stattfinden wird, stellt Unterkapitel 4.2 die Bedingung 4.1 mit $p_H - c_H = p_L - c_L$ fest. Ein derartiges Preisverhältnis ermöglicht den Kunden eine Annahme des vollen Erfüllungsnutzens von v, da sie auch bei schweren Problemen ihre erfolgreiche Behandlung antizipieren können. Gleichwohl ermöglicht der Monopolmarkt unter bestimmten Voraussetzungen auch die Möglichkeit eines Gleichgewichtes trotz Unterversorgung, ebenso wie eine völlige Fokussierung des Monopolisten auf die informierten Kunden bei Vernachlässigung uninformierter.

5.2.2.1. Markt (1,0,1) – Mit Verpflichtung

Es sei angenommen, dass alle Kunden das Vertrauensgut beim Verkäufer ihres ersten – und demnach einzigen – Besuchs kaufen müssen. Es entscheidet somit der für jeden Verkäufer gebildete Erwartungswert der Kunden in Stufe $t = 3$ über die Auswahl des Besuchs und des Kaufs. Dabei kennen die informierten Kunden ihren Problemtyp und wählen direkt denjenigen Verkäufer, der den geringsten p_H oder p_L anbietet.

Bemerkenswert ist, dass sich ein Preisverhältnis, welches nicht 4.1 entspricht, nicht im Markt halten kann. Dies würde selbst für einen Fall ohne Information mit $k = 0$ gelten, wenn nur uninformierte Kunden im Markt vertreten wären. Dabei ist zusätzlich zu den im Unterkapitel 4.2 genannten Gründen der Wettbewerb entscheidend: Sowohl bei Über- als auch bei Unterversorgung drückt der Bertrand-Wettbewerb den dann jeweils entscheidenden Preis p_H bzw. p_L auf die Grenzkosten c_H bzw. c_L, da die Verkäufer um den günstigsten Preis konkurrieren und diesen minimieren. Im Falle der Überversorgung besteht dann jedoch für einen Verkäufer der Anreiz, anstelle von $p_L < c_L$, welches sich aus der Bedingung der Überversorgung von $p_H - c_H > p_L - c_L$ in Verbindung mit dem Preiswettbewerbsergebnis $p_H = c_H$ ergibt, Preise von $p_L = c_L + \epsilon$ und $p_H = c_H + \epsilon$ mit $hp_H + (1 - h)p_L < c_H$ und $\epsilon > 0$ zu setzen. Dies signalisiert den Kunden eine nichtbetrügerische Behandlung und deren Erwartungsnutzen steigt, verspricht dabei aber ebenso dem Verkäufer durch $\epsilon > 0$ kurzfristig positive Gewinne. Da andere Verkäufer diese Strategie infolge des Gewinns annehmen, sinken die Preise auf die der Bedingung

5.3 mit $p_H = c_H$ und $p_L = c_L$.

Im Falle einer Unterversorgung durch die Verkäufer sinkt durch den Wettbewerb p_L auf c_L, gleichzeitig muss p_H durch die Bedingung der Unterversorgung von $p_H - c_H <$ $p_L - c_L$ bei $p_H < c_H$ liegen. Die Strategie der Preiserhöhung auf $p_L = c_L + \epsilon$ und $p_H = c_H + \epsilon$ mit $hp_H + (1-h)p_L > c_L - hv$ und $\epsilon > 0$ verspricht auch hier höhere Gewinne, so dass die Verkäufer von der Unterversorgung abweichen. Das Resultat des folgenden Preiskampfes erfüllt wieder Bedingung 5.3 mit $p_H = c_H$ und $p_L = c_L$. Demnach ist die Gefahr der Unterversorgung durch Wettbewerb effektiv entschärft.

Es kann somit festgehalten werden, dass in einem Wettbewerbsmarkt ohne Information nur ein Gleichgewicht mit Preisen der Bedingung 5.3 entstehen kann. Werden nun zusätzlich informierte Kunden mit $k > 0$ angenommen, so wenden sich diese den jeweils preisminimalen Verkäufern zu. Dies ist ein weiterer Grund gegen ein Gleichgewicht mit Über- oder Unterversorgung bei Wettbewerb, da die Verkäufer über die nicht kostendeckenden Zweitpreise – die bei der Behandlung der uninformierten Kunden keine Rolle spielen, aber von den informierten Kunden verlangt werden können – Verluste erwirtschaften. Demnach hätten diese den Anreiz, die Zweitpreise zu erhöhen und somit wiederum ein Verhältnis nach Bedingung 5.3 zu setzen. Da die Bedingung für einen Markt mit $k = 0$ jedoch bereits existiert, kommen keine Veränderungen durch die informierten Kunden zum Tragen und es gibt keine Verschiebungen der Preisstruktur. Dieses Ergebnis lässt sich in einem Hilfssatz festhalten.

Lemma 10. *In einem Vertrauensgütermarkt ohne haftenden Verkäufer, aber mit verifizierbarem Gut und verpflichteten Käufern, besitzt die Existenz informierter Kunden keine Auswirkungen auf das Marktgleichgewicht oder die Auszahlungen.*

In diesem Markt schafft es der Wettbewerb den negativen Einfluss einer fehlenden Haftung für die Effizienz des Marktes auszuschalten. Während die Experten mit $\Pi_{(1,0,1)} = 0$ Nullgewinne erwirtschaften, liegt die maximale Wohlfahrt des effizienten und betrugsfreien Marktes mit $SW_{(1,0,1)} = SW_{max} = U_{(1,0,1)}$ komplett bei den Konsumenten. Dabei hat das individuelle Informationsniveau keinen Einfluss auf den erwarteten Nutzen. Tabelle 10 zeigt die Zusammenfassung der Auszahlungen.

	$k = 0$	$0 < k < 1$
$U_{(1,0,1;u)}$	SW_{max}	SW_{max}
$U_{(1,0,1;i)}$	n.v.	SW_{max}
$\Pi_{(1,0,1)}$	0	0
$SW_{(1,0,1)}$	SW_{max}	SW_{max}
Effizienz	Pareto-Effizienz	Pareto-Effizienz
Art des Betrugs	kein Betrug	kein Betrug

Tabelle 10.: Auszahlungen unter Verifizierbarkeit, ohne Haftung, mit Verpflichtung. Quelle: eigene Darstellung.

5.2.2.2. Markt (1,0,0) – Ohne Verpflichtung

Besteht für die Kunden die Möglichkeit, vor der eigentlichen Behandlung eine Preisempfehlung einzuholen, so ändert sich das Bild aus Markt (1,0,1) nicht. Der Preiswettbewerb der Verkäufer verhindert – wie im obigen Abschnitt verdeutlicht – nach wie vor eine Über- und Unterversorgung der Kunden. Da ein einzelner Verkäufer keine Marktmacht zur Beeinflussung der Preise besitzt, scheidet auch die Preisstrategie mit reinem Fokus auf informierte Kunden aus. Preise erfüllen demnach Bedingung 5.3 mit $p_H = c_H$ und $p_L = c_L$, es existiert nur ein Expertentyp und die Kunden randomisieren über alle Verkäufer. In Stufe $t = 4$ gibt der Experte eine ehrliche Empfehlung ab und der Kunde bestätigt den Kauf in Stufe $t = 5$, bevor der Experte in $t = 6$ ordnungsgemäß behandelt. Lemma 11 hält das Ergebnis fest.

Lemma 11. *In einem Vertrauensgütermarkt ohne haftenden Verkäufer und verpflichteten Käufern, aber mit verifizierbarem Produkt, hat die Existenz informierter Kunden keine Auswirkungen auf das Marktgleichgewicht oder die Auszahlungen.*

Wieder erwirtschaften die Experten mit $\Pi_{(1,0,0)} = 0$ Nullgewinne und die Kunden sichern sich mit $SW_{(1,0,0)} = SW_{max} = U_{(1,0,0)}$ die gesamte maximale Wohlfahrt. Der Markt ist frei von Betrug und effizient. Informierte Kunden haben keinen Einfluss auf die Verteilung der Konsumentenrente.

	$k = 0$	$0 < k < 1$
$U_{(1,0,0;u)}$	SW_{max}	SW_{max}
$U_{(1,0,0;i)}$	n.v.	SW_{max}
$\Pi_{(1,0,0)}$	0	0
$SW_{(1,0,0)}$	SW_{max}	SW_{max}
Effizienz	Pareto-Effizienz	Pareto-Effizienz
Art des Betrugs	kein Betrug	kein Betrug

Tabelle 11.: Auszahlungen unter Verifizierbarkeit, ohne Haftung und Verpflichtung. Quelle: eigene Darstellung.

5.2.3. Märkte (0,1,1) und (0,1,0) – Ohne Verifizierbarkeit, mit Haftung

Vertrauensgütermärkte ohne verifizierbare Güter bei genau einem haftendem Verkäufer zeichnen sich durch ihre relative Unbeeindrucktheit bezüglich der Existenz informierter Kunden aus. Zwar wird die Anzahl relevanter Gleichgewichte verringert, informierte Kunden haben jedoch keine Auswirkungen auf die Auszahlungen der Spieler und die Effizienz des Marktes. Entscheidend ist hierbei, dass sich der Kunde durch die Haftbarkeit des Monopolisten der erfolgreichen Behandlung sicher ist. Dies ermöglicht dem Experten durch seine Marktmacht mit gewinnmaximalen Preisen die gesamte Zahlungsbereitschaft der Kunden abzuschöpfen. Die folgenden beiden Abschnitte zeigen, dass dieses einfache Ergebnis in Märkten unter Wettbewerb nicht von Bestand ist.

5.2.3.1. Markt (0,1,1) – Mit Verpflichtung

Ein uninformierter Kunde ist sich in diesem Markt zwar sicher, dass er ordnungsgemäß behandelt wird, er kann aber Opfer eines Preisbetrugs werden. Durch seine Verpflichtung zum Kauf besteht keine Möglichkeit, nach einer Preisempfehlung den Experten zu wechseln. Aus Expertensicht ermöglicht dies deshalb einen gefahrlosen Preisbetrug, da der Kunde den empfohlenen hohen Preis p_H akzeptieren muss und zudem nach der Behandlung nicht feststellen kann, ob der Experte Kosten von c_H oder c_L hatte. Ein Experte würde daher bei zwei ungleichen Preisen $p_H > p_L$ einem uninformierten Kunden nie p_L empfehlen, selbst wenn dieser nur ein geringes Problem hat.

In einem Markt, der nur aus uninformierten Kunden besteht, würden diese einen solchen ständigen Preisbetrug antizipieren und ihren Erwartungswert des Verkäuferbesuchs nur über p_H bilden. Damit konkurrieren die Experten alleine in p_H und durch den Wettbewerb sinkt ihr Preis auf die zu erwartenden Grenzkosten mit

$$p_H = hc_H + (1-h)c_L \, ,$$

mit $p_H \geq p_L$, welches ein Preisverhältnis nach $c_L < p_L \leq p_H < c_H$ impliziert. Setzt ein Experte $p_H = p_L$, so hat er keinen Anreiz bei einem geringen Schaden den Kunden zu betrügen und wird ihm in diesem Fall eine wahrheitsgemäße Diagnose stellen. Da Kunden dies antizipieren können und sich bei Indifferenz zwischen Experten für denjenigen entscheiden, der sie nicht betrügt, setzen alle Experten Preise von $p_H = p_L$. Der Kunde wird, trotz $p_H < c_H$ durch die Haftbarkeit des Experten stets optimal behandelt und nicht betrogen, insgesamt muss jedoch jeder Kunde denselben Preis bezahlen, unabhängig seines Schadens. Der Experte bleibt mit seinem Erwartungsgewinn bei Null, während die Kunden die gesamte Wohlfahrt des effizienten Marktes für sich beanspruchen können.

Ist $k > 0$, suchen sich informierte Kunden den für sie günstigsten Expertentypus aus und kaufen dort ihr Vertrauensgut. Da diese nicht betrogen werden können, müssten die Experten auch bei $p_H > p_L$ ein p_L abrechnen, falls der informierte Kunde ein geringes Bedürfnis hat. Da Verkäufer nun mit einem p_L unter $p_H > p_L > c_L$ Gewinn erwirtschaften würden – und deshalb nun auch in p_L miteinander konkurrieren – reduziert sich der Preis der günstigen Behandlung aller Experten auf

$$p_L = c_L \tag{5.4}$$

und somit $p_H > p_L$. Hierbei ist zu beachten, dass ein Experte, der Preise nach $p_H = hc_H + (1-h)c_L$ und Bedingung 5.4 setzt, negative Gewinne erwirtschaftet. Der Grund dafür ist der zu geringe Anteil $(1-k)(1-h)$ uninformierter Kunden mit kleinem Schaden, die stets mehr als ihre Behandlungskosten c_L bezahlen. Diese werden nun durch $p_H > p_L$

zwar mit der Abrechnung von p_H preisbetrogen, können aber nicht mehr vollständig die Verluste des nicht kostendeckenden Preises p_H querfinanzieren. Letzterer wird nach wie vor von allen Kunden mit großem Schaden in Anspruch genommen. In der Folge muss p_H steigen, da jeder Experte – um seine Verluste zu begrenzen – den Anreiz hat, p_H zu erhöhen. Der unter $k > 0$ kostendeckende Preis der teuren Behandlung lautet

$$p_H = c_L + \frac{h(c_H - c_L)}{1 - k(1 - h)} \tag{5.5}$$

mit $p_H < c_H$ und führt zu $\Pi_{(0,1,1)} = 0$. Die uninformierten Kunden werden Opfer von Preisbetrug und müssen allesamt p_H entrichten, während sich die informierten Kunden entsprechend ihres Schadens auf die beiden Preise aufteilen. Trotz des Betrugs an uninformierten Kunden werden in diesem Gleichgewicht alle Kunden optimal behandelt. Die überhöhten Zahlungen der betrogenen Kunden ermöglichen den nicht kostendeckenden Preis p_H, weshalb informierte Kunden mit einem unter den Gesamtgrenzkosten liegenden Durchschnittspreis profitieren. Hilfssatz 12 formuliert dieses Ergebnis.

Lemma 12. *In einem Markt ohne verifizierbare Güter, jedoch mit haftenden Verkäufern und verpflichteten Kunden, führt Information zum Preisbetrug an uninformierten Kunden zum Vorteil der informierten. Trotz des Betrugs ist das einzige Gleichgewicht des Marktes effizient.*

An dieser Stelle sei auf $\frac{\partial p_H}{\partial k} > 0$ nach Bedingung 5.5 hingewiesen. Je größer der Anteil an informierten Kunden ist, desto höher wird p_H und damit das Ausmaß des Betrugs an den uninformierten Kunden, welche mit

$$U_{(0,1,1;u)} = v - c_L - \frac{h(c_H - c_L)}{1 - k(1 - h)}$$

durch $\frac{\partial U_{(0,1,1;u)}}{\partial k} < 0$ negativ von einem steigenden k und dem damit steigendem p_H beeinflusst sind.[120] Gleichzeitig müssen aber auch die individuellen informierten Kunden

---

[120]Die Ableitung ist $\frac{\partial U_{(0,1,1;u)}}{\partial k} = -\frac{(c_H - c_L)(1-h)h}{(1-(1-h)k)^2}$.

mehr zahlen, da ihr Nutzen von

$$U_{(0,1,1;i)} = v - (1-h)c_L - h\left(c_L + \frac{h(c_H - c_L)}{1 - k(1-h)}\right)$$

mit $\frac{\partial U_{(0,1,1;i)}}{\partial k} < 0$ ebenso für einen größeren Anteil an informierten Kunden sinkt.[121]
Dies ergibt sich intuitiv dadurch, dass zwar $U_{(0,1,1;i)} > U_{(0,1,1;u)}$ gilt, der Markt aber
von k unabhängig effizient ist – wenn auch mit Betrug – und deshalb die gesamte soziale
Wohlfahrt mit $SW_{(0,1,1)} = SW_{max}$ konstant bleibt. Die Nutzen der beiden Kundentypen
müssen sich daher stets über $kU_{(0,1,1;i)} + (1-k)U_{(0,1,1;u)} = SW_{max}$ ausgleichen. Dies ist
für ein zunehmendes k und $U_{(0,1,1;i)} > U_{(0,1,1;u)}$ nur für $\frac{\partial U_{(0,1,1;u)}}{\partial k} < 0$ und $\frac{\partial U_{(0,1,1;i)}}{\partial k} < 0$
möglich. Tabelle 12 fasst zusammen.

	$k = 0$	$0 < k < 1$
$U_{(0,1,1;u)}$	$v - c_L - h(c_H - c_L)$	$v - c_L - \frac{h(c_H - c_L)}{1 - k(1-h)}$
$U_{(0,1,1;i)}$	n.v.	$v - (1-h)c_L - h\left(c_L + \frac{h(c_H - c_L)}{1 - k(1-h)}\right)$
$\Pi_{(0,1,1)}$	0	0
$SW_{(0,1,1)}$	SW_{max}	SW_{max}
Effizienz	Pareto-Effizienz	Pareto-Effizienz
Art des Betrugs	kein Betrug	Preisbetrug

Tabelle 12.: Auszahlungen ohne Verifizierbarkeit, mit Haftung und Verpflichtung.
Quelle: eigene Darstellung.

5.2.3.2. Markt (0,1,0) – Ohne Verpflichtung

Durch die fehlende Verpflichtung können die Kunden in diesem Markt einen Verkäufer
besuchen, dessen Preisempfehlung kennen lernen und dann entscheiden, ob sie lieber zu
einem anderen Verkäufer weiterziehen oder den Markt verlassen möchten. Dies ist in
zweierlei Hinsicht für den Verkäufer problematisch: Versucht er, sich bei uninformierten
Kunden per Preisbetrug höhere Gewinne zu erschleichen, so kann sich der Kunde zwar
des Betrugs nicht unbedingt sicher sein, ihn jedoch zu einer gewissen Wahrscheinlichkeit vermuten und einen anderen Verkäufer wählen. Gibt er dagegen stets eine faire

---

[121]Der Nutzen $U_{(0,1,1;i)}$ kann zu $U_{(0,1,1;i)} = \frac{v - h^2 c_H - (1-h)(kv + (1+h-k)c_L)}{1 - (1-h)k}$ vereinfacht werden.

Empfehlung, so offenbart er dem Kunden seinen wahren Typ und dieser zieht eventuell zu einem günstigeren Anbieter weiter.

Es wird zuerst der Fall betrachtet, bei dem die Experten in der Wahl ihrer Preise durch eine Preisobergrenze eingeschränkt sind. Mit der Ermittlung des Marktgleichgewichtes ohne informierte Kunden ist der überwiegende Teil der Rechnungen in den Anhang ausgegliedert. Darunter fällt die Analyse verschiedener reiner Preisstrategien der Verkäufer (B.2.1.1) und die Berechnung des Gleichgewichtes in gemischten Strategien (B.2.1.2). Die Erkenntnisse dieser Untersuchungen können anschließend auf Märkte mit $k > 0$ zur Findung des Gleichgewichtes und der Untersuchung der Auswirkungen der heterogenen Käufer übertragen werden. Es folgt die Ermittlung der möglichen Gleichgewichte für Märkte mit uneingeschränkten Preisen.

Markt bei beschränkten Preisen ohne informierte Kunden

Für den Anfang wird ein Markt betrachtet, der aus externen Gegebenheiten durch eine Preisobergrenze für p_H mit $p_H \in (p_L, c_H)$ reguliert ist.[122] Weiter wird vorerst angenommen, dass sich die Nachfrageseite des Marktes mit $k = 0$ allein aus uninformierten Käufern zusammensetzt. Die Preiskonstellation des im vorherigen Abschnitt vorgestellten Marktes mit Verpflichtung wäre trotz der Preisobergrenze denkbar: Durch Bedingung 5.5 ist ein $p_H < c_H$ gegeben, wobei ohne informierte Kunden der Preis der günstigen Behandlung $p_L = p_H$ entspricht.[123] Aufgrund der Indifferenz des Experten erfolgt stets die ehrliche Preiswahl. Nimmt man diese Preisstruktur als Ausgangspunkt, so besteht ohne Verpflichtung des Kunden nun jedoch der Anreiz für Experten, p_L bei gleichzeitiger Erhöhung von p_H leicht zu reduzieren und – trotz der Möglichkeit des Preisbetruges – weiterhin eine faire Empfehlung zu geben. Dies würde Kunden dazu veranlassen, zuerst einen nicht abweichenden Experten mit $p_H = p_L$ zu besuchen und

---

[122]Nach Sülzle und Wambach (2005) entspricht das Gesundheitswesen durch die Gebührenverordnungen zum Teil einem solchen, durch eine Preisobergrenze beeinflussten Markt, weshalb sie in ihrem Modell von fixen Preisen ausgehen. Auch Darby und Karni (1973) sowie Pitchik und Schotter (1987, 1993) gehen von exogen vorgegebenen Preisen aus.

[123]Für $\lim_{k \to 0}$ wird Bedingung 5.5 zu $p_H = hc_H + (1 - h)c_L$.

bei einer p_H Diagnose dort zu kaufen, bei einer p_L Diagnose jedoch zum günstigeren, abweichenden Experten zu wechseln. Letzterer wäre damit auf Kunden mit geringen Problemen spezialisiert und würde durch $p_L > c_L$ Gewinne erwirtschaften. Ersterem blieben nur die schweren Problemfälle und aus $p_H < c_H$ würden Verluste erfolgen. Offensichtlich können diese beiden Preisstrukturen keine Gleichgewichte darstellen.

Ausgegliedert in den Anhang unter B.2.1.1 werden sämtliche Preissetzungsmöglichkeiten für ein Gleichgewicht in reinen Strategien überprüft. Dabei wird festgestellt, dass kein derartiges Gleichgewicht existieren kann, da stets ein Experte entweder durch Preisänderungen oder Betrug mit einer Gewinnsteigerung abweichen kann. Jedes spieltheoretische Modell besitzt jedoch zumindest ein Gleichgewicht in gemischten Strategien.[124] Dieses wird unter B.2.1.2 im Anhang berechnet, indem verschiedene Bedingungen aufgestellt werden, aus welchen sich dann das Gleichgewicht ermitteln lässt. Dabei müssen die Experten indifferent zwischen dem Preisbetrug und der ehrlichen p_L-Empfehlung sein, was sie nur für Preise von $c_H > p_H > p_L > c_L$ sein können. Die n Experten des Marktes erreichen so einen Gesamtgewinn von

$$\Pi = \underbrace{h\left(p_H - c_H\right)}_{\text{H-Kunden}} + \underbrace{\left(1 - h\right)\delta^n\left(p_H - c_L\right)}_{\text{L-Kunden (Preisbetrug)}} + \underbrace{\left(1 - h\right)\left(1 - \delta^n\right)\left(p_L - c_L\right)}_{\text{L-Kunden (kein Betrug)}} = 0 \, ,$$

wobei δ die Wahrscheinlichkeit des Preisbetrugs darstellt. Ein Kunde sucht solange nach einer p_L-Empfehlung, bis er entweder mit der Suche erfolgreich ist oder alle Experten besucht hat und beim letzten Experten angekommen ist. Nur vom letzten Experten im Markt akzeptiert der uninformierte Kunde die p_H Empfehlung, wobei er je nach seinem Bedürfnis mit c_H oder c_L versorgt wird. Von den Kunden mit geringem Bedürfnis wird somit schlussendlich ein Anteil von δ^n im Preis betrogen, wobei auf einen einzelnen

---

[124] An dieser Stelle sei erwähnt, dass man auch ein Gleichgewicht in reinen Strategien zur Gruppe der Gleichgewichte mit gemischten Strategien zählt, da aus Optionen mit Wahrscheinlichkeiten von 1 und 0 gewählt wird. Damit ist zwar jedes Gleichgewicht in reinen Strategien auch eines in gemischten, der umgekehrte Fall gilt jedoch nicht.

Experten

$$\sum_{i=1}^{n} \left(\frac{1-h}{n} \delta^{n-i} \right) + h$$

Besuche uninformierter Kunden zukommen. In Abhängigkeit der Anzahl der Experten ergeben sich die Gleichgewichtspreise von

$$p_H = \frac{(1-h)\delta^{n-1}c_L + hc_H}{(1-h)\delta^{n-1} + h} \tag{5.6}$$

und

$$p_L = \frac{h\delta c_L - (1-h)\delta^{2n}c_L - ((2h-1)c_L - h(1-\delta)c_H)\delta^n}{(1-\delta^n)(h\delta + (1-h)\delta^n)} . \tag{5.7}$$

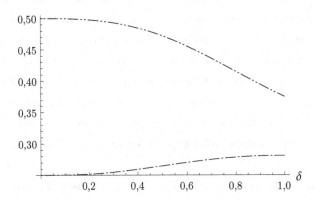

Abbildung 28.: p_H und p_L für $k = 0$ in Abhängigkeit von δ.[125] Quelle: eigene Darstellung.

Da alle Verkäufer dieselben Preise wählen müssen, ist zwangsläufig auch die Betrugswahrscheinlichkeit δ über die Verkäufer hinweg übereinstimmend.[126] Gleichwohl

---

[125]Die gewählten Werte im Schaubild sind $v = 1$, $c_H = 0{,}5$, $c_L = 0{,}25$, $h = 0{,}5$, $k = 0$ und $n = 4$. Die Linie von p_L ist mit einem und die von p_H mit zwei Punkten gekennzeichnet.

[126]Die über alle Experten übereinstimmende Betrugswahrscheinlichkeit δ wird unter B.2.1.2 in Bedingung 7 festgehalten. Gegen Ende der Rechnung zeigt sich, dass auch ohne B7 ein insgesamt übereinstimmendes δ entstehen würde.

ist eine Vielzahl an Gleichgewichten denkbar, da das Dreiergespann p_H, p_L und δ zwar durch zwei Gleichungen in der Relation der Werte zueinander bestimmt ist, die Ausprägungen der einzelnen Werte jedoch offen bleiben. Es hängt somit vom Prozess der Findung des Marktgleichgewichts ab, welche genaue Wertekonstellation sich realisiert.[127] Es können demnach – durch den Ausschluss eines Gleichgewichtes in reinen Strategien und den genannten Bedingungen – letztlich nur Strategien der Experten, welche die Gleichungen 5.6 und 5.7 erfüllen, zu einem Marktgleichgewicht unter $k = 0$ führen. Schaubild 28 verdeutlicht die Entwicklung der Preise für bestimmte Werte von δ.

Markt bei beschränkten Preisen mit informierten Kunden

Ein Gleichgewicht unter $k > 0$ in diesem Markt kann bei beschränkten Preisen nur mit der Existenz zweier Expertentypen gegeben sein. Dies ist darin begründet, dass es stets einen Expertentyp 1 geben muss, der p_{L1} – wie in diesem ersten Absatz gezeigt wird – zum minimalen Preis c_L anbietet. Im zweiten Absatz wird begründet, warum dieser ohne einen weiteren Expertentyp, Verkäufer 2, nicht existieren kann. Unabhängig von p_{H1} und der Nachfrage uninformierter Kunden wenden sich alle informierten Kunden mit geringem Schaden dem günstigsten p_L zu, welches durch den Preiskampf der Anbieter auf c_L sinkt. Jedes im Markt minimale p_L, welches größer als c_L ist, könnte ansonsten mit Gewinn von einem abweichenden Experten 3 unterboten werden, der $p_{H3} = c_H$ und $p_L > p_{L3} > c_L$ setzt.

Die Existenz des Expertentyps 1 mit $p_{L1} = c_L$ verlangt die Erfüllung von einer der drei folgenden Optionen, damit Experten dieses Typs keinen Verlust erleiden: Entweder gilt $p_{H1} = c_H$, oder p_{H1} wird unter $c_H > p_{H1}$ nicht nachgefragt, oder uninformierte Kunden werden bei $c_H > p_{H1}$ erfolgreich im Preis betrogen. Für die letzte Option gilt dabei, dass nur ein ständiger Preisbetrug in Frage kommt, da der Verkäufer aufgrund von $p_{L1} = c_L$ nicht indifferent zwischen Betrug und ehrlicher Behandlung sein kann.

---

[127]Dies wäre anders, wenn die Kunden ebenso eine gemischte Strategie wählen und damit indifferent gesetzt werden müssten, was beispielsweise bei der Existenz von Wechselkosten der Fall sein kann. Es würde sich damit eine weitere Gleichung ergeben. Durch somit insgesamt drei Gleichungen bei drei unbekannten Variablen würde die exakte Höhe der Variablen festgelegt.

Somit sind alle drei Optionen reine Strategien. Ohne einen weiteren Expertentyp werden die erste und die dritte Option bezüglich ihrer Gleichgewichtstauglichkeit bereits im Markt ohne informierte Kunden unter B.2.1.1 getestet: Die erste Option führt zu Fall e. und dem Abweichen eines Experten zum Preisbetrug, während die dritte Option mit Fall b. untersucht wird und einen Experten zur ehrlichen Behandlung anreizt. Die verbleibende Option setzt notwendigerweise einen zweiten Expertentyp voraus, da ansonsten p_{H1} nachgefragt würde. Darüber hinaus ist es nicht möglich, dass p_{L1} von uninformierten L-Kunden bezogen wird, da sich unter diesen Umständen Fall e. aus $p_{L1} = c_L$ und dem dann kostendeckenden $p_{H1} = c_H$ entwickelt.

Der Expertentyp 2 wird demnach in Antizipation des ständigen Preisbetrugs des Expertentyps 1 von uninformierten Kunden jedes Schadens als Erstes besucht, während informierte Kunden mit geringem Schaden p_{L1} beziehen. Informierte H-Kunden fragen entweder p_{H1} bei $p_{H1} = p_{H2} = c_H$ nach, oder sie wenden sich direkt p_{H2} im Fall von $c_H \geq p_{H1} > p_{H2}$ zu. Dies stellt den Expertentyp 2 effektiv vor dasselbe Problem wie im Markt ohne informierte Kunden, mit der Ausnahme des kleineren relativen Anteils von Kunden mit geringem Schaden, der nun $\frac{(1-h)(1-k)}{hk+(1-k)}$ anstelle von $1 - h$ ist. Da diese als größer empfundene Schwerewahrscheinlichkeit jedoch keine Auswirkungen auf die Gleichgewichtsbedingungen des Falls ohne informierte Kunden hat, sind die Bedingungen aus B.2.1.2 bis auf zwei Neudefinitionen identisch: B6 bezieht sich nun auf den Expertentyp 2 und schließt weitere Typen – neben den Expertentypen 1 und 2 – aus. B10 bezieht sich nicht auf alle n Experten, sondern nur auf die n_2 Experten des Typs 2.[128]

Die Bedingungen führen zur vollkommenen Abstinenz der unwissenden Kunden von Experten des Typs 1. Expertentyp 2 verhält sich damit ähnlich wie der einzige Expertentyp im Gleichgewicht ohne informierten Kunden: Er verlangt Preise von $c_H >$

---

[128]Dies gilt sowohl für $c_H \geq p_{H1} > p_{H2}$ als auch für $p_{H1} = p_{H2} = c_H$, da im zweiten Fall der Kunde bei seinem letzten Besuch indifferent zwischen der Annahme von p_{H2} und dem Neubesuch eines Expertentyps 1 ist, weshalb er sich für p_{H2} entscheidet.

[129]Die gewählten Werte im Schaubild sind $v = 1$, $c_H = 0{,}5$, $c_L = 0{,}25$, $h = 0{,}5$ und $n = 4$. p_{L2} ist in hellgrau und p_H in dunkelgrau abgebildet. Eine andere Perspektive auf das Schaubild findet sich im Anhang unter C.3.

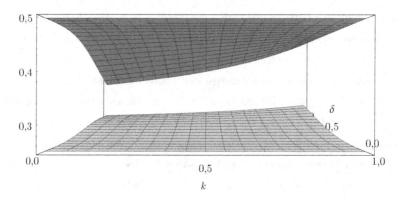

Abbildung 29.: p_H und p_{L2} in Abhängigkeit von k und δ.[129] Quelle: eigene Darstellung.

$p_{H2} > p_{L2} > c_L$ und betrügt mit einer Wahrscheinlichkeit δ. Da $c_H > p_{H2}$ ist und Experten des Typs 1 diese Preise nicht ohne Verlust tragen könnten, müssen diese $c_H \geq p_{H1} > p_{H2}$ setzen. Würden sie $p_{H1} = p_{H2}$ legen, so würden zwar uninformierte Kunden wegen der Drohung des ständigen Preisbetrugs nicht kaufen, informierte H-Kunden wären jedoch indifferent und würden ebenso p_{H1} nachfragen. Die durch die neue Marktsituation geänderte Gesamtgewinnfunktion B.2 des Verkäufertyps 2 ist

$$\Pi_{(0,1,0;2)} = \underbrace{h\,(p_{H2} - c_H)}_{\text{H-Kunden}} + \underbrace{(1-h)\,(1-k)\left(\underbrace{\delta^{n_2}\,(p_{H2} - c_L)}_{\text{Preisbetrug}} + \underbrace{(1-\delta^{n_2})\,(p_{L2} - c_L)}_{\text{kein Betrug}}\right)}_{\text{L-Kunden (uninformiert)}}$$

$$(5.8)$$

und kann nach Bedingung 2 mit $\Pi_{(0,1,0;2)} = 0$ ebenso zu Null gesetzt werden. Weiter verändert sich α_L aus B.3 minimal zu

$$\alpha_L = \frac{\delta^{n_2-1}}{\sum_{i=1}^{n_2}\delta^{n_2-i}} \qquad (5.9)$$

mit, nach wie vor, $0 < \alpha_L < 1$. Gleichung B.1 bleibt bestehen mit den Preisen p_{H2} und

p_{L2}, weshalb sich analog zu B.4 nach Einsetzen die Gleichungen B.1 und 5.9 zu

$$p_{L2} = \frac{\delta^{n_2-1}}{\sum_{i=1}^{n_2}\delta^{n_2-i}}p_{H2} + (1 - \frac{\delta^{n_2-1}}{\sum_{i=1}^{n_2}\delta^{n_2-i}})c_L \qquad (5.10)$$

ergeben. Auf die Umformung von 5.8 wird verzichtet, es sei direkt das Ergebnis der beiden Preise mit

$$p_{H2} = \frac{(1-h)(1-k)\delta^{n_2}c_L + h\delta c_H}{h\delta + (1-h)(1-k)\delta^{n_2}} \qquad (5.11)$$

unter $\frac{\partial p_{H2}}{\partial \delta} < 0$ und $\frac{\partial p_{H2}}{\partial n_2} > 0$, sowie

$$p_{L2} = \frac{h\delta c_L - ((2h-1+(1-h)k)c_L - h(1-\delta)c_H)\delta^{n_2} - (1-h)(1-k)\delta^{2n_2}c_L}{(1-\delta^{n_2})(h\delta + (1-h)(1-k)\delta^{n_2})} \qquad (5.12)$$

unter $\frac{\partial p_{L2}}{\partial n_2} < 0$ gegeben. Es ist bemerkenswert, dass sowohl die Ableitungen der Preise nach k mit $\frac{\partial p_{H2}}{\partial k} > 0$ und $\frac{\partial p_{L2}}{\partial k} > 0$ als auch die Ableitungen nach h mit $\frac{\partial p_{H2}}{\partial h} > 0$ und $\frac{\partial p_{L2}}{\partial h} > 0$ stets größer Null sind. Abbildung 29 zeigt für einen Beispielmarkt die ermittelten Preise in Abhängigkeit von der Betrugswahrscheinlichkeit δ.

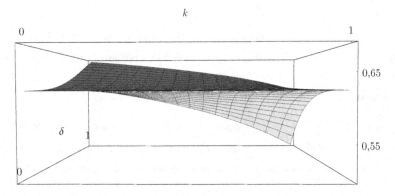

Abbildung 30.: $U_{(0,1,0;i)}$ und $U_{(0,1,0;u)}$ in Abhängigkeit von k und δ.[130] Quelle: eigene Darstellung.

---

[130]Die gewählten Werte im Schaubild sind $v = 1$, $c_H = 0,5$, $c_L = 0,25$, $h = 0,5$ und $n = 4$. $U_{(0,0,1;u)}$ ist

Der mögliche Preisbetrug δ wird – wie im Fall ohne informierte Kunden – unabhängig im Markt bestimmt unter $0 < \delta < 1$. Trotz dieses Preisbetrugs durch Experten des Typs 2 nehmen alle Kunden aufgrund von $v > c_H > p_{H2}$ am Markt teil und fragen ein Gut nach. Beide Expertentypen behandeln effizient und erzielen mit $\Pi_{(0,1,0;1)} = \Pi_{(0,1,0;2)} = \Pi_{(0,1,0)} = 0$ Nullgewinne. Die informierten Kunden können mit

$$U_{(0,1,0;i)} = v - c_L - \frac{(c_H - c_L)h^2\delta}{h\delta + (1-h)(1-k)\delta^{n_2}}$$

bei $\frac{\partial U_{(0,1,0;i)}}{\partial k} < 0$ und $\frac{\partial U_{(0,1,0;i)}}{\partial h} < 0$ durch $c_H > p_{H2}$ ein besseres Ergebnis als SW_{max} erzielen. Uninformierte Kunden bleiben mit

$$U_{(0,1,0;u)} = v - \frac{h\delta(hc_H + (1-h)c_L) + (1-h)(hc_H + (1-h-k)c_L)\delta^{n_2}}{h\delta + (1-h)(1-k)\delta^{n_2}}$$

und damit $U_{(0,1,0;u)} < SW_{max}$ bei $\frac{\partial U_{(0,1,0;u)}}{\partial k} < 0$ und $\frac{\partial U_{(0,1,0;u)}}{\partial h} < 0$ darunter.[131] Schaubild 30 verdeutlicht diesen Zusammenhang grafisch. Je geringer demnach der Anteil informierter Kunden ist, desto größer ist der Preisunterschied von p_{H2} zu c_H und dementsprechend höher die Nutzensteigerung durch Information für einen einzelnen Kunden.

Insgesamt bleibt der Markt effizient und die Kunden erreichen trotz Preisbetrug mit $U_{(0,1,0)} = SW_{(0,1,0)} = SW_{max}$ das bestmögliche Ergebnis. Damit kann nun der Hilfssatz 13 aufgestellt werden, der die Ergebnisse des Marktes zusammenfasst. Der Abschnitt wird von Tabelle 13 mit den Auszahlungen geschlossen.

Lemma 13. *In einem Markt mit haftbaren Verkäufern, jedoch ohne verifizierbaren Gütern und verpflichteten Kunden, führt eine Preisobergrenze in Höhe von c_H zu Preisbetrug an uninformierten Kunden. Trotz dieses Betrugs ist das Marktergebnis effizient.*

---

in hellgrau und $U_{(0,0,1;i)}$ in dunkelgrau abgebildet. Eine andere Perspektive auf das Schaubild findet sich im Anhang unter C.3.

[131]Die vier Ableitungen sind $\frac{\partial U_{(0,1,0;i)}}{\partial k} = -\frac{(c_H - c_L)(1-h)h^2\delta^{1+n_2}}{(h\delta + (1-h)(1-k)\delta^{n_2})^2}$ und $\frac{\partial U_{(0,1,0;i)}}{\partial h} = -\frac{(c_H - c_L)h\delta(h\delta + (2-h)(1-k)\delta^{n_2})}{(h\delta + (1-h)(1-k)\delta^{n_2})^2}$ sowie $\frac{\partial U_{(0,1,0;u)}}{\partial k} = -\frac{(c_H - c_L)(1-h)h\delta^{n_2}(h\delta + (1-h)\delta^{n_2})}{(h\delta + (1-h)(1-k)\delta^{n_2})^2}$ und $\frac{\partial U_{(0,1,0;u)}}{\partial h} = -\frac{((c_H - c_L)(h^2\delta^2 - (h-1)^2(k-1)\delta^{2n_2}) + h(2-h(2-k)-2k)\delta^{1+n_2})}{(h\delta + (1-h)(1-k)\delta^{n_2})^2}$.

	$k = 0$	$0 < k < 1$
$U_{(0,1,0;u)}$	SW_{max}	$v - \frac{h\delta(hc_H+(1-h)c_L)+(1-h)(hc_H+(1-h-k)c_L)\delta^{n_2}}{h\delta+(1-h)(1-k)\delta^{n_2}}$
$U_{(0,1,0;i)}$	n.v.	$v - c_L - \frac{(c_H-c_L)h^2\delta}{h\delta+(1-h)(1-k)\delta^{n_2}}$
$\Pi_{(0,1,0;1)}$	0	0
$\Pi_{(0,1,0;2)}$	0	0
$SW_{(0,1,0)}$	SW_{max}	SW_{max}
Effizienz	Pareto-Effizienz	Pareto-Effizienz
Art des Betrugs	Preisbetrug	Preisbetrug

Tabelle 13.: Auszahlungen ohne Verifizierbarkeit, mit Haftung, ohne Verpflichtung bei beschränkten Preisen. Quelle: eigene Darstellung.

Markt bei freien Preisen

Ohne eine Preisobergrenze kann p_H von den Experten frei gewählt werden und in der Höhe c_H übersteigen. Dies bringt eine weitere taktische Möglichkeit im Preissetzungsverfahren mit sich, die den unwissenden Kunden eine ehrliche Behandlung signalisiert. Der Ausgangspunkt für die Betrachtung sei die Preiskonstellation des Gleichgewichts aus Markt (0,1,1) mit freien Preisen für eine homogene Käuferschicht bei $k = 0$. Dieses beinhaltet genau einen Expertentyp, hier 1 genannt, mit $p_{H1} = p_{L1} = hc_H + (1-h)c_L$. Bei diesem werden die Kunden zwar ehrlich behandelt, geringe Schäden werden jedoch – trotz ihrer geringeren Behebungskosten – ebenso teuer abgerechnet wie große Schäden. Durch die Möglichkeit des Anbieterwechsels nach der Preisempfehlung besteht für Kunden die Chance, nach günstigeren Preisen zu suchen. Wie bereits im ersten Abschnitt aufgezeigt, hätte ein Experte den Anreiz p_L etwas zu senken, bei gleichzeitiger Erhöhung von p_H, um mit ehrlicher Behandlung alle L-Kunden der anderen Experten abzugreifen. Der Abweichler sei Experte 2 genannt, und dessen ehrliche Behandlung ist insbesondere deshalb glaubwürdig, da sein p_{H2} größer als das p_{H1} der verbleibenden Experten ist. Würde Experte 2 p_{H2} verlangen, so würden sämtliche Kunden zu den Experten des Typs 1 wechseln. Empfiehlt Experte 2 dagegen p_{L2} mit $p_{L2} > c_L$, erwirtschaftet er einen positiven Gewinn.

Durch eine bewusste Preiserhöhung ist somit eine Signalisierung ehrlichen Verhaltens möglich. Wird das Beispiel fortgesetzt, so verbleiben alle Kunden mit großen

Problemen bei den Experten des Typs 1, da diese den geringsten Preis p_H setzen. Um Verluste zu vermeiden muss demnach p_{H1} auf c_H steigen. Dies impliziert zur Aufrechterhaltung des Signals einer ehrlichen Behandlung beim Experten 2 eine Preiserhöhung auf

$$p_{H2} > p_{H1} = c_H \ . \tag{5.13}$$

Gleichzeitig führt der Gewinn des Experten 2 durch $p_{L2} > c_L$ zur Nachahmung der Preissetzung durch andere Experten, weshalb durch den Bertrand-Wettbewerb die Preise der geringen Behandlung auf

$$p_{L1} \geq p_{L2} = c_L \tag{5.14}$$

sinken. Es hat sich somit ein Spezialistengleichgewicht im Markt gebildet: Experten des Typs 2 werden zuerst von allen Kunden besucht, wobei die ehrliche Behandlung den Kunden mit geringen Problemen p_{L2} verspricht, während die H-Kunden nach einer p_{H2}-Empfehlung zum Experten 1 weiterziehen. Dieser würde zwar beim Besuch von L-Kunden theoretisch im Preis betrügen, dieser Besuch findet jedoch praktisch nicht statt, weshalb die Höhe von p_{L1} nicht weiter von Belang ist.[132] Da Experten des Typs 2 von allen Kunden besucht werden, ist deren p_{H2} durchaus entscheidend. Eine Senkung auf $p_{H2} \leq c_H$ würde die Glaubwürdigkeit der ehrlichen Behandlung erschüttern, weshalb ein in dieser Form abweichender Experte von Kunden gemieden würde. Eine Erhöhung von p_{H2} hätte dagegen keinerlei Auswirkungen. Aus diesen Gründen sind im Rahmen der beiden Bedingungen 5.13 und 5.14 eine prinzipiell unendliche Anzahl an Gleichgewichten möglich. Da dieses ermittelte Gleichgewicht mindestens zwei verschiedene Expertentypen beinhaltet, ist zur Aufrechterhaltung des Preiswettbewerbs eine Mindestexpertenanzahl von $n = 4$ erforderlich.

Ist die Kundenschaft heterogen mit informierten Käufern und $k > 0$, ergibt sich

---

[132]Selbst ein Setzen von $p_{L1} < c_L$ würde keine Auswirkungen haben, da die Kunden den Preisbetrug antizipieren. Würde $p_{L1} = p_{H1}$ gesetzt werden, würde der Anreiz zum Betrug für Experten 1 zwar verschwinden, durch $p_{L1} > p_{L2}$ würden jedoch trotzdem keine L-Kunden kommen.

keine nennenswerte Änderung des Gleichgewichtes. Informierte Kunden mit großem Schaden besuchen direkt Experte 1 und lassen sich von diesem behandeln, informierte Kunden mit geringem Schaden wählen zwischen den Experten 1 und 2. Für beide Expertentypen ergeben sich keine neuen Anreize zur Gewinnoptimierung, das ermittelte Gleichgewicht ist stabil, effizient und ohne Betrug, wie Hilfssatz 14 beschreibt.

Lemma 14. *Ein Vertrauensgütermarkt ohne verifizierbare Güter und verpflichteten Käufern, jedoch mit haftenden Verkäufern und freier Preissetzung, führt zu effizienten und betrugsfreien Gleichgewichten. In diesen bilden die Verkäufer stets zwei Gruppen, welche sich auf die jeweiligen Behandlungen spezialisieren.*

Da sämtliche Probleme zu Grenzkosten von den Experten behoben werden, gilt sowohl $\Pi_{(0,1,0;1)} = 0$ als auch $\Pi_{(0,1,0;2)} = 0$. Information hat keine Auswirkungen auf das Gleichgewicht und informierte Kunden können von ihrem Wissensvorsprung nicht profitieren, erreichen aber zusammen mit den uninformierten Kunden die maximale soziale Wohlfahrt mit $U_{(0,1,0;i)} = U_{(0,1,0;u)} = SW_{max}$. Tabelle 14 zeigt den Überblick.

	$k = 0$	$0 < k < 1$
$U_{(0,1,0;u)}$	SW_{max}	SW_{max}
$U_{(0,1,0;i)}$	n.v.	SW_{max}
$\Pi_{(0,1,0;1)}$	0	0
$\Pi_{(0,1,0;2)}$	0	0
$SW_{(0,1,0)}$	SW_{max}	SW_{max}
Effizienz	Pareto-Effizienz	Pareto-Effizienz
Art des Betrugs	kein Betrug	kein Betrug

Tabelle 14.: Auszahlungen ohne Verifizierbarkeit, mit Haftung, ohne Verpflichtung bei freien Preisen. Quelle: eigene Darstellung.

5.2.3.3. Kurzzusammenfassung

Es hängt von der Verpflichtung der Kunden und einer möglichen Einschränkung der Preise ab, ob in Märkten mit haftenden Verkäufern und nicht-verifizierbaren Gütern durch die Existenz informierter Kunden Betrug entsteht. Sind die Kunden zum Kauf verpflichtet, führt Information im Markt zum Auftreten von Preisbetrug an uninformierten Kunden. Entfällt die Verpflichtung der Kunden, entscheidet die Flexibilität der Preise: Sind Preise durch eine Preisobergrenze in Höhe von c_H eingeschränkt, entsteht Betrug an uninformierten Kunden. Dieser bleibt ohne informierte Kunden insgesamt bedeutungslos, schadet unter der Existenz informierter Kunden den uninformierten Kunden jedoch stark, da sich informierte Kunden durch ihren Informationsvorsprung auf Kosten der uninformierten Kunden Nutzenvorteile erzwingen. Bei flexiblen Preisen entsteht hingegen ein Spezialistengleichgewicht ohne Betrug und ohne Nutzeneinbußen uninformierter Kunden. Die Hilfssätze 12, 13 und 14 können zum Hauptsatz 4 zusammengefasst werden.

Proposition 4. *Sind die Verkäufer haftbar und Güter nicht-verifizierbar, so führt Information bei verpflichteten Kunden oder einer Preisobergrenze in Höhe von c_H zu Gleichgewichten mit Preisbetrug. Dort erreichen informierte Kunden auf Kosten der uninformierten einen höheren Nutzen, der mit der Ausbreitung von Information insgesamt weiter zunimmt. Die Märkte sind trotz Preisbetrug effizient.*

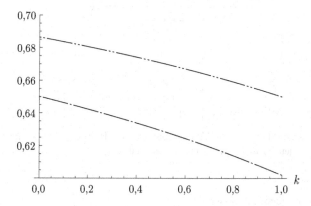

Abbildung 31.: $U_{(0,1,0;i)}$ und $U_{(0,1,0;u)}$ in Abhängigkeit von k.[133] Quelle: eigene Darstellung.

---

[133]Die gewählten Werte im Schaubild sind $v = 1$, $c_H = 0{,}5$, $c_L = 0{,}25$, $h = 0{,}6$, $n = 8$ und $\delta = 0{,}85$. $U_{(0,0,1;u)}$ ist mit einem und $U_{(0,0,1;i)}$ mit zwei Punkten abgebildet.

Es zeigt sich, dass die Nutzenunterschiede der Preisbetrugsgleichgewichte von $U_{(0,1,1;u)}$ zu $U_{(0,1,1;i)}$ mit $\frac{(c_H-c_L)(1-h)h}{1-(1-h)k}$ und $U_{(0,1,0;u)}$ zu $U_{(0,1,0;i)}$ mit $\frac{(c_H-c_L)(1-h)h\delta^{n_2}}{h\delta+(1-h)(1-k)\delta^{n_2}}$ in Bezug auf k mit $\frac{\partial(U_{(0,1,1;i)}-U_{(0,1,1;u)})}{\partial k} > 0$ sowie $\frac{\partial(U_{(0,1,0;i)}-U_{(0,1,0;u)})}{\partial k} > 0$ weiter zunehmen.[134] Dabei sind sowohl $\frac{\partial U_{(0,1,1;u)}}{\partial k} < 0$, $\frac{\partial U_{(0,1,1;i)}}{\partial k} < 0$, $\frac{\partial U_{(0,1,0;u)}}{\partial k} < 0$ als auch $\frac{\partial U_{(0,1,0;i)}}{\partial k} < 0$. Das bedeutet, dass die absoluten Vorteile je informiertem Kunden durch Information mit mehr informierten Kunden abnehmen, der Unterschied relativ zum einzelnen uninformierten Kunden jedoch steigt. Je höher der Grad der Information im Markt ist, desto stärker wird damit der Anreiz eines uninformierten Kunden, informiert zu werden. Gleichzeitig haben informierte Kunden einen Vorteil davon, wenn sich der Informationsgrad k nicht weiter ausbreitet. Schaubild 31 zeigt für Beispielwerte $U_{(0,1,0;i)}$ und $U_{(0,1,0;u)}$ in Abhängigkeit von k.

5.2.4. Märkte (0,0,1) und (0,0,0) – Ohne Verifizierbarkeit, ohne Haftung

In Vertrauensgütermärkten ohne verifizierbare Güter und haftbarem Verkäufer, bei denen dem Experten sämtliche Betrugsmöglichkeiten zur Auswahl stehen, kann im Monopolfall kein effizientes Marktgleichgewicht entstehen. Zudem ist der Einfluss der Information dort abhängig vom Anteil informierter Kunden entweder positiv oder negativ. Dabei hängt ihr durchschnittlicher Gesamteffekt auf den Markt von dessen genauen Eigenschaften ab.

5.2.4.1. Markt (0,0,1) – Mit Verpflichtung

Es sei zuerst ein Wettbewerbsmarkt angenommen, der sich durch die Verpflichtung der Kunden zum Kauf eines empfohlenen Vertrauensgutes auszeichnet. Da der Verkäufer nicht für eine Unterversorgung haftet, der Kunde jedoch bei einem Besuch zwangsläufig das empfohlene Produkt kaufen muss, ist eine ständige Leistung der geringen Behandlung bei uninformierten Kunden die Regel. Durch $c_H > c_L$ hat der Verkäufer nie den

---

[134]Diese sind $\frac{\partial(U_{(0,1,1;i)}-U_{(0,1,1;u)})}{\partial k} = \frac{(c_H-c_L)(h-1)^2 h}{(1+(h-1)k)^2}$ und $\frac{\partial(U_{(0,1,0;i)}-U_{(0,1,0;u)})}{\partial k} = \frac{(c_H-c_L)(h-1)^2 h\delta^{n_2}}{(h\delta+(1-h)(1-k)\delta^{n_2})^2}$.

Anreiz, einen uninformierten Kunden mit großem Problem ehrlich zu behandeln, zumal gleichzeitig der Preisbetrug möglich ist und in jedem Fall p_H abgerechnet werden kann. Experten können sich ebenso nicht glaubwürdig zu einer teuren Behandlung bekennen, da ein Abweichen zur günstigeren Behandlung in Stufe $t = 6$ stets höhere Gewinne verspricht. Dies führt dazu, dass die uninformierten Kunden die Unterversorgung antizipieren und davon ausgehen, nur zu einem Anteil von $1 - h$ ordnungsgemäß behandelt zu werden und den Erfüllungsnutzen v zu erreichen. Dies reduziert ihre Zahlungsbereitschaft insgesamt auf $(1 - h)v$.

Für $k = 0$ werden – gegeben $(1 - h)v \geq c_L$, womit $h \leq 1 - \frac{c_L}{v}$ erfüllt ist – die Experten nur geringe Behandlungen verkaufen und demnach lediglich Kosten von c_L erfahren. Für jeden Preis $p_H \geq p_L > c_L$ hat ein Experte den Anreiz, p_H und p_L etwas zu senken und ehrlich zu behandeln, womit er die gesamte Nachfrage im Markt abgreifen würde. Durch den Bertrand-Preiswettbewerb sinken daher die Preise mit $p_H = p_L = c_L$ auf die Grenzkosten. Da wegen $h \leq 1 - \frac{v}{c_L}$ der Erwartungsnutzen $(1 - h)v$ größer oder gleich ist als die Behandlungskosten c_L, nehmen alle uninformierten Kunden am Markt teil und besuchen die Experten. Diese versorgen die Kunden unabhängig ihres Problems mit c_L, weshalb nur die Kunden mit geringen Problemen v erreichen. Ist stattdessen $h > 1 - \frac{c_L}{v}$, übersteigen die Grenzkosten der Behandlung den Erwartungsnutzen der uninformierten Kunden und der Markt bricht zusammen.

Bei einem Anteil informierter Kunden mit $k > 0$ verändern sich diese Gleichgewichte stark. Es sei zuerst $h \leq 1 - \frac{c_L}{v}$ angenommen.[135] Es treten nun informierte Käufer mit großem Problem auf, die nicht betrogen werden können und gezielt die teure Behandlung nachfragen. Dementsprechend müssen die Experten nun den Anteil kh der Kunden mit der großen Behandlung c_H versorgen. Dies führt jedoch zu höheren Kosten, die nicht durch Preise zu Grenzkosten von c_L gedeckt werden können. p_H muss somit steigen, womit wiederum ein Anreiz zum Preisbetrug an den uninformierten Kunden entsteht. Zudem fragen informierte Kunden mit geringen Problemen gezielt p_L nach. Diese können nicht betrogen werden und der Preiswettbewerb führt zur Angleichung der Preise

---

[135]Dies bedeutet, dass $(1 - h)v > c_L$ gilt und somit uninformierte Kunden am Markt teilnehmen.

an die Grenzkosten nach Bedingung 5.4 mit

$$p_L = c_L .$$

Es ergeben sich drei Effekte bei $h \leq 1 - \frac{c_L}{v}$, die p_H beeinflussen: 1. Informierte Kunden mit großem Problem fragen gezielt p_H nach und werden mit c_H versorgt, dem Experten entstehen dadurch Kosten in Höhe von khc_H, bei Einnahmen von p_H. 2. Uninformierte Kunden mit kleinem Problem besuchen den Experten, werden im Preis mit p_H betrogen bei einer Versorgung von c_L, erreichen jedoch v. 3. Uninformierten Kunden mit großen Problemen wird zwar p_H abverlangt, sie werden jedoch mit c_L unterversorgt und erreichen den Erfüllungsnutzen v nicht. Dies muss zu einem Preis p_H mit $c_H > p_H > c_L$ führen, bei dem sich die drei Effekte ausgleichen. Dieser ist

$$p_H = \frac{khc_H + (1-k)c_L}{kh + (1-k)} \tag{5.15}$$

und durch $c_H > p_H$ profitieren die informierten Kunden vom Betrug an den uninformierten Kunden. Je höher h und k, desto größer wird p_H durch $\frac{\partial p_H}{\partial h} > 0$ und $\frac{\partial p_H}{\partial k} > 0$.[136] Die Preissteigerung ist insbesondere deshalb kritisch, da der Preis p_H auf ein Niveau steigen könnte, welches über der maximalen Zahlungsbereitschaft der uninformierten Kunden von $(1-h)v$ liegt. In Abhängigkeit von k gilt $p_H = (1-h)v$ für

$$k'_{(0,0,1)} = \frac{(1-h)\,v - c_L}{v - c_L + h\,(hv - 2v + c_H)} \, .$$

Hierbei ist jedoch zu beachten, dass sowohl $k'_{(0,0,1)} < 0$ als auch $k'_{(0,0,1)} > 1$ möglich ist.[137] Dies ist durch den Preiswettbewerb des Marktes bedingt. Zum einen kann durch den Bertrand-Wettbewerb p_H nie über c_H steigen, weshalb für einen Erwartungsnutzen uninformierter Kunden von $(1-h)v \geq c_H$ kein Anteil informierter Kunden existiert, der das Gleichgewicht zusammenbrechen lassen könnte. Ist stattdessen der Erwartungs-

---

[136]Bei $\frac{\partial p_H}{\partial h} = \frac{(1-k)k(c_H - c_L)}{(1-(1-h)k)^2}$ und $\frac{\partial p_H}{\partial k} = \frac{h(c_H - c_L)}{(1-(1-h)k)^2}$.

[137]Unter $(1-h)v \geq c_H$ ist $k'_{(0,0,1)} \geq 1$, während sich für $(1-h)v < c_L$ Werte von $k'_{(0,0,1)} < 0$ ergeben.

nutzen insgesamt mit $(1 - h)v < c_L$ nicht ausreichend, so bedarf es überhaupt keiner informierten Nutzer, um die uninformierten Kunden vom Besuch des Experten abzuhalten. Es gibt demnach aber für jeden möglichen Anteil informierter Kunden $0 < k < 1$ eine Schwerewahrscheinlichkeit $h'_{(0,0,1)}$, mit $1 - \frac{c_H}{v} < h'_{(0,0,1)} < 1 - \frac{c_L}{v}$, für welche uninformierte Kunden gerade noch am Markt teilnehmen würden. Diese sinkt durch $\frac{\partial p_H}{\partial k} > 0$ mit $\frac{\partial h'_{(0,0,1)}}{\partial k} < 0$ und kann mit

$$h'_{(0,0,1)} = \frac{k\left(2v - c_H\right) - v + \sqrt{v^2 + k^2 c_H^2 + 2k\left((1 - 2k)\, c_H - 2\left(1 - k\right) c_L\right)}}{2kv}$$

beschrieben werden, wobei stets $0 < h'_{(0,0,1)} < 1$ gilt.[138] Dies lässt sich zum Hilfssatz 15 formulieren.

Lemma 15. *In einem Vertrauensgütermarkt ohne haftende Verkäufer und verifizierbare Güter, aber mit verpflichteten Kunden, existiert für einen bestimmten Bereich der Schwerewahrscheinlichkeit h von $1 - \frac{c_h}{v} < h < 1 - \frac{c_L}{v}$ ein $k'_{(0,0,1)}$ von $0 < k'_{(0,0,1)} < 1$, welches für jeden Anteil informierter Kunden mit $k < k'_{(0,0,1)}$ genau ein ineffizientes und von Preisbetrug wie Unterversorgung geprägtes Gleichgewicht zur Folge hat. Für $k > k'_{(0,0,1)}$ existiert genau ein ineffizientes Gleichgewicht ohne Betrug, bei welchem nur informierte Kunden am Markt teilnehmen.*

Ist die Schwerewahrscheinlichkeit mit $h > h'_{(0,0,1)}$ zu hoch für den Erwartungsnutzen $(1 - h)v$ der uninformierten Kunden, entschließen sich diese gegen den Besuch eines Experten und verlassen den Markt ohne Behandlung. Die informierten Kunden behalten ihren Erwartungsnutzen von v bei und die Experten vermeiden Verluste durch die Preissetzung nach Bedingung 5.3 mit $p_H = c_H$ und $p_L = c_L$. Der Gesamtnutzen uninformierter Kunden $U_{(0,0,1;u)}$ ergibt sich demnach zu

$$U_{(0,0,1;u)} \begin{cases} (1 - h)v - \frac{(1-k)c_L + hkc_H}{1-(1-h)k} & \text{falls} \quad h \leq h'_{(0,0,1)} \\[2mm] 0 & \text{sonst.} \end{cases}$$

---

[138]Die ausgeschriebene Ableitung ist $\frac{\partial h'_{(0,0,1)}}{\partial k} = \frac{2c_L k - c_H k - v + \sqrt{c_H^2 k^2 + 2k(c_H - 2c_L(1-k) - 2c_H k)v + v^2}}{2k^2 \sqrt{c_H^2 k^2 + 2k(c_H - 2c_L(1-k) - 2c_H k)v + v^2}}$.

Im Gegensatz dazu erreichen informierte Kunden stets einen positiven Nutzen, wobei ihr Erwartungsnutzen $U_{(0,0,1;i)}$ für $h \leq h'_{(0,0,1)}$ mit $\frac{\partial U_{(0,0,1;i)}}{\partial k} < 0$ in k sinkt.[139] Durch die Zunahme des Anteils informierter Kunden vergrößert sich die Anzahl der Profiteure aus dem Betrug an den uninformierten Kunden. Ist $k > k'_{(0,0,1)}$, so verschwindet der Informationsvorteil komplett. Es ergibt sich insgesamt

$$U_{(0,0,1;i)} \begin{cases} v - (1-h)c_L - h\frac{(1-k)c_L + hkc_H}{1-(1-h)k} & \text{falls} \quad h \leq h'_{(0,0,1)} \\ v - h(c_H - c_L) - c_L & \text{sonst.} \end{cases}$$

Die soziale Wohlfahrt $SW_{(0,0,1)}$ bleibt mit $SW_{(0,0,1)} < SW_{max}$ unter der Wohlfahrt eines effizienten Marktes, da entweder für $h \leq h'_{(0,0,1)}$ die hohen Schäden der uninformierten Kunden nicht behandelt werden, oder für $h > h'_{(0,0,1)}$ die uninformierten Kunden insgesamt den Markt verlassen. Sie ergibt sich zu

$$SW_{(0,0,1)} \begin{cases} v - h(1-k)v - hkc_H - (1-hk)c_L & \text{falls} \quad h \leq h'_{(0,0,1)} \\ k(v - h(c_H - c_L) - c_L) & \text{sonst.} \end{cases}$$

Dabei ist der Gewinn der Experten mit $\Pi_{(0,0,1)} = 0$ stets Null und trägt nichts zur sozialen Wohlfahrt bei. Schaubild 32 zeigt $U_{(0,0,1;u)}$, $U_{(0,0,1;i)}$ sowie $SW_{(0,0,1)}$ für einen Beispielmarkt mit $1 - \frac{c_H}{v} < h < 1 - \frac{c_L}{v}$.

Anhand des Schaubildes sind zwei Besonderheiten ersichtlich: Zum einen sinkt die soziale Wohlfahrt sprunghaft bei $k = k'_{(0,0,1)}$ durch den Wegfall der uninformierten Kunden. Zum anderen ist es möglich, dass es einen bestimmten Bereich des Anteils informierter Kunden gibt, für den $SW_{(0,0,1)}$ unter das Niveau der sozialen Wohlfahrt

---

[139] $\frac{\partial U_{(0,0,1;i)}}{\partial k}$ ist ausgeschrieben $-\frac{(c_H - c_L)h^2}{(1-(1-h)k)^2}$.

[140]Die gewählten Werte im Schaubild sind $v = 1$, $c_H = 0{,}8$, $c_L = 0$ sowie $h = 0{,}6$. Die Schwerewahrscheinlichkeit h liegt damit zwischen $1 - \frac{c_H}{v} = 0{,}2$ und $1 - \frac{c_L}{v} = 1$. Die soziale Wohlfahrt im Gleichgewicht, $SW_{(0,0,1)}$, entspricht der schwarz gestrichelten Linie und wird dargestellt neben $U_{(0,0,1;u)}$ mit einem und $U_{(0,0,1;i)}$ mit zwei Punkten. Die Sprünge von $U_{(0,0,1;i)}$ und $SW_{(0,0,1)}$ finden bei $k'_{(0,0,1)}$ mit $k'_{(0,0,1)} = 0{,}625$ statt und sind zur anschaulichen Darstellung gewählt. Sie entsprechen nicht dem eigentlichen Verlauf der Funktionen, da diese an dieser Stelle nicht stetig sind. Der Wert der sozialen Wohlfahrt im Fall ohne Information mit $k = 0$ ist gepunktet dargestellt.

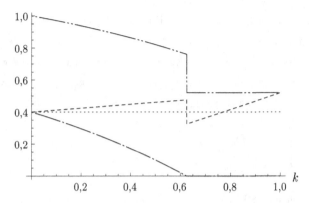

Abbildung 32.: $U_{(0,0,1;u)}$, $U_{(0,0,1;i)}$ und $SW_{(0,0,1)}$ in Abhängigkeit von k.[140] Quelle: eigene Darstellung.

ohne Information im Markt sinken kann. Beide Schlussfolgerungen verhalten sich damit ähnlich zu den unter 4.2.2 vorgestellten Resultaten des Monopolmarktes $(0,0)$. Fällt die Wohlfahrt durch den Sprung bei $k'_{(0,0,1)}$ unter das Niveau der Wohlfahrt im Fall $k = 0$, so muss es ein $k''_{(0,0,1)}$ geben, für welches $SW_{(0,0,1)}$ mit $v - h(1 - k''_{(0,0,1)})v - hk''_{(0,0,1)}c_H - (1 - hk''_{(0,0,1)})c_L$ dem Niveau der Wohlfahrt bei $k = 0$ von $(1 - v) - c_L$ gleicht.[141] Gleichgesetzt ergibt sich $k''_{(0,0,1)}$ mit

$$k''_{(0,0,1)} = \frac{(1 - h)v - c_L}{v - h(c_H - c_L) - c_L} \qquad (5.16)$$

bei $k''_{(0,0,1)} < 1$. Damit dieser Wert zur Geltung kommt, muss die Wohlfahrt am Punkt $k = k'_{(0,0,1)}$ geringer als $(1 - v) - c_L$ sein. Da die soziale Wohlfahrt bei $k > k'$ in k mit $\frac{\partial SW_{(0,0,1)}}{\partial k} > 0$ monoton steigt, entspricht dies der Bedingung $k'_{(0,0,1)} < k''_{(0,0,1)}$, welche erfüllt ist, falls im Markt $h > \frac{2v - 2c_H + c_L}{v}$ gilt.[142] Damit kann mit Hilfe von Lemma 15 die Proposition 5 aufgestellt werden, bevor der Abschnitt mit der Tabelle der Auszahlungsübersicht 15 schließt.

---

[141]In Schaubild 32 ist dies der zweite Schnittpunkt der gestrichelten Linie bei $k''_{(0,0,1)} = \frac{10}{13} \approx 0{,}77$.

[142]Eine nähere Betrachtung des durchschnittlichen Einflusses der Information auf die Wohlfahrt des Marktes wird unter 5.3.1 gegeben.

Proposition 5. *In einem Wettbewerbsmarkt ohne verifizierbare Güter und haftenden Verkäufern, jedoch verpflichteten Kunden, verhält sich die Existenz informierter Kunden k nicht-monoton in Bezug auf die soziale Wohlfahrt $SW_{(0,0,1)}$. Darüber hinaus existiert in bestimmten Märkten, welche die Bedingung $h > \frac{2v - 2c_H + c_L}{v}$ erfüllen, ein Anteil informierter Kunden von $k'_{(0,0,1)} < k''_{(0,0,1)}$, für den Information bei $k'_{(0,0,1)} < k < k''_{(0,0,1)}$ insgesamt zu einem Wohlfahrtsverlust führt.*

	$k = 0 \wedge h < 1 - \frac{c_L}{v}$	$k = 0 \wedge h \geq 1 - \frac{c_L}{v}$
$U_{(0,0,1;u)}$	$(1-h)v - c_L$	0
$U_{(0,0,1;i)}$	n.v.	n.v.
$\Pi_{(0,0,1)}$	0	0
$SW_{(0,0,1)}$	0	0
Effizienz	Ineffizienz	Ineffizienz
Betrugsart	Unterversorgung	Kein Betrug

	$k \leq k_1$	$k > k_1$
$U_{(0,0,1;u)}$	$(1-h)v - \frac{(1-k)c_L + hkc_H}{1-(1-h)k}$	0
$U_{(0,0,1;i)}$	$v - (1-h)c_L - h\frac{(1-k)c_L + hkc_H}{1-(1-h)k}$	$v - h(c_H - c_L) - c_L$
$\Pi_{(0,0,1)}$	0	0
$SW_{(0,0,1)}$	$v - h(1-k)v - hkc_H - (1-hk)c_L$	$k(v - h(c_H - c_L) - c_L)$
Effizienz	Ineffizienz	Ineffizienz
Betrugsart	Unterversorgung & Preisbetrug	Kein Betrug

Tabelle 15.: Auszahlungen ohne Verifizierbarkeit und Haftung, mit Verpflichtung. Quelle: eigene Darstellung.

5.2.4.2. Markt (0,0,0) – Ohne Verpflichtung

Trotz der zusätzlichen Möglichkeit des Verkäuferwechsels wird ein Experte gegenüber einem uninformierten Kunden nie von der, in der letzten Stufe dominanten, Unterversorgung abweichen. Dies ist darin begründet, dass der Kunde zwar vorher ein Preisangebot einholen kann, dieses jedoch keinerlei Bindung auf die entsprechende Behandlung impliziert. Im Gegenteil wird sich ein Verkäufer stets für die kostengünstigere Behandlung c_L entscheiden, sobald er tatsächlich vom Kunden zum Verkauf des Produktes aufgesucht wird, unabhängig von dessen Schadenstyp. Wie im Fall mit Verpflichtung führt dies dazu, dass die ständige Unterversorgung von den uninformierten Kunden antizipiert wird und sich deren Zahlungsbereitschaft vor dem Besuch eines Experten auf $(1 - h)v$ reduziert.

Wie die ausführliche Herleitung im Anhang unter B.2.2 zeigt, ergibt sich für einen Markt ohne informierte Kunden ein betrugfreies, ineffizientes Gleichgewicht: Durch den Wettbewerb sinken die Preise mit $p_H = p_L = c_L$ auf die Grenzkosten und die Experten sind aufgrund ihrer Indifferenz ehrlich in der Diagnose. Dies führt dazu, dass sich uninformierte Kunden mit hohem Schaden gegen die erwartete Unterversorgung entscheiden und den Markt nach Erhalt der Diagnose verlassen. Kunden mit geringem Schaden werden ordnungsgemäß behandelt und erreichen v. Das Gleichgewicht beschert den uninformierten Kunden einen Erwartungsnutzen von $h0 + (1 - h)(v - c_L)$, der somit unabhängig von h stets positiv ist. Sämtliche uninformierten Kunden besuchen die Experten, nicht alle lassen sich jedoch behandeln.

Unter dem Auftreten informierter Kunden mit $k > 0$ können Preise nach $p_H = p_L = c_L$ nicht mehr gehalten werden, da diese durch informierte Kunden mit hohem Schaden in Verbindung mit $c_H > c_L$ zu Verlusten bei den Experten führen. Während die informierten Kunden mit geringen Problemen p_L nachfragen und diesen an $p_L = c_L$ binden, muss demnach p_H steigen, womit sich jedoch ein Anreiz zum Preisbetrug an uninformierten Kunden inklusive Unterversorgung ergibt.

Zur Ermittlung des Gleichgewichtes sei $(1 - h)v \geq c_H$ und ein Expertentyp 1 angenommen, der den Markt komplett beherrscht und die Preise aus Markt $(0,0,1)$ mit Verpflichtung nach der Bedingung 5.15 und $p_{L1} = c_L$ abbildet. Dies impliziert stets Preisbetrug und Unterversorgung für uninformierte Kunden. Da die Verpflichtungsannahme im hier behandelten Markt fallen gelassen wird, besteht für einen Experten 2 der Anreiz, die Preise mit $c_H = p_{H2} > p_{H1} > p_{L2} > p_{L1} = c_L$ leicht zu erhöhen. Informierte Kunden kaufen weiterhin bei den Experten des Typs 1 aufgrund der günstigeren Preise. Uninformierte Kunden werden dagegen Experte 2 besuchen und bei der Empfehlung von p_{L2} sicher kaufen, da p_{L1} für sie wegen des Preisbetruges unerreichbar ist. Experte 2 kann demnach stets mit p_{L2} und positivem Gewinn unterversorgen, wobei die Kunden bei einer Empfehlung von p_{H2} zu einem Experten des Typs 1 wechseln würden. Andere Experten ahmen die profitable Strategie nach und p_{L2} fällt wegen des Wettbewerbs auf c_L. Da die informierten H-Kunden direkt den günstigsten p_H Preis der Experten 1 verlangen, erleiden diese durch $c_H > p_{H1}$ Verluste, weshalb p_{H1} und p_{H2} in einer Preisspirale auf c_H steigen. Das Resultat sind zwei Expertentypen mit Preisen von

$$p_{H2} > c_H = p_{H1} > c_L = p_{L2} = p_{L1} \ . \tag{5.17}$$

Hierbei setzt Experte 2 den Preis seiner großen Behandlung höher als die Grenzkosten c_H, ansonsten entsprechen alle Preise den jeweiligen Grenzkosten. Besucht ein uninformierter Kunde Experte 2, so kann er sich einer ehrlichen Empfehlung gewiss sein: Der Experte ist indifferent zwischen dem Nullgewinn einer p_{L2} Empfehlung und dem sicheren Wechsel des Konsumenten im Falle einer Empfehlung von p_{H2}. Letzterer ist deshalb gesichert, da der Kunde den günstigeren p_{H1} erreichen kann. In Antizipation der ehrlichen Behandlung verlässt der uninformierte Kunde im Falle des nun glaubwürdigen p_{H2}-Signals den Markt, während er bei p_{L2} beim Experten kauft. Sein Erwartungsnutzen der Marktteilnahme wird zu $h0 + (1 - h)(v - c_L) > 0$ und damit unabhängig von $(1 - h)v \geq c_H$. Die informierten Kunden mit hohem Schaden besuchen stets Experte 1 und kaufen dort, während die informierten L-Typen ihre Nachfrage auf beide Expertentypen verteilen. Weder Experten vom Typ 1 noch vom Typ 2 haben einen Anreiz abzuweichen, da sowohl die Preiserhöhung als auch die Preissenkung zu keiner Gewinnsteigerung führen kann. Zwei Expertentypen mit Preisen nach Bedingung 5.17 führen somit zu einem Gleichgewicht.

Erfüllen die Preise Bedingung 5.3 mit $p_H = c_H$ und $p_L = c_L$, und wird der gesamte Markt von einem Expertyp beherrscht, so kann ebenso ein Gleichgewicht möglich sein. Dies ist allerdings abhängig vom Verhalten der uninformierten Käufer: Nur falls diese die Strategie haben, bei einer Empfehlung von p_H stets direkt den Markt zu verlassen, besteht das Gleichgewicht. In diesem Fall ist der Erwartungsgewinn einer p_H Empfehlung bei uninformierten Kunden für Experten gleich Null und sie sind indifferent zur c_L Empfehlung, was zu einer ehrlichen und glaubwürdigen Diagnose führt. Bei dieser ehrlichen Diagnose sind uninformierte Kunden wiederum bereit, die glaubwürdige p_H Empfehlung als Signal über ihren Problemtyp anzuerkennen und dementsprechend zu handeln. Da ein Abweichen zu keiner Erwartungsnutzen- oder Erwartungsgewinnsteigerung führt – weshalb Anreize zum Abweichen fehlen – ist die Strategiekombination stabil und ein Gleichgewicht erreicht. Hilfssatz 16 führt beide Erkenntnisse zusammen.

Lemma 16. *In einem Vertrauensgütermarkt ohne haftende Verkäufer, verifizierbaren Gütern oder verpflichteten Kunden ist jedes entstehende Gleichgewicht nicht effizient, aber frei von Betrug. Die Verkäufer signalisieren glaubwürdig eine drohende Unterversorgung und Information führt nur in trivialer Weise zu einer Wohlfahrtssteigerung.*

Im Vergleich zum Markt $(0,1,0)$ kann selbst unter beschränkten Preisen kein Gleichgewicht in gemischten Strategien mit Preisbetrug existieren: Da zum Preisbetrug beim dortigen, betrügenden Expertentyp 2 ein $p_{L2} > c_L$ notwendig wird, um indifferent zwischen Betrug und nicht-Betrug zu sein, kann stets ein Experte 3 mit $p_{H3} = c_H$ und $p_{L2} > p_{L3} > c_L$ abweichen. Damit vereint Experte 3 durch ein glaubwürdiges Signal die Nachfrage sämtlicher uninformierter Kunden mit geringem Problem auf sich und erreicht positive Gewinne. In der Konsequenz würden andere Experten diese Strategie nachahmen und ein Gleichgewicht mit einem Expertentyp nach 5.3 und ehrlicher Behandlung entstünde. Demnach hat eine mit $p_H \leq c_H$ konstruierte Preisobergrenze bei nicht haftenden Verkäufern keine bedeutenden Auswirkungen auf das Marktergebnis.

	$k = 0$	$0 < k < 1$
$U_{(0,0,0;u)}$	$(1-h)v - c_L$	$(1-h)(v - c_L)$
$U_{(0,0,0;i)}$	n.v.	SW_{max}
$\Pi_{(0,0,0;1)}$	0	0
$\Pi_{(0,0,0;2)}$	0	0
$SW_{(0,0,0)}$	$(1-h)v - c_L$	$(1-h)(v - c_L) + kh(v - c_H)$
Effizienz	Ineffizienz	Ineffizienz
Art des Betrugs	kein Betrug	kein Betrug

Tabelle 16.: Auszahlungen ohne Verifizierbarkeit, Haftung und Verpflichtung. Quelle: eigene Darstellung.

In den ermittelten Gleichgewichten nach 5.3 oder 5.17 können insgesamt verschiedene Expertentypen auftreten, deren Gewinn ist mit $\Pi_{(0,0,0)} = 0$ jedoch stets Null. Stattdessen profitieren informierte Kunden durch $U_{(0,0,0;i)} = v - hc_H - (1-h)c_L$ optimal, während uninformierte Kunden einen Erwartungsnutzen von $U_{(0,0,0;u)} = (1-h)(v - c_L)$ erreichen. Die soziale Wohlfahrt ist $SW_{(0,0,0)} = (1-h)(v - c_L) + kh(v - c_H)$, damit kleiner als $SW_{(max)}$ und durch $\frac{\partial SW_{(0,0,0)}}{\partial k} > 0$ in k steigend. Tabelle 16 gibt eine Übersicht des Marktes.

5.3. Vergleich und komparative Statik

5.3.1. Gesamteinfluss der Information

Zur Ermittlung des Gesamteinflusses informierter Kunden sowie deren Abhängigkeiten werden die jeweiligen Marktergebnisse zusammengeführt und in einer Proposition festgehalten. Die Märkte, in denen deutliche Auswirkungen existieren, werden anschließend genauer betrachtet. Dabei wird insbesondere die Ausgestaltung des Preisbetruges an den uninformierten Kunden untersucht, sowie eine Berechnung des durchschnittlichen Einflusses für den einzigen sowohl ineffizienten als auch betrügerischen Markt (0,0,1) vorgenommen.

Für Märkte, in denen das Vertrauensgut verifizierbar ist, finden die Lemmata 8, 9, 10 und 11 keine Auswirkungen informierter Kunden in Bezug auf die jeweiligen Auszahlungen an die Akteure, die Effizienz oder den möglichen Betrug der Experten. Während die Gleichgewichte der Märkte (1,1,0), (1,0,1) und (1,0,0) überhaupt keine Beeinflussung erfahren, wird lediglich im Markt (1,1,1) die Anzahl der möglichen Gleichgewichte durch die Reduzierung der Preisgestaltungsmöglichkeiten auf eines minimiert.

Bei Märkten, in denen die Diagnose des Vertrauensgutes nicht mit dessen Reparatur einhergeht – und der Kunde somit nicht zum Kauf verpflichtet ist – muss stärker differenziert werden: In den Märkten (1,1,0) und (1,0,1) konnten bereits keine Auswirkungen der Information festgestellt werden. Für Markt (0,0,0) beschreibt Lemma 16 keine grundlegende Änderung des ineffizienten Gleichgewichtes, einzig die – in der nicht-Betrügbarkeit informierter Kunden begründete – triviale Wohlfahrtssteigerung findet statt. Im ausführlich behandelten Markt $(0,1,0)$ stellt Lemma 14 bei freien Preisen keine Auswirkungen auf die Auszahlungen oder das effiziente, betrugsfreie Gleichgewicht fest. Dagegen zeigt Lemma 13 für den gleichen Markt beim Sonderfall einer Preisobergrenze Nutzeneinbußen uninformierter Kunden im zunehmenden Anteil an Information. Das grundlegende Gleichgewicht mit Preisbetrug an uninformierten Kunden wird dabei durch informierte Kunden mit einem zusätzlichen Expertentyp verändert und zu Ungunsten uninformierter Kunden ausgenutzt.

Für nicht-verifizierbare Vertrauensgüter, deren Diagnosen nicht von der Behandlung entkoppelt werden können, lassen sich in den Märkten $(0,1,1)$ und $(0,0,1)$ durch die Lemmata 12 und 15 starke Auswirkungen informierter Kunden auf die Gleichgewichte aufzeigen. Bei haftenden Verkäufern entsteht Preisbetrug, welcher zu Nutzeneinbußen bei den uninformierten Kunden führt, bei einer gleichzeitigen Nutzensteigerung informierter Kunden. Sind die Verkäufer nicht haftbar, hat die Existenz informierter Kunden nicht-monotone Veränderungen der sozialen Wohlfahrt zur Folge, die nach Proposition 5 in ihrer Gesamtheit auch negativ ausfallen können. Es lässt sich damit Proposition 6 zu den Abhängigkeiten des Gesamteinflusses der Information aufstellen.

Proposition 6. *Wesentliche Auswirkungen informierter Kunden sind im Wettbewerbsmarkt nur möglich, falls das Vertrauensgut nicht verifizierbar ist. Weiter müssen – bis auf den Sonderfall einer Preisobergrenze bei haftenden Verkäufern – die Kunden zum Kauf des Gutes beim Besuch verpflichtet sein. Unter diesen Voraussetzungen führt Information zum Auftreten von Preisbetrug in Verbindung mit Nutzeneinbußen bei den uninformierten Kunden. Dabei sind in Abhängigkeit von der Haftbarkeit der Verkäufer und den Markteigenschaften positive wie negative Gesamtveränderungen der sozialen Wohlfahrt möglich.*

Die weiteren Ergebnisse werden vereinfacht in Tabelle 17 dargestellt. Der weitere Einfluss der Information auf den Kundennutzen wird für die relevanten Fälle, in denen Information zu Veränderungen der Gleichgewichte führt, im folgenden Abschnitt genauer aufgezeigt. Anschließend werden – analog zum Abschnitt 4.3.1 – mögliche Ausprägungen des durchschnittlichen Einflusses von Information auf Markt $(0,0,1)$ untersucht.

	Verpflichtung aktiv	
Verifizier-barkeit	Haftung	
	aktiv	inaktiv
aktiv	Markt (1,1,1): Wohlfahrt maximal, Markt effizient, Kein Betrug.	Markt (1,0,1): Wohlfahrt maximal, Markt effizient, Kein Betrug.
inaktiv	Markt (0,1,1): Wohlfahrt maximal, Markt effizient, Preisbetrug, $U_{(0,1,1;i)} > U_{(0,1,1;u)}$.	Markt (0,0,1): Wohlfahrt nicht maximal, Verbesserung oder Verschlechterung möglich. Ineffizenz, Unterversorgung, Preisbetrug, $U_{(0,0,1;i)} > U_{(0,0,1;u)}$.

	Verpflichtung inaktiv	
Verifizier-barkeit	Haftung	
	aktiv	inaktiv
aktiv	Markt (1,1,0): Wohlfahrt maximal, Markt effizient, Kein Betrug	Markt (1,0,0): Wohlfahrt maximal, Markt effizient, Kein Betrug
inaktiv	Markt (0,1,0): Wohlfahrt maximal, Markt effizient. *Preisobergrenze:* Preisbetrug, $U_{(0,1,0;i)} > U_{(0,1,0;u)}$. | *Freie Preise:* Kein Betrug.	Markt (0,0,0): Wohlfahrt nicht maximal, Verbesserung möglich. Ineffizienz, Kein Betrug

Tabelle 17.: Auswirkungen der Information in den verschiedenen Wettbewerbsmärkten. Quelle: eigene Darstellung.

5.3.1.1. Einfluss auf den Kundennutzen

In drei Märkten ist der Einfluss der Information gegeben. Diese sind Markt $(0,1,1)$, Markt $(0,0,1)$ und Markt $(0,1,0)$ mit dem Sonderfall der Preisobergrenze. In allen dreien ist das Gleichgewicht ähnlich: Die informierten Kunden mit hohem Schaden bezahlen stets einen Preis p_H, der mit $p_H < c_H$ unter den Grenzkosten ihrer Behandlung liegt, während die mit geringem Schaden einen Preis p_L in Höhe von c_L entrichten. Im Gegensatz dazu werden alle uninformierten Kunden zumindest teilweise im Preis betrogen, wodurch die nicht-kostendeckende Behandlung der informierten Kunden ermöglicht wird. Damit verlieren die uninformierten Kunden insgesamt an Nutzen, während die informierten Kunden in der gleichen Höhe profitieren. Es sei nun anhand von Markt $(0,1,1)$ gezeigt, wie sich die Kundennutzen genau verhalten.[143]

Aus Schaubild 33 ist ersichtlich, dass sowohl der Nutzen informierter Kunden $U_{(0,1,1;i)}$ als auch der Nutzen uninformierter Kunden $U_{(0,1,1;u)}$ für gegebene Werte in k abnimmt. Dies ist in der Steigung von p_H begründet: Je mehr informierte Kunden existieren, desto geringer wird der Anteil der uninformierten Kunden mit geringem Schaden, die mit p_H im Preis betrogen werden. Da der Preisbetrug jedoch das günstige p_H finanziert, muss mit steigendem k die Höhe von p_H steigen, damit einerseits die Verluste bei teuren Behandlungen reduziert, andererseits die Gewinne durch den Preisbetrug erhöht werden können. Diese Preissteigerung trifft demnach uninformierte Kunden mit beiden Schadensfällen, während sie bei den informierten Kunden nur die schweren Schadensfälle betrifft. Aus diesem Grund sinkt $U_{(0,1,1;u)}$ stärker als $U_{(0,1,1;i)}$ in k, und $0 > \frac{\partial U_{(0,1,1;i)}}{k} > \frac{\partial U_{(0,1,1;u)}}{k}$ gilt.

Dies führt zu zweierlei Interpretationsmöglichkeiten, könnten die Kunden die Verbreitung der Information mitbestimmen: Einerseits hätten informierte Kunden den Anreiz, Information nicht weiter im Markt zu verbreiten, da sie mit zunehmendem Grad

---

[143]Markt $(0,1,1)$ ist gewählt worden, da für Markt $(0,0,1)$ ein $h \leq h'_{(0,0,1)}$ gegeben sein muss und Markt $(0,1,0)$ durch die Preisobergrenze und das Gleichgewicht in gemischten Strategien einen Sonderfall darstellt.

[144]Die gewählten Werte im Schaubild sind $v = 1$, $c_H = 0{,}5$, $c_L = 0{,}25$ sowie $h = 0{,}5$. $U_{(0,0,1;u)}$ wird mit einem Punkt, $U_{(0,0,1;i)}$ mit zwei Punkten und $SW_{(0,1,1)}$ komplett gepunktet dargestellt.

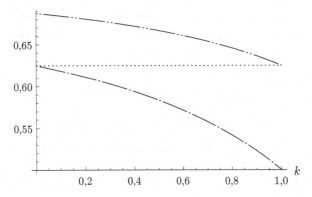

Abbildung 33.: $U_{(0,1,1;i)}$, $U_{(0,1,1;u)}$ und $SW_{(0,1,1)}$ in Abhängigkeit von k.[144] Quelle: eigene Darstellung.

der Information an Nutzen verlieren. Andererseits hätten die uninformierten Kunden einen immer stärkeren Anreiz, sich zu informieren, da der Unterschied zwischen $U_{(0,1,1;i)}$ und $U_{(0,1,1;u)}$ in k mit $\frac{\partial(U_{(0,1,1;i)}-U_{(0,1,1;u)})}{\partial k} > 0$ zunimmt. Aus Sicht der sozialen Wohlfahrt ergeben sich die Nutzenunterschiede jedoch zu einem Nullsummenspiel, da sie keine Änderungen für die Gesamthöhe bedeuten. Zudem sind alle möglichen Konstellationen Pareto-effizient. Diese Ergebnisse gelten in ihrer Aussagekraft auch für Markt $(0,1,0)$ im Sonderfall der Preisobergrenze und Markt $(0,0,1)$ unter $h \leq h'_{(0,0,1)}$.

5.3.1.2. Durchschnittlicher Einfluss im Markt (0,0,1)

Ähnlich wie Abschnitt 4.3.1 für Markt $(0,0)$ den durchschnittlichen Einfluss der Information untersucht hat, wird hier für Markt $(0,0,1)$ festgestellt, ob Information einen insgesamt negativen Einfluss haben kann. Dabei ist bereits in der Marktanalyse bei 5.2.4.1 gezeigt, dass für Anteile informierter Kunden von $k'_{(0,0,1)} < k < k''_{(0,0,1)}$ die soziale Wohlfahrt $SW_{(0,0,1)}$ unter heterogenen Kunden kleiner ist als für denselben Markt unter homogenen Kunden mit $k = 0$. Als Bedingung von $k'_{(0,0,1)} < k''_{(0,0,1)}$ ist eine Schwerewahrscheinlichkeit h mit $h > \frac{2v-2c_H+c_L}{v}$ erforderlich, da ansonsten keine negativen Effekte der Information auftreten. In der Höhe ist die Schwerewahrscheinlichkeit durch das sichere Verlassen der uninformierten Kunden mit $h \leq 1 - \frac{c_L}{v}$ begrenzt.[145] Sind diese beiden Bedingungen erfüllt, lässt sich der Unterschied der sozialen Wohlfahrt zwischen $k = 0$ und $k > 0$ mit $\Delta_{SW_{(0,0,1)}}$ ausdrücken. Es ist

$$\Delta_{SW_{(0,0,1)}} = \begin{cases} \frac{1}{2}k' \left(\frac{(v-(1-h)(hv+c_L))((1-h)v-c_L)}{(1-h)^2 v - c_L + c_H h} - ((1-h)\,v - c_L) \right) \\ + \frac{1}{2}(k'' - k') \left(\frac{(v-(1-h)c_L - hc_H)((1-h)v-c_L)}{(1-h)^2 v - c_L + c_H h} - ((1-h)\,v - c_L) \right) \\ + \frac{1}{2}(1 - k'') \left((v - hc_H - (1-h)\,c_L) - ((1-h)\,v - c_L) \right) \end{cases} ,$$

wobei dieser Term nur für ein h mit $\frac{2v-2c_H+c_L}{v} < h \leq 1 - \frac{c_L}{v}$ negativ werden kann.[146] Um den durchschnittlichen Einfluss der Information auf einen Markt zu zeigen, bei dem das h variabel zwischen 0 und $1 - \frac{c_L}{v}$ liegt, muss das Integral

$$\int_0^{\frac{v-c_L}{v}} \Delta_{SW_{(0,0,1)}} dh$$

gebildet werden.[147] Da durch die Potenzfunktionen eine Darstellung erschwert ist, sei ein konkretes Beispiel mit Werten von $v = 1$, $c_H = 0{,}95$ sowie $c_L = 0$ gegeben. In diesem Fall ist $\Delta_{SW_{(0,0,1)}} < 0$ für $0{,}39 \lesssim h \lesssim 0{,}95$. Ist stattdessen bei gleichen Werten h variabel zwischen 0 und $\frac{v-c_L}{v} = 1$, ergibt sich $\int_0^{\frac{v-c_L}{v}} \Delta_{SW_{(0,0,1)}} dh \approx -0{,}011$. Da kein $h > \frac{v-c_L}{v} = 1$ existieren kann um diesen negativen Wert auszugleichen ist der negative Gesamteffekt für $k > 0$ belegt. Schaubild 34 zeigt für diese Beispielwerte und $h = 0{,}6$ die Funktionen von $U_{(0,0,1;u)}$, $U_{(0,0,1;i)}$ und $SW_{(0,0,1)}$ in Abhängigkeit von k. Durch den konkreten Beweis ist damit gezeigt, dass Information auch für Märkte mit variablem h eine durchschnittliche Verschlechterung der sozialen Wohlfahrt zur Folge haben kann.

---

[145]In Märkten mit homogenen Kunden und $k = 0$ ist $h'_{(0,0,1)} = 1 - \frac{c_L}{v}$.

[146]Aus Darstellungsgründen ist hier $k'_{(0,0,1)} = k'$ und $k''_{(0,0,1)} = k''$ gewählt worden. Weiter wurde $(1 - h + hk')v - k'hc_H - (1 - k'h)c_L$ zu $\frac{(v-(1-h)(hv+c_L))((1-h)v-c_L)}{(1-h)^2 v - c_L + c_H h}$ und $k'(v - hc_H - (1-h)c_L)$ zu $\frac{(v-(1-h)c_L - hc_H)((1-h)v-c_L)}{(1-h)^2 v - c_L + c_H h}$ nach Einsetzen von $k'_{(0,0,1)} = \frac{(1-h)v-c_L}{v-c_L+h(hv-2v+c_H)}$ umgeformt.

[147]Analog zu 4.3.1 wird hier nur der Fall $h \leq \frac{v-c_L}{v}$ betrachtet, da für $h > \frac{v-c_L}{v}$ in trivialer Weise die Wohlfahrt unter $k > 0$ größer sein muss.

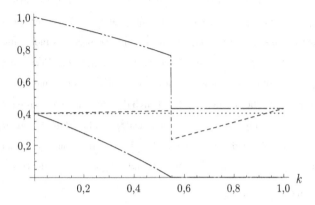

Abbildung 34.: $U_{(0,0,1;u)}$, $U_{(0,0,1;i)}$ und $SW_{(0,0,1)}$ in Abhängigkeit von k.[148] Quelle: eigene Darstellung.

5.3.2. Einfluss der Verkäuferanzahl

Die Anzahl der Verkäufer ist im gesamten Modell mit n variabel gewählt, wobei mindestens $n = 2$ stets gegeben ist, da sonst kein Preiswettbewerb nach Bertrand stattfinden kann. Für die Mehrzahl der Märkte mit $(1,1,1)$, $(1,1,0)$, $(1,0,1)$, $(1,0,0)$, $(0,1,1)$ sowie $(0,0,1)$ reicht diese Annahme aus, da nur ein Expertentyp existiert und damit ausreichend Wettbewerb herrscht. Ist $y \geq 2$, wie in den verbleibenden Märkten $(0,1,0)$ und $(0,0,0)$, so müssen pro vorhandenem Expertentyp mindestens 2 Experten existieren. Für diese beiden Märkte ist damit zumindest $n = 4$ notwendig.

Über diese grundlegende Sicherstellung des Wettbewerbs hinaus haben Werte von $n \geq 4$ keinen Einfluss auf die Marktgleichgewichte, mit Ausnahme des Marktes $(0,1,0)$ im Sonderfall der Preisobergrenze. Hier geht n in die beiden Preisfunktionen direkt ein, da die Anzahl der Verkäufer die Wahrscheinlichkeit beeinflusst, mit der ein im Preis

---

[148]Die gewählten Werte im Schaubild sind $v = 1$, $c_H = 0{,}95$, $c_L = 0$ sowie $h = 0{,}6$. $SW_{(0,0,1)}$, entspricht der gestrichelten Linie und wird dargestellt neben $U_{(0,0,1;u)}$ mit einem und $U_{(0,0,1;i)}$ mit zwei Punkten. Der Wert der sozialen Wohlfahrt im Fall ohne Information mit $k = 0$ ist komplett gepunktet dargestellt. Die Sprünge von $U_{(0,0,1;i)}$ und $SW_{(0,0,1)}$ sind zur anschaulichen Darstellung gewählt. Sie entsprechen nicht dem eigentlichen Verlauf der Funktionen, da diese an dieser Stelle nicht stetig sind.

betrogener Kunde bei einem Experten p_{H2} kauft.[149] Aus den Gleichungen 5.11 und

5.12 sind $\frac{\partial p_{H2}}{\partial n_2} > 0$ und $\frac{\partial p_{L2}}{\partial n_2} < 0$ bekannt. Da mit jedem Verkäufer, der über die Wahr-

scheinlichkeit $0 < \delta < 1$ betrügt, die Anzahl der uninformierten Kunden mit geringem

Schaden beim letztmöglichen n_2-ten Besuch abnimmt, sinkt der Erwartungswert des

Preisbetrugs. Dies äußert sich in fallenden p_{L2} bei steigenden p_{H2} und einer insgesamt

sinkenden Anzahl preisbetrogener Kunden. Durch das steigende p_{H2} werden informierte

und uninformierte Kunden zu gleichen Teilen belastet, während die Entlastung bei p_{L2}

nur uninformierten Kunden zugutekommt. Der Unterschied von $U_{(0,1,0;i)}$ zu $U_{(0,1,0;u)}$

sinkt daher in n_2. Dies ist durch $\frac{\partial U_{(0,1,0;i)}}{\partial n_2} < 0$ und $\frac{\partial U_{(0,1,0;u)}}{\partial n_2} > 0$ verdeutlicht.

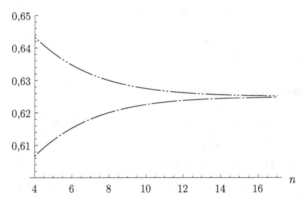

Abbildung 35.: $U_{(0,1,0;u)}$ und $U_{(0,1,0;i)}$ in Abhängigkeit von n mit $p_H \leq c_H$.[150] Quelle:
eigene Darstellung.

Schaubild 35 zeigt für Beispielwerte die Funktionen von $U_{(0,1,0;i)}$ und $U_{(0,1,0;u)}$ in

n_2 im Sonderfall der Preisobergrenze. Der durch Information erreichte Nutzenübertrag

von uninformierten auf informierte Käufer nimmt – für gegebene Werte – anschaulich

mit der Anzahl der Verkäufer ab. Ist die Anzahl der Verkäufer variabel, so bevorzugen

informierte Kunden, dass der Wettbewerb durch eine geringe Verkäuferanzahl auf mög-

---

[149]Entscheidend ist hier die Anzahl der Verkäufer des Typs $y = 2$, also n_2. Ein steigendes n bedeutet
eine insgesamt steigende Anzahl der Verkäufer, die damit implizit auch zum Anstieg von n_2 führt.

[150]Die gewählten Werte im Schaubild sind $v = 1$, $c_H = 0{,}5$, $c_L = 0{,}25$, $h = 0{,}5$, $k = 0{,}5$ sowie $\delta = 0{,}7$.
$U_{(0,0,1;u)}$ wird mit einem und $U_{(0,0,1;i)}$ mit zwei Punkten dargestellt.

lichst niedrigem Niveau bleibt, wobei uninformierte Kunden mehr Verkäufer im Markt befürworten. Die soziale Wohlfahrt ändert sich mit $\frac{\partial SW_{(0,1,0)}}{\partial n_2} = 0$ nicht, da es sich beim Nutzenübertrag zwischen den beiden Kundengruppen um ein Nullsummenspiel handelt. Es wird stets die maximale soziale Wohlfahrt in einem effizienten Gleichgewicht erreicht.

5.3.3. Einfluss der Schwerewahrscheinlichkeit

Ähnlich zum Monopolmarkt gibt es auch im Wettbewerbsmarkt zwei Einflussmöglichkeiten für die Wahrscheinlichkeit schwerwiegender Probleme von h: den direkten Einfluss auf Auszahlungen und die soziale Wohlfahrt durch die Änderung von h, sowie den indirekten Einfluss durch das mögliche Einleiten anderer Gleichgewichte. Bei sämtlichen Märkten mit verifizierbaren Vertrauensgütern sowie Markt $(0,1,0)$ bei freien Preisen besteht nur ein potentielles Gleichgewicht, daher ist der erste Fall gegeben und die soziale Wohlfahrt sinkt trivial mit $\frac{\partial SW}{\partial h} = -(c_H - c_L) < 0$. Im Markt $(0,0,0)$ existiert ebenso nur ein mögliches Gleichgewicht, hier ist der Einfluss der Schwerewahrscheinlichkeit jedoch größer, da die schwerwiegenden Probleme uninformierter Kunden nicht behandelt werden. Die Wohlfahrt $SW_{(0,0,0)}$ sinkt mit $\frac{\partial SW_{(0,0,0)}}{\partial h} = -k(c_H - c_L) - (1-k)(v - c_L) < 0$.

Die Märkte $(0,1,1)$ und $(0,1,0)$ im Sonderfall der Preisobergrenze verhalten sich ähnlich zueinander. Beide zeigen auf ihre jeweilige Art nur ein mögliches Gleichgewicht, in dem uninformierte Kunden entweder ständig oder teilweise im Preis betrogen werden, bei $p_H < c_H$. Steigt der Anteil schwerer Probleme h, so muss p_H ebenso steigen um die zusätzlichen Verluste aus $h(p_H - c_H)$ zu mindern und mit erhöhten Einnahmen aus dem Preisbetrug auszugleichen. Ebenso steigt im Markt $(0,1,0)$ auch p_{L2}, da der Erwartungswert des Preisbetrugs zunimmt. Für ein niedriges Niveau von h führen beide Effekte dazu, dass uninformierte Kunden vom Anstieg der Schwerewahrscheinlichkeit stärker betroffen sind als informierte Kunden. Damit vergrößert sich der Nutzenunterschied von $U_{(0,1,1;i)}$ bzw. $U_{(0,1,0;i)}$ zu $U_{(0,1,1;u)}$ bzw. $U_{(0,1,0;u)}$. Ist h jedoch relativ hoch, bringt eine weitere Erhöhung den uninformierten Kunden weniger Disnutzen als den informierten, und die Unterschiede beginnen sich auszugleichen. Dies ist darin begründet, dass p_H bereits relativ hoch ist und informierte Kunden mehr durch den Wechsel von p_{L1} auf p_H verlieren, als die uninformierten durch die Erhöhung von p_H und gegebenenfalls p_{L2}.[151] Schaubild 36 stellt die Funktionen für den Markt $(0,1,1)$ grafisch dar.

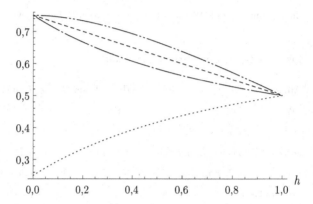

Abbildung 36.: $U_{(0,1,1;u)}$, $U_{(0,1,1;i)}$, $SW_{(0,1,1)}$ und p_H in Abhängigkeit von h.[152] Quelle: eigene Darstellung.

Der verbleibende Markt $(0,0,1)$ ist der einzige Markt des Monopolmodells, welcher zwei grundlegend unterschiedliche Gleichgewichte erlaubt. Für $h \leq h'_{(0,0,1)}$ nehmen beide Kundengruppen am Markt teil, wobei die uninformierten Kunden ständig im Preis betrogen und unterversorgt werden. Der Preisbetrug führt zu $p_H < c_H$, weshalb p_H für ein zunehmendes h unter $h \leq h'_{(0,0,1)}$ steigt, um die Verluste durch die Versorgung informierter Kunden $k(p_H - c_H)$ mit den Gewinnen aus dem Preisbetrug $(1-k)(p_H - c_L)$ auszugleichen. Je höher h damit unter $h \leq h'_{(0,0,1)}$ ist, desto größer ist der Unterschied von $U_{(0,0,1;i)}$ zu $U_{(0,0,1;u)}$. Steigt h jedoch über $h'_{(0,0,1)}$, verlassen die uninformierten Kunden den Markt und die Preise passen sich auf $p_H = c_H$ und $p_L = c_L$ an. Der

---

[151]Dies kann beispielsweise am Markt $(0,1,1)$ gezeigt werden, durch die Konkavität der Ableitung $\frac{\partial (U_{(0,1,1;i)} - U_{(0,1,1;u)})}{\partial h} = \frac{(c_H - c_L)(1 - 2h - (1-h)^2 k)}{(1 - (1-h)k)^2}$, da $\frac{\partial (U_{(0,1,1;i)} - U_{(0,1,1;u)})}{\partial h} = 0$ nur für $h = \frac{\sqrt{1-k} - (1-k)}{k}$ bei $\frac{\partial^2 (U_{(0,1,1;i)} - U_{(0,1,1;u)})}{\partial h^2} < 0$ erfüllt ist.

[152]Die gewählten Werte im Schaubild sind $v = 1$, $c_H = 0{,}5$, $c_L = 0{,}25$ sowie $k = 0{,}5$. $U_{(0,1,1;u)}$ ist mit einem, $U_{(0,1,1;i)}$ mit zwei Punkten gekennzeichnet. $SW_{(0,1,1)}$ ist in gestrichelter und p_H in gepunkteter Linie dargestellt.

Wohlfahrtsverlust in h ist ab $h > h'_{(0,0,1)}$ mit $-k(c_H - c_L)$ trivial und gering, während er unter $h \leq h'_{(0,0,1)}$ mit $-(1 - k)v - k(c_H - c_L)$ deutlich größer ist. Abbildung 37 verdeutlicht diese Aussage.

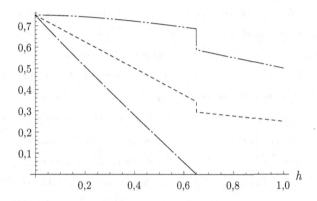

Abbildung 37.: $U_{(0,0,1,u)}$, $U_{(0,0,1;i)}$ und $SW_{(0,0,1)}$ in Abhängigkeit von h.[153] Quelle: eigene Darstellung.

Darüber hinaus ist für Markt $(0,0,1)$ aus Abschnitt 5.3.1.2 bekannt, dass die Schwerewahrscheinlichkeit h den Gesamteinfluss der Information auf die soziale Wohlfahrt kritisch beeinflusst: Für ein h, welches $\frac{2v-2c_H+c_L}{v} < h \leq h'_{(0,0,1)}$ erfüllt, führt ein Anteil informierter Kunden von k mit $k'_{(0,0,1)} < k < k''_{(0,0,1)}$ zu einer Wohlfahrtsverschlechterung gegenüber einem Markt homogener Kunden ohne Information.

5.3.4. Einfluss des Erfüllungsnutzens

Der steigende Kundennutzen einer Bedürfniserfüllung v impliziert ein relatives Sinken der Kosten c_H und c_L. Da die Verkäufer im Wettbewerbsmarkt stets Nullgewinne erreichen, welche durch die nicht veränderte, absolute Kostenhöhe bestimmt sind, kommt

---

[153]Die gewählten Werte im Schaubild sind $v = 1$, $c_H = 0{,}5$, $c_L = 0{,}25$ sowie $k = 0{,}5$. $U_{(0,0,1;u)}$ ist mit einem, $U_{(0,0,1;i)}$ mit zwei Punkten gekennzeichnet. $SW_{(0,0,1)}$ ist durchgängig gestrichelt dargestellt. Die Sprünge von $U_{(0,0,1;i)}$ und $SW_{(0,0,1)}$ sind zur anschaulichen Darstellung gewählt. Sie entsprechen nicht dem eigentlichen Verlauf der Funktionen, da diese an dieser Stelle nicht stetig sind.

der gesteigerte Erfüllungsnutzen in jedem Markt den Kunden zugute. In den Märkten mit verifizierbarem Vertrauensgut, bei denen Information nach Proposition 6 ohne Auswirkung bleibt und informierte Kunden denselben Nutzen erreichen wie uninformierte, sind beide Kundengruppen gleichermaßen von einer Steigung oder Senkung von v beeinflusst und $\frac{\partial SW_{max}}{\partial v} = 1$. Im Markt $(0,0,0)$, bei welchem uninformierte Kunden mit hohem Schaden den Markt verlassen, kommt mit $\frac{\partial SW_{(0,0,0)}}{\partial v} = 1 - (1 - k)h$ nur ein Teil einer Veränderung in v bei der sozialen Wohlfahrt an. Uninformierte Kunden profitieren dort mit $\frac{\partial U_{(0,0,0;u)}}{\partial v} = 1 - h < \frac{\partial U_{(0,0,0;i)}}{\partial v} = 1$ weniger stark als die informierten, weshalb sich der absolute Nutzenunterschied $U_{(0,0,0;i)} - U_{(0,0,0;u)}$ in v vergrößert.

In den Märkten mit Preisbetrug – $(0,1,1)$ sowie $(0,1,0)$ im Sonderfall der Preisobergrenze – hat eine Veränderung von v keinen Einfluss auf die absoluten Unterschiede des Nutzens und $\frac{\partial SW_{(0,1,1)}}{\partial v} = 1$.[154] Die Preise der Experten orientieren sich nicht an v, sondern insbesondere an c_H und c_L. Gleichwohl wird, da sowohl $\frac{\partial U_{(0,1,1;u)}}{\partial v} = 1$ als auch $\frac{\partial U_{(0,1,1;i)}}{\partial v} = 1$ ist, der relative Nutzenunterschied beeinflusst. Je höher v, desto geringer der durch Information bedingte, relative Nutzenvorteil $\frac{U_{(0,1,1;i)} - U_{(0,1,1;u)}}{U_{(0,1,1;u)}}$. Sind für Markt $(0,1,0)$ die Preise flexibel wählbar, lassen sich keine Nutzenunterschiede der beiden Kundengruppen feststellen und der Markt verhält sich wie ein Markt mit verifizierbaren Gütern.

Markt $(0,0,1)$ wird nicht nur direkt durch die absolute Höhe von v in Bezug auf gegebene Auszahlungen beeinflusst, sondern ebenso indirekt durch eine Verschiebung der Gleichgewichtsgrenzen $h'_{(0,0,1)}$ und $k'_{(0,0,1)}$. Unter $h < h'_{(0,0,1)}$ bringt eine zusätzliche Erhöhung von v dieselben Effekte wie im Markt $(0,0,0)$: $U_{(0,0,1;i)} - U_{(0,0,1;u)}$ vergrößert sich in v, da uninformierte Kunden mit $\frac{\partial U_{(0,0,1;u)}}{\partial v} = 1 - h < \frac{\partial U_{(0,0,1;i)}}{\partial v} = 1$ weniger stark als die informierten profitieren. Der entstehende Preisbetrug durch Information spielt dabei keine Rolle, da er sich nicht an v orientiert. Sinkt jedoch v bis $h > h'_{(0,0,1)}$ erfüllt ist, wechselt das Gleichgewicht und $\frac{\partial SW_{(0,0,1)}}{\partial v} = k$. Es gilt dann $\frac{\partial U_{(0,0,1;u)}}{\partial v} = 0$, weshalb nur noch informierte Kunden eine Nutzenänderung durch v erfahren. Durch den

---

[154]Diese und die folgenden Gleichungen des Absatzes gelten auch für Markt $(0,1,0)$ unter Preisobergrenze mit $SW_{(0,1,0)}$, $U_{(0,1,0;i)}$ und $U_{(0,1,0;u)}$.

Sprung zwischen den beiden Gleichgewichten ist $\frac{\partial U_{(0,0,1;i)}}{\partial v} > 1$, da $U_{(0,0,1;i)}$ durch den Wegfall der uninformierten Kunden überproportional beeinflusst wird. Zusätzlich wird die Gleichgewichtsgrenze verschoben, da die uninformierten Kunden in Abhängigkeit von v höhere Preise akzeptieren können und damit $\frac{\partial h'_{(0,0,1)}}{\partial v} > 0$ gilt.

Abschließend kann festgehalten werden, dass eine Erhöhung von v im Wettbewerbsmarkt stets positiven Einfluss auf den Kundennutzen und damit die soziale Wohlfahrt hat. Je nach Markt fällt dieser Einfluss jedoch unterschiedlich aus. Dabei profitieren informierte Kunden stets in mindestens voller Höhe, während uninformierte Kunden oftmals nur einen Teil der Veränderung von v für sich beanspruchen können. Besteht ein Nutzenunterschied zwischen den Kundengruppen, kann eine Veränderung in v diesen zwar nicht beseitigen, jedoch Auswirkungen auf dessen absolute wie relative Höhe haben.

5.3.5. Einfluss des Kostenverhältnisses

Das Verhältnis der Kosten c_H und c_L zueinander impliziert bei konstantem v und gegebenem $hc_H + (1-h)c_L$ entweder $c_H \uparrow$ und $c_L \downarrow$ oder das gegensätzliche $c_H \downarrow$ und $c_L \uparrow$.[155] Da die Verkäufer in sämtlichen Märkten aufgrund des Wettbewerbs stets Nullgewinne erwirtschaften, kann eine Änderung des Kostenverhältnisses in direkter Form nur zu Veränderungen der Auszahlungen von Kunden und der sozialen Wohlfahrt führen. Indirekte Veränderungen sind über die Beeinflussung von Gleichgewichtsgrenzen möglich. Da unter verifizierbaren Gütern jeweils nur ein Gleichgewicht herrscht, bei dem die Preise p_H und p_L den jeweiligen Grenzkosten entsprechen, sind hier aufgrund der Konstanz von $hc_H + (1-h)c_L$ bezüglich des Gesamtnutzens der beiden Kundengruppen und der sozialen Wohlfahrt keine Änderungen gegeben. Dasselbe Ergebnis gilt für Markt $(0,1,0)$ bei freien Preisen.

Die Märkte $(0,1,1)$ und $(0,1,0)$ unter Preisobergrenze beinhalten Preisbetrug an uninformierten Kunden, welcher durch eine Änderung des Kostenverhältnisses beeinflusst wird. Da beim Preisbetrug die informierten Kunden ihre hohen Behandlungskosten zum

---

[155] Siehe dazu die Ausführungen unter 4.3.4.

Teil auf die uninformierten Kunden abwälzen können, dabei jedoch alleine von c_L profitieren, ist für sie ein großer Unterschied der Kosten vorteilhaft. In Markt $(0,1,1)$ ist $p_L = c_L$ und $p_H = c_L + \frac{h(c_H - c_L)}{1 - k(1-h)}$ mit $\frac{\partial(p_H - p_L)}{\partial(c_H - c_L)} = \frac{h}{1 - k(1-h)} > 0$. Steigt somit $c_H - c_L$, nimmt das Ausmaß des Preisbetrugs an uninformierten Kunden zu. Mit $\frac{\partial U_{(0,1,1;u)}}{\partial(c_H - c_L)} < 0$ und $\frac{\partial U_{(0,1,1;i)}}{\partial(c_H - c_L)} > 0$ wird damit der Abstand von $U_{(0,1,1;i)}$ zu $U_{(0,1,1;u)}$ größer. Da die Effizienz des Marktes weiterhin gegeben ist und $SW_{(0,1,1)} = SW_{max}$ konstant bleibt, ändert sich nur der Nutzenübertrag zwischen den beiden Kundengruppen. Markt $(0,1,0)$ unter der Preisobergrenze erreicht für gegebene Werte von n und δ ein ähnliches Ergebnis mit $\frac{\partial U_{(0,1,0;u)}}{\partial(c_H - c_L)} < 0$ und $\frac{\partial U_{(0,1,0;i)}}{\partial(c_H - c_L)} > 0$. In beiden Märkten ziehen informierte Kunden Nutzensteigerungen aus stark unterschiedlichen Kosten mit hohem $c_H - c_L$, während diese für uninformierte Kunden schädlich sind.

Unterschiedlich dazu verhalten sich die Märkte $(0,0,1)$ und $(0,0,0)$. Im Markt $(0,0,0)$ hat der Kostenunterschied keine Auswirkungen auf den Nutzen informierter Kunden, da diese stets die Grenzkosten ihrer jeweiligen Behandlung tragen. Dies gilt ebenso für uninformierte Kunden mit geringem Schaden, diese sind jedoch im Falle eines hohen Schadens nicht von einer c_H-Steigerung betroffen, da sie aufgrund drohender Unterversorgung den Markt verlassen. $SW_{(0,0,0)}$ steigt somit bei großen Kostenunterschieden mit $\frac{\partial SW_{(0,0,0)}}{\partial(c_H - c_L)} > 0$ an. Der Unterschied von $U_{(0,0,0;i)}$ zu $U_{(0,0,0;u)}$ nimmt in $c_H - c_L$ mit $\frac{\partial(U_{(0,0,0;i)} - U_{(0,0,0;u)})}{\partial(c_H - c_L)} < 0$ ab durch $\frac{\partial U_{(0,0,0;u)}}{\partial(c_H - c_L)} > \frac{\partial U_{(0,0,0;i)}}{\partial(c_H - c_L)} = 0$.

Im Markt $(0,0,1)$ beeinflussen für $h < h'_{(0,0,1)}$ zwei Effekte das Ergebnis einer Kostenveränderung: Einerseits steigen die von informierten Kunden mit hohem Schaden auf alle uninformierten Kunden abgewälzten Kosten in $c_H - c_L$, andererseits sinken für die Experten jedoch die Kosten der Unterversorgung, womit sich die Senkung von c_L überproportional stark bei den uninformierten Kunden auswirkt. Für uninformierte Kunden ist entscheidend, wie sich die beiden Effekte zueinander verhalten. Je geringer k, desto weniger werden die uninformierten Kunden vom Abwälzen der hohen Behandlungskosten informierter Kunden über den Preisbetrug betroffen. Es überwiegt der zweite Effekt mit der Senkung von c_L. Ist dagegen der Anteil informierter Kunden im Markt hoch, müssen weniger uninformierte Kunden die größere Last tragen und der erste Effekt überwiegt. Beide Effekte eliminieren sich für $k = \frac{1}{2-h}$, weshalb

$$\frac{\partial U_{(0,0,1;u)}}{\partial (c_H - c_L)} \begin{cases} < 0 & \text{falls} \quad k > \frac{1}{2-h} \wedge h < h'_{(0,0,1)} \\ \geq 0 & \text{falls} \quad k \leq \frac{1}{2-h} \wedge h < h'_{(0,0,1)} \\ = 0 & \text{sonst} \end{cases}$$

gilt. Im Gegenzug profitieren informierte Kunden stets von einem steigenden Kosten-unterschied $c_H - c_L$, da das sinkende c_L vollständig in ihre Nutzenfunktion eingeht, während ein Teil des steigenden c_H auf uninformierte Kunden übertragen werden kann. Es gilt somit $\frac{\partial U_{(0,0,1;i)}}{\partial (c_H - c_L)} > 0$ für $h < h'_{(0,0,1)}$. Für $h \geq h'_{(0,0,1)}$ findet kein Preisbetrug statt und uninformierte Kunden verlassen den Markt, weshalb sich unter $h \geq h'_{(0,0,1)}$ für Änderungen des Kostenverhältnisses keine Auswirkungen auf $U_{(0,0,1;i)}$ und $U_{(0,0,1;u)}$ zeigen lassen. Als weitere Einflussmöglichkeit ist die Verschiebung der Gleichgewichts-grenze $h'_{(0,0,1)}$ zu betrachten. Für $k \leq \frac{h}{1-(1-h)^2 c_L - h(1-h)c_H}$ steigt $h'_{(0,0,1)}$ in $c_H - c_L$, wobei der Wert ansonsten sinkt. Trotz möglicher Nutzeneinbußen bei uninformierten Kunden überwiegen die positiven Effekte bei $h < h'_{(0,0,1)}$ auf die soziale Wohlfahrt stets und $SW_{(0,0,1)}$ steigt, während sich $SW_{(0,0,1)}$ für $h \geq h'_{(0,0,1)}$ nicht verändert.

Der Einfluss des Kostenverhältnisses auf den Kundennutzen ist somit insgesamt unterschiedlich und abhängig von den einzelnen Markteigenschaften zu bewerten. In Märkten mit verifizierbaren Gütern hat eine Änderung des Kostenverhältnisses keine Auswirkungen. Mit Ausnahme der freien Preise im Markt $(0,1,0)$ profitieren bei nicht-verifizierbaren Gütern und haftenden Verkäufern die informierten Kunden zu Ungunsten der uninformierten Kunden von großen Kostenunterschieden. Sind die Verkäufer stattdessen nicht haftbar, ist die Verpflichtung der Kunden entscheidend. Besteht diese nicht, profitieren die uninformierten Kunden von sich auseinander bewegenden Kosten. Sind Kunden jedoch verpflichtet, ziehen informierte Kunden stets Vorteile aus großen Kostenunterschieden, während die uninformierten Kunden je nach Marktlage gewinnen oder verlieren können.

Im Gegensatz zum Kundennutzen können zunehmende Unterschiede im Kostenverhältnis in keinem Markt negative Auswirkungen auf die soziale Wohlfahrt haben. Entweder verändert sich diese nicht, wie es bei allen Märkten mit verifizierbaren Gütern und haftbaren Experten der Fall ist, oder sie steigt an, wie in den beiden verbleibenden Märkten.

5.4. Erweiterungen

In diesem Unterkapitel wird das vorgestellte Modell mit den neu eingeführten Variablen der drei bekannten Modellerweiterungen – verschiedene Möglichkeiten einer Implementation der Diagnosekosten, Unterschiede zwischen den beiden Kundengruppen in Bezug auf deren Erfüllungsnutzen und deren jeweiligen Schwerewahrscheinlichkeit – betrachtet.

5.4.1. Diagnosekosten

Ähnlich wie im Fall des einzelnen Verkäufers, so können auch im Wettbewerb Diagnosekosten auftreten. Es verbleiben die zwei in 4.4.1 vorgestellten Möglichkeiten:

1. Diagnosekosten in Höhe von γ werden erhoben, die der Kunde bei jedem Besuch eines Experten zu zahlen hat.[156]

2. Der Experte erfährt Kosten in Höhe von c_D bei jedem Besuch eines Kunden, kann dafür jedoch eine Besuchsgebühr p_D verlangen.[157]

Die exogen vorgegebenen Diagnosekosten γ betreffen nur wenige Märkte wirklich: Da in keinem der Gleichgewichte ein $p_H > c_H$ nachgefragt wird, $v > c_H + \gamma$ jedoch gilt, beschränken sich die Auswirkungen auf Märkte mit mehreren Besuchen sowie Märkte, bei denen durch eine mögliche Unterversorgung die Zahlungsbereitschaft der Kunden reduziert ist. In allen anderen Märkten – also die vier Märkte mit verifizierbaren

---

[156]γ deckt dabei weiterhin die Entschädigung für die Ausgaben des Experten bezüglich Diagnose und Beratung sowie die eigenen Kosten des Kunden ab. Zudem bleibt $v > c_H + \gamma$ gültig.

[157]Der Typ eines Experten y erstreckt sich nun zusätzlich zu den unterschiedlichen Preisen p_{Hy} und p_{Ly} auch über die unterschiedlichen Besuchsgebühren p_{Dy}.

Gütern sowie Markt $(0,1,1)$ – verringern die Diagnosekosten lediglich direkt die Konsumentenrente, welche durch $v > c_H + \gamma$ positiv bleibt. Im Markt $(0,0,1)$ führen uninformierte Kunden zwar durch ihre Verpflichtung nur einen Expertenbesuch durch, werden bei diesem jedoch stets im Preis betrogen und mit einer Wahrscheinlichkeit von h unterversorgt. Deren Zahlungsbereitschaft sinkt durch die Diagnosekosten auf $(1 - h)v - \gamma$, weshalb auch die kritische Masse an informierten Kunden $k'_{(0,0,1)}$ auf

$$k'_{(0,0,1)} = \frac{(1-h)v - \gamma - c_L}{(h-1)^2 v - (1-h)\gamma - hc_H - c_L} \text{ mit } \frac{\partial k'_{(0,0,1)}}{\partial \gamma} < 0 \text{ sinkt.}^{158}$$

In den beiden verbleibenden Märkten $(0,1,0)$ und $(0,0,0)$ können bei freien Preisen bis zu zwei Besuche stattfinden. Die Wahrscheinlichkeit, dass ein uninformierter Kunde hierbei tatsächlich zwei Experten besuchen muss, liegt für beide Märkte bei h. Da die gezahlten Preise jeweils den Grenzkosten der Behandlung entsprechen, ergibt sich ein neuer Erwartungswert des Besuchs von $v - c_L - \gamma - h(c_H - c_L + \gamma)$, welcher damit um $(1+h)\gamma$ unter dem vorherigen Erwartungswert liegt. Da eine günstigere Behandlung der Kunden unter den gegebenen Bedingungen nicht möglich ist, kommt es für ausreichend hohe Diagnosekosten von $\gamma > \frac{v - (1-h)c_L - hc_H}{1+h}$ zum Marktversagen, bei dem uninformierte Kunden den Markt ohne Behandlung verlassen.[159]

Ist im Markt $(0,1,0)$ die Preisobergrenze aktiv, wird der uninformierte Kunde zwar stets am Markt teilnehmen, jedoch möglicherweise bereits vor dem letzten Verkäufer eine p_H Empfehlung akzeptieren. Dies geschieht dann, wenn der Erwartungswert des Besuchs eines zusätzlichen Experten geringer ist als der Erwartungswert der Option des direkten Kaufs. Dabei sind – abhängig von der Höhe der Diagnosekosten – zwei unterschiedliche Fälle zu beachten. Bei sehr hohen Diagnosekosten wird der Kunde

---

[158]Die Ableitung errechnet sich zu $\frac{\partial k'_{(0,0,1)}}{\partial \gamma} = \frac{h(c_L - c_H)}{((1-h)\gamma + c_L - hc_H - (h-1)^2 v)^2}$ mit $\frac{\partial k'_{(0,0,1)}}{\partial \gamma} < 0$, der Wert der kritischen Schwerewahrscheinlichkeit $h'_{(0,0,1)}$ zu $\frac{(2k-1)v - (\gamma + c_H)k + \sqrt{4kv(k-1)(c_L + \gamma - v) + (v + k(c_H + \gamma - 2v))^2}}{2kv}$.

[159]Der Kunde betrachtet den Gesamtwert seiner Entscheidung, den Markt zu besuchen. Zwar findet auch nach dem ersten Besuch eine Entscheidung statt, den zweiten Experten aufzusuchen, ein Ausstieg ist an dieser Stelle jedoch nie lohnenswert: Da für den zweiten Besuch stets $\gamma + c_H$ als Kosten anfallen, ohne diese jedoch nicht der Erfüllungsnutzen v erreicht werden kann, sind die bereits geleisteten Kosten des ersten Besuchs in Höhe von γ nicht weiter relevant. Ist der Erwartungswert der Marktteilnahme damit größer als die Option, den Markt zu verlassen, wird der uninformierte Kunde teilnehmen.

stets beim ersten Experten kaufen, selbst wenn dieser eine p_H Empfehlung ausspricht. Der Verkäufer würde diesen Direktkauf antizipieren und sich wie im Markt (0,1,1), in dem der Käufer zum Kauf verpflichtet ist, verhalten, womit ein Gleichgewicht in reinen Strategien entsteht. Sind die Diagnosekosten dagegen ausreichend gering, kann der uninformierte Kunde bei einem Besuch an den Punkt kommen, dass die konstanten Kosten eines neuen Besuchs γ dessen abnehmenden Grenznutzen übersteigen.[160] Sobald dies der Fall ist, verzichtet der Kunde auf einen erneuten Besuch und akzeptiert die p_H Empfehlung. Die Verkäufer antizipieren auch dieses Verhalten, welches sich im Prinzip wie eine Reduktion der Anzahl der Verkäufer n im Markt verhält. Diese wirkt sich wie in 5.3.2 ermittelt durch sinkende p_{H2} und steigende p_{L2} bei konstant angenommener Betrugswahrscheinlichkeit δ aus.

Wird die zweite Möglichkeit einer Modellierung von Diagnosekosten angenommen, erfahren die Experten Besuchskosten von c_D und können einen Besuchspreis p_D in beliebiger Höhe verlangen. In sämtlichen Märkten, bei denen es maximal zu einem einzigen Besuch der Kunden kommt, verhält sich diese Variante wie eine gleichmäßige Erhöhung der Behandlungskosten c_H und c_L um c_D. Die uninformierten Kunden achten auf den erwarteten Gesamtpreis, über den die einzelnen Anbieter miteinander konkurrieren. Da verschiedene Preiskombinationen nun zum selben Gesamtpreis führen können, sind verschiedene Expertentypen denkbar, die sich in der einzelnen Höhe der drei Preise unterscheiden, nicht jedoch im eigentlich relevanten Verhältnis $\frac{p_H+p_D}{p_L+p_D}$ sowie der Höhe des Gesamtpreises. Da somit c_D komplett auf die Kunden umgelegt wird, verhält sich in diesen Märkten diese Variante der Modellierung von Diagnosekosten identisch zur Modellierung über γ. In den Märkten mit einem möglichen zweiten Besuch des Kunden, (0,1,0) und (0,0,0), muss der zuerst besuchte Experte mindestens $p_D = c_D$ setzen, da er ansonsten Verlust erleiden würde. Der als zweites und letztes besuchte Experte kann die Preise im Rahmen der Gleichung $p_H + p_D = c_H + c_D$ variieren. Im Markt (0,1,0)

---

[160]Da der Kunde unsicher bezüglich seines Typs ist, steigt mit jeder p_H Empfehlung die aktualisierte Wahrscheinlichkeit, dass er einen großen Schaden hat. Dies wiederum verringert die Wahrscheinlichkeit einer zukünftigen p_L Empfehlung. Mit dieser sinkenden Wahrscheinlichkeit sinkt auch der Erwartungswert jedes zusätzlichen Besuchs.

gibt es im Fall der Preisobergrenze dagegen eine Vielzahl an Besuchsmöglichkeiten. Um Verluste zu vermeiden, muss daher $p_D = c_D$ von allen Verkäufern des Typs 2 verlangt werden. Expertentyp 1 hat einen Spielraum in der Preisgestaltung, da hier nur ein einziger Besuch der informierten Kunden stattfindet. Auch in diesen Märkten verhält sich – bis auf die triviale Abweichung durch die mögliche Existenz einer Vielzahl an Expertentypen im Gleichgewicht – diese Variante der Modellierung daher identisch zur oben dargestellten Modellierung der einfachen Diagnosekosten γ.[161]

Abschließend können für diesen Abschnitt zwei Ergebnisse festgehalten werden. Zum einen führen beide Varianten der Modellierung im Wettbewerbsfall zu denselben Ergebnissen in den jeweiligen Märkten. Zum anderen finden nur in wenigen Märkten nennenswerte Veränderungen statt. Mit steigenden Diagnosekosten werden uninformierte Kunden im Markt $(0,0,1)$ zunehmend diesen Markt verlassen, während es in den Märkten $(0,1,0)$ und $(0,0,0)$ durch sehr hohe Diagnosekosten zum Marktzusammenbruch kommen kann. Ist im Markt $(0,1,0)$ eine Preisobergrenze aktiv, so führen Diagnosekosten zu sinkenden Besuchszahlen bis hin zu einer de facto Kaufverpflichtung des Kunden.

5.4.2. Unterschiedlicher Erfüllungsnutzen

Legen die informierten Kunden mehr Wert auf die Behebung des Problems als die uninformierten Kunden, so lässt sich dies – wie bei der Erweiterung im Monopolmodell unter 4.4.2 – durch unterschiedliche Erfüllungsnutzen $v_i > v_u$ bei einer Beibehaltung des grundsätzlichen Verhältnisses $v_i > v_u > c_H > c_L \geq 0$ ausdrücken. Im Gegensatz zum Monopolisten sind die Experten im Wettbewerbsfall jedoch Preisnehmer und setzen ihre Preise in erster Linie abhängig von den Wettbewerbern. So ist im Endeffekt jeder Preis, der in einem Wettbewerbsmarkt im Gleichgewicht von Kunden bezahlt wird, gleich oder kleiner c_H. Ein unterschiedlicher Erfüllungsnutzen wird somit nur relevant, falls dieser durch eine drohende Unterversorgung nicht stets erreicht und der

---

[161]Durch die triviale Vielzahl an Expertentypen ist in diesen Märkten nach der gängigen Gleichgewichtsdefinition eine ebenso große Anzahl an zusätzlichen Gleichgewichten denkbar. Diese unterscheiden sich jedoch ausschließlich nur in der Anzahl der Expertentypen.

Erwartungswert einer Marktteilnahme des uninformierten Kunden damit negativ werden kann. Der einzige Markt, in dem es im Gleichgewicht zu einer Unterversorgung der uninformierten Kunden kommen kann, ist bei einer existierenden Kaufverpflichtung des Kunden ohne haftenden Experten bei nicht-verifizierbarem Gut. In diesem Fall verlassen die uninformierten Kunden den Markt, sobald ihr Erwartungswert negativ wird. Dies geschieht bei $v_u < \frac{khc_H + (1-k)c_L}{(kh + (1-k))(1-h)}$. Dementsprechend geht v_u auch anstelle des bisherigen Wertes v in die Berechnung des kritischen Anteils informierter Kunden mit $k'_{(0,0,1)} = \frac{(1-h)v_u - c_L}{v_u - c_L + h(hv_u - 2v_u + c_H)}$ ein.[162] Es kann damit festgehalten werden, dass ein unterschiedlicher Erfüllungsnutzen bis auf diesen Fall keinen gravierenden Einfluss auf die Gleichgewichte nimmt.

5.4.3. Unterschiedliche Schadenswahrscheinlichkeit

Das Konzept einer unterschiedlichen Schadenswahrscheinlichkeit h für die beiden Kundengruppen lässt sich – wie beim Monopolmarkt in 4.4.3 vorgestellt – auch auf den Wettbewerbsmarkt übertragen. In der folgenden Analyse wird dabei für ein bestimmtes k das Verhältnis $h = kh_i + (1-k)h_u$ angenommen. Dies ermöglicht den Vergleich zu den einzelnen Marktbetrachtungen und erlaubt explizit sowohl $h_i < h_u$ als auch $h_i > h_u$ und damit beide grundsätzlichen Ausgestaltungsmöglichkeiten. Im Folgenden wird auf die drei Märkte eingegangen, bei denen die jeweilige Schadenswahrscheinlichkeit Einfluss auf das Preissetzungsverfahren der Experten hat. In den restlichen Märkten – sämtliche Märkte mit verifizierbarem Gut sowie die beiden verbleibenden Märkte ohne Käuferverpflichtung bei freien Preisen – entsprechen die beiden Behandlungspreise den jeweiligen Grenzkosten und die jeweiligen Gleichgewichte kommen vollkommen unabhängig von der Schadenswahrscheinlichkeit zustande.

Im Markt $(0,1,1)$, bei dem eine Haftung des Verkäufers existiert, kommt es stets zum Preisbetrug an den uninformierten Kunden. Diese zahlen den Preis p_H, welcher unter den Grenzkosten der teuren Behandlung c_H, aber über c_L, liegt. Sowohl die informierten als auch die uninformierten H-Kunden profitieren von diesem reduzierten

---

[162]Analog berechnet sich $h'_{(0,0,1)}$ zu $h'_{(0,0,1)} = \frac{k(2v_u - c_H) - v_u + \sqrt{v_u^2 + k^2 c_H^2 + 2k((1-2k)c_H - 2(1-k)c_L)}}{2kv_u}$.

Preis, welcher vollständig durch den Preisbetrug und den Gewinnen an den uninformierten L-Kunden finanziert wird. Die informierten L-Kunden können stattdessen auf p_L ausweichen, welches c_L entspricht und den günstigsten Preis im Markt darstellt. Steigt nun für ein gegebenes k die Schadenswahrscheinlichkeit der informierten Kunden h_i, so nimmt wegen $h = kh_i + (1-k)h_u$ der Anteil uninformierter L-Kunden $(1-h_u)$ zu, da die Schadenswahrscheinlichkeit h insgesamt konstant bleibt. Dies führt zu zwei gegensätzlichen Effekten, die auf $\frac{\partial(U_i - U_u)}{\partial(h_i - h_u)}$ wirken:

- Der Anteil der durch den Preisbetrug begünstigten informierten Kunden $h_i k$ steigt, während der begünstigte Anteil uninformierter H-Kunden $(1-k)h_u$ sinkt bei gleichzeitig steigendem Anteil benachteiligter und uninformierter L-Kunden $(1-k)(1-h_u)$. Während die für Experten unprofitablen Behandlungen $h(p_H - c_H)$ konstant bleiben, nehmen die gewinnträchtigen Behandlungen $(1-h_u)(p_H - c_L)$ mit Preisbetrug zu. Infolgedessen muss p_H durch den Wettbewerb sinken, wovon wiederum die informierten Kunden profitieren.

- Der Anteil informierter Kunden mit geringem Schaden $k(1-h_i)$ sinkt. Da nun mehr informierte Kunden den höheren Preis p_H bezahlen müssen, ist dies von Nachteil für die informierten Kunden.

Da die Gesamtschadenswahrscheinlichkeit h konstant bleibt und das Gleichgewicht effiziente Behandlungen impliziert, ändert sich für die Experten nichts an der Kostenstruktur $hc_H + (1-h)c_L$. Daraus folgt, dass aufgrund der Nullgewinne ebenso die Einnahmen $k(1-h_i)p_L + (1-h+kh_i)p_H$ konstant bleiben müssen. Da sämtliche uninformierten Kunden p_H bezahlen, führt ein sinkendes p_H zu einem steigenden Gesamtnutzen der uninformierten Kunden U_u. Zur Konstanz der Gesamteinnahmen muss der zweite Effekt daher überwiegen und das Verhältnis $U_i - U_u$ nimmt infolge ab. Somit ist $\frac{\partial(U_i - U_u)}{\partial(h_i - h_u)} < 0$. Dies lässt jedoch außer Acht, dass ohne die uninformierten Kunden die Nutzeneinbußen in U_i deutlich größer wären: Geht man von den induzierten Kosten pro informierten Kunden $h_i c_H + (1-h_i)c_L$ aus und stellt diese den bezahlten Preisen $h_i p_H + (1-h_i)p_L$ gegenüber, so ist $\frac{\partial(h_i c_H + (1-h_i)c_L)}{\partial(h_i - h_u)} > \frac{\partial(h_i p_H + (1-h_i)p_L)}{\partial(h_i - h_u)}$. Die Präsenz der uninformierten

Kunden federt damit die negativen Auswirkungen einer größeren Schadenswahrscheinlichkeit für die informierten Kunden ab. Sinkt derweil h_i, verkehren sich beide Effekte
ins Gegenteil und der Wegfall informierter H-Kunden aus dem Pool der $p_H - c_H$ Profi-
teure mindert die Einbußen der uninformierten Kunden. Durch $\frac{\partial(U_i - U_u)}{\partial(h_i - h_u)} < 0$ steigt U_i
bei fallendem U_u.

Wird die Annahme der Verkäuferhaftung fallen gelassen, so verstärkt sich der Einfluss der unterschiedlichen Schadenswahrscheinlichkeit durch einen dritten Effekt, da
der Erwartungsnutzen $(1 - h_u)(v - p_H)$ der uninformierten Kunden durch die drohende
Unterversorgung nun zusätzlich von h_u abhängt. Im Gegenzug dazu verkehrt sich der
erste Effekt: Da jeder uninformierte Kunde nur c_L kostet, sinken die Kosten der Experten nicht mit fallendem h_u, sondern bleiben diesbezüglich konstant. Daher führt das
steigende h_i für die Experten zu einer Gesamtkostensteigerung, welches damit in einem
ebenso steigendem Preis p_H resultieren muss. Ist nun $k < k_{(0,0,1)}$ und steigt $(h_i - h_u)$,
so entstehen für die uninformierten Kunden zwei gegensätzliche Effekte:

- Sie profitieren durch einen höheren Anteil $(1 - h_u)$ behobener Probleme und die
  damit einhergehende abnehmende Anzahl der Unterversorgungen.

- Die zusätzlichen Behandlungskosten der informierten Kunden führen zu einem
  steigenden p_H und werden somit zum Teil auch durch die uninformierten Kunden
  getragen.

Ist $k < k_{(0,0,1)}$, so überwiegt der erste Effekt stets. Dies ist darin begründet, dass die
Preissteigerung von p_H insgesamt die gestiegenen Kosten der Experten $(h_i - h)k(c_H -
p_H)$ widerspiegelt. Diese werden umgelegt auf die uniformierten Kunden. Deren Vorteil
aus dem ersten Effekt beträgt jedoch $(h - h_u)(1 - k)v$. Da $(h_i - h)k = (h - h_u)(1 - k)$
gilt, aufgrund von $h = kh_i + (1 - k)h_u$, ziehen die uninformierten Kunden durch $v > c_H$
insgesamt positiven Nutzen aus einem steigenden $(h_i - h_u)$. In der Konsequenz führt dies
zu $\frac{\partial k_{(0,0,1)}}{\partial(h_i - h_u)} > 0$. Da der Nutzen der informierten Kunden um $(h_i - h)k(p_H - c_L)$ abnimmt,
während der Nutzen der uninformierten Kunden um $(h - h_u)(1 - k)v$ steigt, verändert
sich in $(h_i - h_u)$ auch die soziale Wohlfahrt positiv und es gilt $\frac{\partial SW_{(0,0,1)}}{\partial(h_i - h_u)} > 0$. Unter

$k > k_{(0,0,1)}$ nehmen die uninformierten Kunden nicht am Markt teil. Die Auswirkungen sind trivial, mit der Ausnahme, dass durch $\frac{\partial k_{(0,0,1)}}{\partial(h_i - h_u)} > 0$ ein steigendes $(h_i - h_u)$ die Grenze $k_{(0,0,1)}$ soweit heben kann, dass die uninformierten Kunden wieder teilnehmen.

Im Markt $(0,1,0)$ bei gegebener Preisobergrenze verhält sich das Gleichgewicht ähnlich zum Markt $(0,1,1)$. Während Expertentyp 1, der nur von den informierten Kunden mit geringem Schaden besucht wird, keinen Anreiz zu einer Preisänderung hat, wird Expertentyp 2 seine Preise leicht anpassen, wenn sich die Schadenswahrscheinlichkeit der Kunden unterscheidet. Da der Preis für die große Behandlung ebenso mit $p_{H2} < c_H$ nicht kostendeckend ist, die uninformierten Kunden jedoch aufgrund von $0 < \delta < 1$ seltener im Preis betrogen werden, findet eine geringere Umverteilung zwischen den Kundentypen statt als bei $(0,1,1)$. Die grundsätzlichen Tendenzen bleiben jedoch identisch: der für informierte Kunden positive Preissenkungseffekt $\frac{\partial p_{H2}}{\partial(h_i - h_u)} > 0$, welcher nicht ausreicht, um Nutzenverluste von $(h_i - h)k(p_H - c_L)$ durch die nun notwendigen, höherwertigen Behandlungen insgesamt auszugleichen. Demnach ist $\frac{\partial(U_i - U_u)}{\partial(h_i - h_u)} < 0$. Da weiterhin alle Probleme effizient behandelt werden, bleibt die soziale Wohlfahrt konstant und $\frac{\partial SW_{(0,1,0)}}{\partial(h_i - h_u)} = 0$ gilt für den Fall der Preisobergrenze.

5.5. Zusammenfassung

Dieses Kapitel stellt ein Modell zu Vertrauensgütermärkten vor, bei denen die Verkäufer des Gutes im Wettbewerb miteinander stehen. Die Kunden sind heterogen im Sinne unterschiedlicher Informationsniveaus bezüglich ihrer idiosynkratischen Bedürfnisse und der Qualität des Vertrauensgutes. Durch die drei Marktannahmen der Verifizierbarkeit des Gutes, der Haftbarkeit der Experten und der Verpflichtung der Kunden lassen sich acht verschiedene Märkte kategorisieren. Die Auswirkungen der Kundenheterogenität umfassen dabei drei wesentliche Punkte.

Der entscheidendste Aspekt bezüglich des Einflusses informierter Kunden ist bei Wettbewerbsmärkten die Verifizierbarkeit des Gutes. Ist diese gegeben, bestehen keinerlei Auswirkungen der Kundenheterogenität auf die Gewinne der Akteure, die Effizienz und Wohlfahrt des Marktes sowie das Betrugsverhalten der Experten. Die Preise der

Güter entsprechen aufgrund ihrer Verifizierbarkeit den Grenzkosten und die maximale soziale Wohlfahrt wird erreicht, wobei diese ohne Unterschied vollständig unter beiden Kundentypen aufgeteilt wird. Neben dieser Regel zur Verifizierbarkeit ist die Verpflichtung der Kunden zum Kauf des Gutes beim Besuch des Experten von Bedeutung. Fehlt diese Verpflichtung, findet – mit einer regulatorischen Ausnahme – kein betrügerisches Verhalten der Experten statt. Der Hintergrund ist die entstehende Wechselmöglichkeit der Kunden, welche zu einer Spezialisierung der Experten auf eine Behandlung führen kann und eine glaubwürdige Diagnose der Bedürfnisse uninformierter Kunden erlaubt. Im Markt ohne haftbare Experten verhindern diese unterschiedlichen Expertentypen einen Marktzusammenbruch, da die uninformierten Kunden sonst eine Unterversorgung fürchten müssten. Die Wohlfahrt steigt trivial mit dem Anteil der nicht-betrügbaren informierten Kunden, während uninformierte Kunden mit großem Bedürfnis den Markt nach ehrlicher Diagnose der Experten verlassen. Im Markt mit haftbaren Experten bleibt die Wohlfahrt maximal, das Gleichgewicht ändert sich bei freier Preissetzung durch informierte Kunden nicht. Die angesprochene, regulatorische Ausnahme besteht hierzu, wenn die Preise durch eine exogen vorgegebene Grenze nach oben beschränkt sind.

Die vorgegebene Deckelung der Preise auf die Grenzkosten der kostenintensiven Behandlung lässt Preisbetrug im Markt haftbarer Experten ohne verifizierbarem Gut entstehen. Es bilden sich zwei Expertentypen, die sich auf die jeweiligen Kundentypen spezialisieren. Durch ihre Information können die informierten Kunden günstigere Preise zu Lasten der uninformierten Kunden erzielen und sich damit einen größeren Gesamtnutzen sichern. Diese Ungleichheit nimmt insgesamt mit dem Anteil der informierten Kunden am Markt weiter zu, der persönliche Nutzen eines informierten Kunden sinkt jedoch. Der drohende Preisbetrug führt dazu, dass uninformierte Kunden eine Empfehlung zur teuren Behandlung durch ihren Experten ablehnen und einen neuen Verkäufer aufsuchen. Dieser betrügt mit derselben positiven Wahrscheinlichkeit, weshalb ein uninformierter Kunde mit kostenintensivem Bedürfnis erst beim Besuch des zuletzt verbliebenen Experten im Markt kaufen wird. Da trotz des potentiellen Preisbetruges jeder Kunde optimal behandelt wird, ist der Markt effizient und die maximale soziale Wohlfahrt wird erreicht.

Ähnliche Auswirkungen der informierten Kunden bestehen bei nicht-verifizierbaren Vertrauensgütern, falls die Kunden zum Kauf des Gutes beim Besuch des Experten verpflichtet sind. Zwar bildet sich als Ergebnis nur ein Expertentyp, dieser betrügt die uninformierten Kunden jedoch stets im Preis. Die informierten Kunden profitieren von betrugsfreien, niedrigen Preisen und schaffen sich einen höheren Gesamtnutzen. Dieser sinkt in absoluter Höhe mit dem Anteil der informierten Kunden, steigt jedoch relativ gesehen an. Trotz dieser Auswirkungen bleibt die soziale Wohlfahrt maximal, da alle Bedürfnisse effizient behandelt werden und kein Kunde den Markt verlässt.

Der einzige Wettbewerbsmarkt, in dem die Existenz informierter Kunden zu Wohlfahrtsverlusten führen kann, ist einer mit verpflichteten Kunden und nicht-haftbaren Experten bei einem nicht-verifizierbarem Gut. Hier sind drei Fälle zu unterscheiden: Ist die Schwerewahrscheinlichkeit mit $h > 1 - \frac{c_L}{v}$ ausreichend hoch, würde der Markt ohne informierte Kunden zusammenbrechen. Da nur diese Güter nachfragen, bestehen rein positive Auswirkungen für die soziale Wohlfahrt und der Markt ist frei von Betrug. Für eine geringe Schwerewahrscheinlichkeit mit $h < 1 - \frac{c_H}{v}$ nehmen die uninformierten Kunden stets am Markt teil. Es entsteht zusätzlicher Preisbetrug und die informierten Kunden profitieren von einer Umlage ihrer hohen Behandlungskosten. Es steigt aber die soziale Wohlfahrt mit dem Anteil der informierten Kunden, da mehr Bedürfnisse optimal versorgt werden. Lediglich für die verbleibende, mittelhohe Schwerewahrscheinlichkeit können uninformierte Kunden durch den entstehenden Preisbetrug aus dem Markt gedrängt werden, was ein Sinken der sozialen Wohlfahrt zur Folge hat. Dafür muss der Anteil der informierten Kunden mit $k'_{(0,0,1)} < k < k''_{(0,0,1)}$ relativ ausgewogen sein. Abseits dieses Korridors wird die soziale Wohlfahrt durch die Zunahme befriedigter Bedürfnisse gesteigert. Insgesamt besitzt der Anteil informierter Kunden daher nicht-montone Auswirkungen auf die soziale Wohlfahrt in diesem Markt.

Zusammengefasst ergeben sich zwei zentrale Auswirkungen durch die Existenz der informierten Kunden im Wettbewerbsmarkt:

- In erster Linie ist die Verifizierbarkeit des Gutes entscheidend über die Existenz von Auswirkungen informierter Kunden im Wettbewerbsmarkt. Sie bestimmt auch über die Effizienz und den Betrug eines Marktes. In zweiter Linie entscheiden diesbezüglich die Verpflichtung der Kunden und die Haftbarkeit der Verkäufer, wobei die bestehende Verpflichtung von Kunden Auswirkungen der Information zulässt.

- Die Existenz informierter Kunden kann in bestimmten Märkten Preisbetrug an uninformierten Kunden entstehen lassen und dadurch die soziale Wohlfahrt in nicht-monotoner Weise schädigen oder fördern.

Wie die komparative Statik zeigt, entstehen durch Änderungen der Modellparameter keine neuen Gleichgewichte. Während die Anzahl der Verkäufer keine Auswirkungen auf die soziale Wohlfahrt hat, besitzt die Schwerewahrscheinlichkeit einen negativen und der Erfüllungsnutzen einen positiven Effekt. Die Kostenstruktur kann abhängig von den Markteigenschaften unterschiedliche Auswirkungen auf die Wohlfahrt haben. Die Erweiterung des Modells um endogene oder exogene Diagnosekosten führt in den Märkten ohne verpflichtete Kunden zu erwartbaren Änderungen der Gleichgewichte, wobei Besuche insgesamt in ihrer Häufigkeit abnehmen. Dagegen führt eine zusätzlich eingeführte Unterscheidung der Kunden im Hinblick auf ihren Erwartungsnutzen oder ihre Schadenswahrscheinlichkeit zu keinen neuen Gleichgewichten. Es zeigt sich jedoch, dass die unterschiedliche Schadenswahrscheinlichkeit je nach Marktannahmen deutliche Auswirkungen auf die Auszahlungen der Kunden besitzt.

Kapitel 6.

Diskussion und weitere Betrachtungen

6.1. Vergleich der Ergebnisse

Nachdem die Ergebnisse der Märkte ausführlich behandelt und vorgestellt wurden, rückt nun der Hintergrund der beiden Modelle in den Fokus. Dabei werden die Ergebnisse sowohl untereinander als auch mit der existierenden Literatur verglichen. Es zeigt sich, dass sich stellenweise ähnliche Teilresultate in anderen Modellen finden lassen, die gewonnenen Erkenntnisse der hier vorgestellten Modelle jedoch über diese hinaus gehen.

6.1.1. Monopolmodell

Innerhalb einer Monopolsituation hat die Haftung des Experten die bedeutendste Rolle inne. Ist diese im Markt gegeben, kann der Experte die Kunden durch seine Preissetzung optimal behandeln und vereinigt die gesamte Rente des Marktes auf sich. Da es sich um einen typischen Vertrauensgütermarkt handelt, fürchten die Kunden ohne diese Haftbarkeit des Experten eine potentielle Unterversorgung. Im Rahmen einer Preisanpassung kann der Experte zwar bei verifizierbaren Gütern eine ehrliche Behandlung signalisieren, büßt dabei jedoch zu Gunsten der Käufer an Gewinn ein. Ist das Gut nicht verifizierbar, verhindern informierte Kunden zwar einen Marktzusammenbruch, können aber durch ihre höhere Zahlungsbereitschaft die uninformierten Kunden mit einem insgesamt negativen Wohlfahrtseffekt aus dem Markt drängen.

In zwei wesentlichen Punkten weichen diese Ergebnisse von denen der bisherigen theoretischen Literatur ab und werden hierbei von experimentellen Untersuchungen unterstützt: Durch die informierten Kunden besteht im Markt ohne haftenden Experten bei verifizierbarem Gut eine der wesentlichen Abweichungen zu Dulleck und Kerschbamer (2006), die für diesen Fall stets Höchstgewinne des Experten bei maximaler sozialer Wohlfahrt ermitteln. Dies führt auch dazu, dass Dulleck und Kerschbamer über alle vier Märkte ihres Monopolmodells hinweg die Haftbarkeit des Verkäufers und die Verifizierbarkeit des Gutes als gleichwertige Voraussetzungen für Effizienz bei maximalem Gewinn des Verkäufers betrachten. Diese Ergebnisse können experimentell nicht vollständig bestätigt werden. So stellen Dulleck et al. (2011) als Ergebnis für nichtkompetitive Märkte zwar tatsächlich die zentrale Bedeutung der Haftbarkeit heraus, die Verifizierbarkeit des Gutes hat dabei jedoch keine nennenswerten Auswirkungen. Im Hinblick auf diese extreme Hierarchie der beiden Marktannahmen sind die Ergebnisse der hier vorgestellten Arbeit demnach zwischen den theoretischen Ergebnissen von Dulleck und Kerschbamer (2006) und den experimentellen Beobachtungen von Dulleck et al. (2011) anzusiedeln. Dabei wird der Verifizierbarkeit des Gutes zwar eine gewisse Bedeutung eingeräumt, die Haftbarkeit des Experten übertrifft diese jedoch deutlich.

6.1.2. Wettbewerbsmodell

Befinden sich die Verkäufer in einem Wettbewerbsumfeld, wechselt die Bedeutung der Marktannahmen. Durch den Wettbewerb entsteht insgesamt ein den Gesamtgrenzkosten angepasstes Preisniveau, welches in den meisten Märkten das Erreichen der maximalen sozialen Wohlfahrt ermöglicht. Insgesamt verhindert dies jedoch nicht das Auftreten von Betrug. Hierfür ist in erster Linie die Verifizierbarkeit des Gutes entscheidend, welche sowohl die Effizienz als auch die Betrugslosigkeit des Marktes garantiert. Neben der Verifizierbarkeit entscheidet die Verpflichtung der Kunden über die Existenz von Preisbetrug. Ist diese Kaufverpflichtung beim Besuch gegeben, induzieren die informierten Kunden Preisbetrug im Markt, durch den sie auf Kosten der uninformierten Kunden begünstigt werden. Information führt in diesen Fällen zu einer sicheren Nutzensteigerung für Kunden. Ohne Verpflichtung kann eine derartige Veränderung auch bei exogen vorgegeben Preisobergrenzen auftreten. Schlussendlich ermöglicht die fehlende Haftung der Experten den Einfluss informierter Kunden auf die Wohlfahrt, welcher insgesamt positiv oder negativ ausfallen kann. Dabei können ineffiziente Märkte nur bei fehlender Haftung existieren. Während also die Verifizierbarkeit des Gutes dominant über Betrug und Effizienz bestimmt, wirkt die Verpflichtung der Kunden nur zweitrangig auf Betrug und die Haftung der Verkäufer nur zweitrangig auf Effizienz.

Im Gegensatz zu den vorherigen Ergebnissen wird die hierbei gefundene, besondere Position der Verifizierbarkeit sowohl theoretisch als auch experimentell bestätigt. Im Modell von Emons (1997) kommt es nur bei fehlender Verifizierbarkeit der Behandlungen im Wettbewerbsfall zu einer Unterversorgung. Ebenso beobachten Dulleck et al. (2011) experimentell eine Steigerung der Effizienz durch Verifizierbarkeit innerhalb kompetitiver Situationen. Dies ist umso erstaunlicher, als dass die Experimente – im Gegensatz zu dem hier vorgestellten Modell – keinen positiven Effekt durch Wettbewerb auf die Effizienz und den Betrug im Markt feststellen können. Die betrugsbefreiende Kraft der Verifizierbarkeit wird auch von Dulleck und Kerschbamer (2006) beschrieben, allerdings sehen diese zusätzlich die Haftbarkeit als kritische Annahme. Deren Einfluss auf die Effizienz wird durch die Experimente von Dulleck et al. (2011) bestätigt. Darüber hinaus herrscht zwischen allen relevanten Arbeiten Einklang im Bezug auf das geringere Preisniveau durch Wettbewerb. Das bei einer Preisobergrenze gefundene Spezialistengleichgewicht entsteht auch in dem Modell von Wolinsky (1993), wobei der auftretende Preisbetrug an uninformierten Kunden den Ergebnissen von Pitchik und Schotter (1993) und Sülzle und Wambach (2005) ähnelt, wenn die Experten die uninformierten Kunden mit einer positiven Wahrscheinlichkeit betrügen. In den anderen Märkten mit Preisbetrug erfolgt dieser gegenüber den uninformierten Kunden, wie bei Dulleck und Kerschbamer (2006), mit Sicherheit.

6.1.3. Vergleich der Modelle

Die Unterschiede zwischen den beiden Modellen sind vielseitig und ergeben sich aus den Auswirkungen der jeweiligen Marktannahmen und -variablen. Dabei besteht in der

Annahme des vollkommenen Wettbewerbs zwischen den Verkäufern der größte Unterschied. Hier führt der Wettbewerb über sämtliche Märkte hinweg zu Preisen, die den Gesamtgrenzkosten entsprechen. Dadurch ist es für Verkäufer niemals möglich, Gewinne zu erwirtschaften. Verkäufer besitzen demnach nicht mehr die Marktmacht eines Monopols und die Marktrente geht durch die Einführung des Wettbewerbs direkt auf die Käufer über. Zudem erhöht sich durch diese Preissenkung insgesamt der Anteil der effizienten Märkte, wobei das Betrugsniveau auf ähnlicher Höhe bleibt. In diesem Zusammenhang sind die beiden zentralen Annahmen der Verifizierbarkeit und Haftbarkeit zu nennen. Während im Monopolmodell die Haftbarkeit dominiert und sowohl über die mögliche Effizienz als auch das Auftreten betrügerischer Handlungen entscheidet, wird diese Rolle im Wettbewerbsmodell von der Verifizierbarkeit übernommen. Der Hintergrund dieses Wechsels ist insbesondere, dass die Attraktivität des Preisbetruges und damit die Bedeutung der Verifizierbarkeit im Wettbewerb deutlich zunimmt. Hierfür sind die – den Grenzkosten entsprechenden – Behandlungspreise entscheidend, weshalb sich für die Verkäufer eine Unterversorgung im Gegensatz zu einer Situation unter Monopolpreisen nicht lohnt. Nichtsdestotrotz verbleibt der Haftbarkeit im Wettbewerbsmodell und der Verifizierbarkeit im Monopolmodell noch immer eine nennenswerte Wirkung, da beide einen Einfluss auf die Effizienz der jeweiligen Märkte behalten. In ihrer Bedeutung vergleichbar mit der Auswirkung der Haftbarkeit im Wettbewerbsmarkt ist die Verpflichtungsannahme, allerdings in Bezug auf den auftretenden Betrug. Sind die Kunden zum Kauf beim Besuch verpflichtet, entsteht Preisbetrug bei nicht-verifizierbaren Gütern. Nur im Sonderfall eines Markteingriffs durch eine Preisobergrenze kann dieser Preisbetrug trotz einer ungezwungenen Kaufentscheidung auftreten.

Etwas differenzierter zeigen sich die Auswirkungen der Information in den Vertrauensgütermärkten. Sowohl im Monopol- als auch im Wettbewerbsmodell können durch informierte Kunden Schäden oder auch Begünstigungen für die soziale Wohlfahrt und die Effizienz der Märkte entstehen. Dabei sind die Effekte auf die Marktteilnehmer je nach Modell unterschiedlich: Während im Monopolfall der Verkäufer durch die Präsenz informierter Kunden sowohl gewinnen als auch verlieren kann, haben im Wettbewerb stehende Verkäufer keine Präferenzen bezüglich des Anteils an Information im Markt – ihre Gewinne sind davon vollkommen unabhängig. Anders ist es dafür bei den Kunden, je nachdem ob sie zur informierten oder uninformierten Schicht gehören. Innerhalb des Monopolmarktes ist die Informiertheit für Kunden nie von Nachteil und kann in einigen Märkten sogar beiden Kundengruppen einen direkten Vorteil bringen. Es überwiegen dabei zwar die Vorteile für informierte Kunden, aber da diese den Verkäufer auch zu einer allgemeinen Preissenkung bewegen können, profitieren in diesen Fällen ebenso uninformierte Käufer. Umgekehrt ist es dagegen im Wettbewerbsfall, wenn die gesamte soziale Wohlfahrt ohnehin auf Kundenseite liegt. Information ist hierbei nur für die informierten Kunden von Vorteil, denn sie umgehen den möglichen Preisbetrug der Verkäufer und profitieren auf Kosten der uninformierten Kunden. Diese bezahlen höhere Preise, wobei sich die Nachteile für die uninformierten Kunden überproportional zu dem Anteil informierter Kunden verstärken.

Beide Modelle gleichen sich in ihrer Abhängigkeit von den anderen Modellparametern. Eine Erhöhung des Erfüllungsnutzens wirkt sich stets positiv auf die soziale Wohlfahrt aus, während diesbezüglich eine Steigerung der Schwerewahrscheinlichkeit zumeist negative Folgen nach sich zieht. Im Wettbewerb betrifft dies direkt die Käufer, im Monopolmarkt den Verkäufer des Gutes. Im Gegensatz hierzu wirkt sich eine Änderung des Kostenverhältnisses durch zunehmende Kostenunterschiede der Behandlungen weniger eindeutig aus: Im Monopolfall steigt oder sinkt die soziale Wohlfahrt je nach Markt, was sich wiederum auf den Gewinn des Verkäufers auswirkt. Dagegen wirkt sich ein zunehmender Kostenunterschied im Wettbewerbsfall nie negativ für die soziale Wohlfahrt aus, kann jedoch positive wie negative Folgen für die jeweiligen Kundengruppen nach sich ziehen.

6.2. Modell- und Methodenkritik

Kritik an spieltheoretischen Modellen zeigt sich meist in drei verschiedenen Bereichen.[163] Zum einen kann grundsätzlich die Rationalität aller Akteure, insbesondere bezüglich ihrer strengen Nutzenmaximierung, hinterfragt werden. Weiter stellen sich berechtigte Fragen in der Eindeutigkeit und Abgrenzung der Gleichgewichte. Diese Gleichgewichte werden in den jeweiligen Spielen bestimmt, deren Wohldefiniertheit sich ebenso einer kritischen Hinterfragung stellen muss.

Während die Rationalität der Akteure die Spieltheorie allgemein betrifft und in Ausführlichkeit in der verfügbaren Literatur beantwortet wird, betrifft die zweite Frage die Ergebnisse des hier vorgestellten Modells und wird bereits in den Abschnitten der jeweiligen Märkte adressiert.[164] Entscheidend ist an dieser Stelle die dritte Frage, welche sich speziell auf die in diesem Modell gewählten Annahmen und den daraus entstehenden Modellrahmen bezieht. Zwar wurden diese Punkte bereits in den Unterkapiteln 4.1 und 5.1 behandelt, doch dienen die folgenden Abschnitte der Vertiefung einiger besonders kritischer Annahmen. Insgesamt liegt natürlich einer Hinterfragung der Wohldefiniertheit von Modellen immer die Gewissheit zugrunde, dass ein Modell eben ein Modell ist, und damit niemals mehr als eine mehr oder weniger gelungene Abstraktion der Realität. Ebenso ist es offensichtlich, dass verwendete mathematische Vereinfachungen – wie das hier unter anderem bei der Verpflichtung und der Information gewählte Konzept der Binarität – nicht dem realen Zustand entsprechen.

6.2.1. Diskussion kritischer Annahmen

6.2.1.1. Annahme der Verpflichtung

Dem Monopolmodell liegt die implizite Annahme der Kaufverpflichtung von Kunden zugrunde. Dies bedeutet, dass ein Kunde mit dem Besuch des Monopolisten auch zum Kauf des vom Monopolisten empfohlenen Produktes verpflichtet ist. Das vorherige Ein-

---

[163]Siehe hierzu insbesondere Jost (2001c) und Wambach (2001).

[164]Zur Rationalität in der Spieltheorie siehe insbesondere Güth und Kliemt (2001).

holen einer Preisempfehlung ist daher ausgeschlossen, wofür es externe aber auch interne Faktoren gibt.

- Externe Faktoren beziehen sich auf die grundsätzliche Struktur des Marktes. Ein Vertrauensgut besitzt oftmals Eigenschaften, die eine einfache Diagnose nicht erlauben, da die Diagnose mit der Behandlung einhergeht und eine Trennung wirtschaftlich nicht sinnvoll ist.[165] Weiter bleibt der Monopolist die einzige Möglichkeit für eine Behandlung und ein Besuch anderer Verkäufer ist nicht möglich. Der grundsätzliche Vorteil einer Preisempfehlung – der Wechsel zu einem anderen Verkäufer – wird damit hinfällig.

- Interne Faktoren liegen vor allem in der Macht des Monopolisten begründet. Der Monopolist könnte, als einziger Anbieter des Marktes, die Preisempfehlung ohne verpflichtenden Kauf einfach verweigern. Alternativ bestünde für den Monopolisten immer die Option, eine Gebühr für die Preisempfehlung zu verlangen. Diese Gebühr kann so konstruiert werden, dass sie optimalerweise den höchsten Preis auf die Zahlungsbereitschaft der Kunden drückt, wonach diese aufgrund der bereits erfolgten Ausgaben keinen Anreiz mehr zum Verlassen des Marktes haben.[166] Der Monopolist hätte somit immer die Möglichkeit, die fehlende Verpflichtung des Kunden auszuhebeln.

Es sei darauf verwiesen, dass die internen Faktoren ihre Berechtigung für einen Markt mit mehreren Verkäufern verlieren, jedoch verbleibt in einem Wettbewerbsumfeld die Möglichkeit einer Diagnose und Behandlung verbindenden Vertrauensguteigenschaft. Um beiden Möglichkeiten Rechnung zu tragen, wird die Verpflichtung des Kunden zum Kauf eines Produktes als zusätzliche, dritte Annahme im Wettbewerbsmodell des Ka-

---

[165]Ein mögliches Beispiel umfasst die Datenrettung einer beschädigten Festplatte: Hier ist die Gewissheit über die zur Datenrettung benötigten Reparatur erst gegeben, nachdem die Wiederherstellung der Daten geglückt ist.

[166]Die Gebühr sei an dieser Stelle p_D genannt. Für einen Markt mit verifizierbarem Gut, aber ohne haftenden Verkäufer, würde dies beispielsweise bedeuten, dass die Preisstrategie a ein $p_D = p_{H,\text{alt}} - v$ verlangt, mit $p_{H,\text{neu}} = p_{H,\text{alt}} - p_D = v$. Der Erwartungsnutzen eines uninformierten Kunden würde dann immer noch v entsprechen, gleichzeitig entfällt mit dem Aussprechen der Preisempfehlung der Anreiz zum Verlassen des Marktes.

pitel 5 eingeführt, womit die vier Märkte des Monopolmodells weiter unterschieden werden.

6.2.1.2. Annahme des bekannten Käufertyps

Die Offenbarung des Kundentyps mit dessen Besuch beim Experten ist eine naheliegende Annahme, da sich der kundige Käufer im Normalfall deutlich von den unkundigen Käufern abhebt.[167] Ebenso wird der Kunde Gründe zeigen können, weshalb ihm sein Problemtyp bekannt ist. Es sei zur Vollständigkeit der Analyse trotzdem betrachtet, welche Auswirkungen ein dem Verkäufer unbekannter Typ des Käufers hätte. Im Zuge dessen sind zwei zentrale Fälle zu unterscheiden:

1. Der Käufertyp ist durch den Experten überprüfbar, beispielsweise durch eine Offenbarung des Käufers mit Hilfe eines glaubwürdigen Signals.

2. Der Käufertyp stellt sich für den Experten als unüberprüfbar dar. Hierbei kann die Kommunikation diesbezüglich gänzlich eingeschränkt sein oder sämtliche dem Käufer zur Verfügung stehenden Signale sind nicht glaubhaft.

Der erste Fall ist trivial: Sobald der informierte Käufer durch ein Signal einen höheren Nutzen – also $U_i > U_u$ – erreichen kann, wird er seinen Typ offenbaren. Da uninformierte Käufer dieses Signal durch dessen Glaubwürdigkeit nicht nachbilden können, ändert sich nichts an den Gleichgewichten im Markt. Dies ist auch der Fall, bei der es durch eine Selbstselektion der Kunden zu separierenden Gleichgewichten kommt. Dabei besteht kein Unterschied darin, ob sich der Verkäufer in einer Monopol- oder einer Wettbewerbssituation befindet.

Für den zweiten Fall muss eine weitere Annahme des Modells aufgegeben werden, die Nicht-Betrügbarkeit des informierten Kunden. Könnte dieser weiterhin nicht betro-

---

[167]Der Unterschied zwischen den Kundentypen kann offensichtlich sein, beispielsweise durch Aussehen oder verliehene Titel. Dabei findet keine bewusste Offenbarung der informierten Kunden statt. Beispielsweise fällt die Bekanntheit der Akteure im sozialen Netzwerk der Ärzte einer bestimmten Region aus der Studie von Domenighetti et al. (1993) in diese Kategorie. Alternativ dazu steht die bewusste oder billigend in Kauf genommene Selbstoffenbarung. So kann bei Balafoutas et al. (2013) von Taxifahrern das Sprechen eines regionalen Dialektes als Zeichen der Informiertheit eines Kunden gedeutet werden.

gen werden, wäre sein Typ für den Experten offensichtlich. Eine derartige Offenbarung ist jedoch im zweiten Fall ausgeschlossen. Die einzige Unterscheidung zwischen einem informierten und einem uninformierten Kunden bleibt somit, dass ersterer Gewissheit über seinen Problemtyp besitzt. Es ist nun weiter entscheidend, wie die Kommunikation zwischen Käufer und Verkäufer abläuft. Dabei können erneut zwei Fälle unterschieden werden:

2a) Der Kunde wählt die Behandlung selbst aus. In diesem Fall muss der Verkäufer von seiner möglichen Haftung entbunden werden, da der Kunde auch eine Unterversorgung wählen kann.

2b) Der Verkäufer hat das letzte Wort und wählt die Behandlung. Die Haftbarkeit des Verkäufers kann demnach erhalten bleiben, sofern sie im Markt vorliegt.

Sämtlichen Konstruktionen des Kommunikationsablaufs liegt im Endeffekt eine dieser beiden Möglichkeiten zu Grunde.[168] Dabei ist die Möglichkeit des letzten Wortes des Experten gleichbedeutend mit einer Gleichbehandlung aller Kunden: Da der Experte nun alle Kunden betrügen kann, wählt er im Endeffekt jede Behandlung selbst. Somit wird effektiv gesehen der Unterschied zwischen informierten und uninformierten Kunden für den Experten aufgehoben. Da die informierten Kunden jedoch weiterhin über ihr Bedürfnis informiert sind, besteht nach wie vor deren Möglichkeit, den Markt ohne Expertenbesuch zu verlassen. Dies führt in bestimmten Märkten zu einem veränderten Auftreten der bisherigen Gleichgewichte. Im Monopolfall ändern sich als Ergebnis einer solchen Modellierung die Gleichgewichte der Märkte ohne Haftung, da hier die informierten Kunden von der Möglichkeit des Marktaustritts Gebrauch machen werden. Im Wettbewerbsmodell sind in ähnlicher Weise die Märkte ohne verifizierbares Gut betroffen.

---

[168]Es sei angenommen, der Kunde wählt eine Behandlung, der Verkäufer besitzt jedoch anschließend ein Veto-Recht. Der Verkäufer würde dann immer, sobald es für ihn besser wäre, dieses Veto-Recht ziehen. Er hätte damit stets das letzte Wort. Bestünde für den Kunden jedoch anschließend die Möglichkeit, auf seiner Meinung bestehen zu bleiben, bedeutet dies im Endeffekt die Wahl der Behandlung durch den Kunden, auch wenn diese Wahl durch die Empfehlung des Experten beeinflusst sein könnte.

Auch falls die Kunden ihre Behandlung selbst bestimmen können, sind grundlegende Änderungen der Gleichgewichte zu beobachten. So könnten uninformierte Kunden bei verifizierbaren Gütern stets die teure Behandlung wählen und damit eine potentielle Überversorgung in Kauf nehmen. Je nach Modellierung der Kommunikation ist zudem ein kompliziertes, strategisches Verhalten der beiden Akteure möglich, welches dem Experten – auch ohne glaubhaftes Signal – Hinweise auf den Typ des Kunden vermitteln könnte. Im Bereich der Vertrauensgüter bietet sich demnach sowohl im Monopol- als auch im Wettbewerbsmodell Raum für weitere Forschung. Diese führt jedoch an dieser Stelle weg vom Ziel der bisherigen Analyse, welches nicht die Untersuchung der strategischen Kommunikation zwischen verschiedenen Käufertypen und einem oder mehreren Verkäufern darstellt.

6.2.1.3. Annahme der bekannten Besuchsreihenfolge

Im Normalfall wird es für einen Verkäufer nicht absehbar sein, ob der Kunde bereits vorher mit anderen Verkäufern gesprochen hat. Deutlich seltener wird auch der Inhalt einer Empfehlung bei vorherigen Besuchen für nachfolgende Verkäufer beobachtbar sein. Zwar kann der Kunde dem Verkäufer von vorherigen Besuchen erzählen, doch ist es fraglich, ob er dies tun sollte. Es seien deshalb drei Möglichkeiten mit deren Einflüssen auf die einzelnen Märkte mit deren jeweiligen Gleichgewichten betrachtet:

1. Der Verkäufer kann beobachten, welche anderen Verkäufer der Kunde vorher besucht hat.[169]

2. Der Kunde kann dem Verkäufer nur glaubwürdig mitteilen, welche anderen Verkäufer er vorher besucht hat. Dabei kann er nicht beweisen, einen Verkäufer noch nicht besucht zu haben.

3. Der Kunde kann dem Verkäufer sowohl den Besuch als auch den nicht-Besuch von

---

[169]Durch Rückwärtsinduktion kann der Verkäufer damit auch das bei den vorangegangenen Besuchen jeweils angebotene Produkt herleiten. Eine explizite Mitteilung des Kunden ist hierüber nicht notwendig und somit bedeutungslos.

Verkäufern glaubwürdig mitteilen.[170]

Offensichtlich ohne Bedeutung sind diese drei Fälle für sämtliche Märkte mit aktiver Kaufverpflichtung des Kunden, da hier der Kunde den Verkäufer nicht wechseln kann. Dagegen können in den restlichen Märkten Veränderungen nicht direkt ausgeschlossen werden, da die neue Informationslage Einfluss auf den Spielbaum – und damit das gesamte Spiel – nimmt.

Um den Einfluss der Besuchsreihenfolge hervorzuheben, sei der erste Fall beim Markt ohne verifizierbarem Gut und mit haftendem Verkäufer bei festgesetzter Preisobergrenze angenommen. Dabei würde der uninformierte Käufer bei einer p_H-Empfehlung stets solange den Verkäufer wechseln, bis er den letzten Experten erreicht hat und er bei diesem das Gut kauft. Da nun jedoch jeder Experte weiß, ob noch weitere Experten als Besuchsoptionen für den Kunden verbleiben, sind diese nicht mehr indifferent bezüglich ihres Preisbetruges. So hat der vorletzte Experte keinen Anreiz p_H zu verlangen, da dann der Kunde sicher weiterziehen würde. Der Experte würde somit stets p_L empfehlen, um sich etwas Gewinn zu sichern. Dies antizipieren die Experten vor ihm, weshalb dem Kunden mit geringem Problem direkt beim ersten Besuch p_L angeboten würde. Ähnlich verhält sich das Ergebnis im dritten Fall der bekannten Besuchsreihenfolge, da ein Kunde hier jedem Experten glaubwürdig darlegen könnte, an welcher Stelle des Besuchs er sich befindet. In beiden Fällen müsste p_L als Konsequenz durch den Wettbewerb auf die Grenzkosten sinken. Im Gegensatz dazu ist im zweiten Fall keine Änderung zu erwarten: Der Kunde kann nur dem letzten Experten glaubwürdig seine Position darlegen. Dies würde ihn jedoch stets zur Empfehlung von p_H verleiten, da der Kunde dieses Angebot sicher annehmen würde. Gibt der Kunde stattdessen nur ein Teil seiner absolvierten Besuche preis, so steigt die Wahrscheinlichkeit des Experten, dass er sich an der letzten Stelle befindet. Dies zerstört wiederum dessen Indifferenz zwischen p_H und p_L, da die Annahmewahrscheinlichkeit des Kunden α_L steigt, weshalb eine Empfehlung von p_H durch den Verkäufer sicher erfolgt.

---

[170]Der Unterschied zwischen den Fällen 2 und 3 besteht in der Möglichkeit der vollständigen Darlegung der nicht durchgeführten Besuche im dritten Fall. So kann ein Käufer im zweiten Fall nicht beweisen, dass er noch überhaupt keinen Verkäufer besucht hat.

Die verbleibenden drei Märkte ohne Verpflichtung, sowie der zuvor betrachtete Markt bei freien Preisen, unterscheiden sich bei fehlender Bekanntheit der Besuchsreihenfolge in der maximal möglichen Anzahl an Besuchen im Gleichgewicht für uninformierte Kunden: Mit verifizierbaren Gütern findet genau ein Besuch statt, ohne eine Verifizierbarkeit sind es höchstens zwei Besuche. Den vier Märkten ist jedoch gemein, dass die Besuchsreihenfolge der Kunden in den jeweiligen Gleichgewichten durch die Experten antizipierbar ist. Jeder Experte in einem Markt mit verifizierbaren Gütern weiß offensichtlich, dass er der zuerst besuchte Verkäufer ist. Ebenso ist dies jedem Experten des Typs 2 bei den nicht-verifizierbaren Gütern bekannt, während die Verkäufer des Typs 1 nur Kunden mit großem Schaden bei ihrem zweiten Expertenbesuch erwarten dürfen. Für sämtliche ermittelten Gleichgewichte ist damit die Bekanntheit der Besuchsreihenfolge bereits erreicht, ohne dass eine explizite Annahme derselben durch einen der drei Fälle erfolgt ist. Damit stellen diese Gleichgewichte in jedem der drei Fälle zumindest Nash-Gleichgewichte dar.[171]

Es kann festgehalten werden, dass eine Bekanntheit der Besuchsreihenfolge – in welcher Form auch immer – nur in wenigen Märkten Auswirkungen auf die ermittelten Gleichgewichte besitzt. Zudem bleibt die Kritik der fehlenden Realitätsnähe einer solchen Annahme bestehen. Der erste Fall eines vollständig beobachtenden Experten im Wettbewerbsumfeld ist schwer vorstellbar. Ebenso ist der dritte Fall, dass ein Kunde glaubhaft den Nicht-Besuch eines bestimmten Experten beweisen kann, ungewöhnlich. Der zweite Fall scheint der Realität am Nächsten zu kommen, bleibt jedoch in sämtlichen betrachteten Märkten ohne nennenswerte Auswirkungen: Der Kunde würde es stets vorziehen, seine vorherigen Besuche zu verschweigen.

6.2.1.4. Annahme umsatzmaximierender Preise

Diese Annahme besagt, dass sich ein Unternehmen bei Indifferenz zwischen zwei Optionen für die Option entscheidet, welche mehr Umsatz erwirtschaftet. Aus Sicht des

---

[171]Die Teilspielperfektheit der Nash Gleichgewichte ist dadurch nicht bewiesen. Auf deren Beweisführung wird an dieser Stelle verzichtet, da sich diese analog zu den Fällen ohne Bekanntheit der Besuchsreihenfolge verhält.

Modells ist das nötig, um zu hohe Preise – und damit einhergehende, unsinnige Gleichgewichte – zu vermeiden. Als Beispiel sei Markt $(1,1,1)$ betrachtet, dessen Preise im Wettbewerb mit $p_H = c_H$ und $p_L = c_L$ den Grenzkosten der jeweiligen Behandlungen entsprechen. Der Gewinn der Unternehmen ist damit $\Pi_{(1,1,1)} = 0$. Ohne die Annahme hätte ein Unternehmen eines neuen Typs 2 keinen Anreiz, von eigenen Preisen $p_{H2} > c_H$ und $p_{L2} > c_L$ abzuweichen, da es nie mehr als $\Pi_{(1,1,1;2)} = 0$ erwirtschaften könnte. Ein Gleichgewicht wäre erreicht. Unter den genannten Preisen wird das Unternehmen jedoch keinen Umsatz erzeugen, weshalb es quasi nicht am Markt teilnimmt. Dies widerspricht dem eigentlichen Zweck eines Unternehmens, weshalb solche extremen Preissetzungen – die zwar theoretisch möglich sind – vermieden werden. Eine alternative Argumentation ist die Fokussierung auf Unternehmen, deren tatsächliches Ziel es ist, aktiv am Markt zu partizipieren.

6.2.1.5. Annahme der Besuchszahlminimierung

Diese Annahme muss getroffen werden, damit der Kunde bei einem Verkäufer ein Gut kauft, selbst wenn dieses zum selben Preis auch bei anderen Verkäufern verfügbar ist. Anderenfalls wäre er aufgrund des gleichen Preises indifferent zwischen dem Kauf des Angebotes seines zuerst besuchten Verkäufers und des Besuchs eines weiteren Verkäufers. In anderen Modellen wird diese Annahme durch eine Implementation von Besuchskosten, beispielsweise in der Form von Wechselkosten oder Diagnosekosten, nicht benötigt.

6.2.2. Diskussion des Modellrahmens

6.2.2.1. Kosten der Informationsbeschaffung

Das Modell geht von bereits informierten oder uninformierten Kunden aus. Dabei ist der Anteil der informierten Kunden k exogen vorgegeben und die Auswirkungen informierter Kunden sind der wesentliche Untersuchungsgegenstand der Analyse. Aus einer anderen Perspektive heraus unterlässt das Modell aus Vereinfachungsgründen einen ursprünglichen Schritt, nämlich der Wandel von uninformierten Kunden zu informierten

Kunden durch die Beschaffung von Information. Hierbei ist es offensichtlich, dass die Informationsbeschaffung mit verschiedenen Aufwendungen einhergehen muss und damit Kosten der Informationsbeschaffung bestehen. Eine naheliegende Erweiterung des Modells ist hiernach die Einführung von Kosten einer Informationsbeschaffung, für die sich uninformierte Kunden – in einer dem Besuch vorgelagerten Stufe des Modells – informieren können. Da davon auszugehen ist, dass die Kunden einen unterschiedlichen Zugang zu Informationen haben, müssen auch die Kosten der Informationsbeschaffung unterschiedlich ausfallen.

Eine Form der Modellierung ist die Einführung zweier Kundengruppen h und l, die je nach Gruppenzugehörigkeit entweder mit c_{Ih} hohe oder mit c_{Il} niedrige Kosten der Informationsbeschaffung c_I besitzen.[172] Da es für die Analyse grundsätzlich unerheblich ist, ob bereits informierte Kunden im Markt existieren, wird zur Vereinfachung die ex ante Nichtexistenz informierter Kunden angenommen. Weiter sei angenommen, dass stets $0 \leq c_{Il} < c_{Ih} < v$ erfüllt ist und die Kundengruppen h und l sämtliche Käufer umfassen und sich deshalb zu 1 ergeben. Entscheidend ist nun, ob durch die Akquirierung von Information insgesamt eine Nutzensteigerung erzielt werden kann. Dabei können drei verschiedene Zustände unterschieden werden:

1. $U_i \leq U_u \vee U_i - U_u \leq c_{Il}$: Die Akquirierung von Information bietet keine Vorteile oder die aufzuwendenden Kosten übersteigen den zusätzlichen Nutzen. Demnach hat kein Kunde einen Anreiz, sich zu informieren.

2. $U_i > U_u \wedge c_{Il} < U_i - U_u \leq c_{Ih}$: Es werden nur Kunden mit geringen Kosten der Informationsbeschaffung investieren. Dies geschieht solange, bis entweder ein anderer Fall erreicht wird oder alle l-Kunden informiert sind.[173]

---

[172]Es besteht auch die Möglichkeit der Einführung eines individuellen Faktors, welcher zufällig in einem Bereich zwischen 0 und 1 für jeden Kunden bestimmt und mit den Kosten der Informationsbeschaffung kombiniert wird. Diese Option ist in der Herleitung ihrer Ergebnisse weniger intuitiv, bei identischem Erklärungsgehalt.

[173]Hierbei sind die marginalen Werte entscheidend. So kann – beispielsweise unter $\frac{\partial U_i - U_u}{\partial k} < 0$ – der Erwartungswert der Informationsbeschaffung auf $U_i - U_u = c_{Il}$ sinken. Dies hätte den ersten Fall zur Folge, womit der Anreiz zur Informationsbeschaffung verloren ginge.

3. $U_i > U_u \wedge c_{Il} < c_{Ih} < U_i - U_u$: In diesem Fall ist es für alle Kunden nützlich, sich zu informieren. Gilt $\frac{\partial U_i - U_u}{\partial k} \geq 0$ im Markt, wird kein anderer Zustand mehr erreicht und $k \to 1$.

Je nach Ausgangssituation wird einer der drei Zustände erreicht und die Kunden werden sich entsprechend informieren. Dementsprechend sind im Gleichgewicht entweder mit $k = 1$ alle Kunden informiert oder es übersteigt bei den uninformierten Kunden der Grenznutzen der Information nicht deren Grenzkosten. An dieser Stelle bietet sich in weiterführenden und insgesamt tiefer gehenden Modellierungen Raum für zukünftige Forschung. So ist beispielsweise die Abbildung abnehmender Grenzkosten von c_{Ih} und c_{Il} bei einem zunehmenden Anteil informierter Kunden k denkbar, welche zu einem stärker strategisch ausgeprägtem Verhalten der Käufer bezüglich ihrer Informationsbeschaffung führen würde.

6.2.2.2. Erneuter Besuch bei Unterversorgung

Es besteht theoretisch ohne Weiteres die Möglichkeit, das Spiel zu wiederholen und damit zwei Behandlungen zuzulassen. Dies würde nur im Fall nicht-haftender Verkäufer Sinn ergeben, da anderenfalls kein weiterer Besuch nötig wäre. Demnach könnte ein Kunde, sollte sein Problem nicht behoben worden sein, von einem großen Problemtyp ausgehen und als informiert gelten. Ebenso wäre es denkbar, dass sich uninformierte Kunden zunächst speziell die günstige Behandlung geben lassen, um anschließend, bei Unterversorgung, die teure Behandlung zu verlangen.

Trotz der prinzipiellen Möglichkeit einer solchen Erweiterung widerspricht diese den grundlegenden Eigenschaften von Vertrauensgütern: Wie im Abschnitt 2.1.4 dargestellt, sind neben der äußerst geringen Häufigkeit von Transaktionen insbesondere die Gründe für den nicht erreichten Erfüllungsnutzen bei Vertrauensgütern unklar. Diese stellen sich – wenn überhaupt – erst nach einer deutlichen Verzögerung heraus, was im Ergebnis der nicht-haftenden Verkäufer einen der zentralen Unterschiede des Vertrauensgutes zum Erfahrungsgut darstellt. Ein wiederholtes Spiel bedingt jedoch zwangsläufig den optional nicht erreichten Erfüllungsnutzen und damit die nicht-haftenden Verkäufer.

Es entsteht ein Widerspruch, welcher die Modellierung einer solchen Erweiterung zur Absurdität führt.

6.2.2.3. Wechselkosten

Wechselkosten sind Kosten, die der Kunde erleidet, wenn er das Angebot eines Verkäufers ablehnt und zu einem anderen Verkäufer geht. Sie sind dem zusätzlichen Aufwand des Käufers beim erneuten Aufsuchen eines Verkäufers geschuldet. Damit verhalten sich die Wechselkosten prinzipiell wie die bereits vorgestellten Diagnosekosten ab dem zweiten Besuch, während der erste Besuch kostenfrei bleibt. Es ergeben sich dementsprechend keine Marktveränderungen für die Märkte, in denen maximal ein Besuch des Kunden stattfindet. In den beiden verbleibenden Märkten, denen ohne eine Verpflichtung des Kunden und ohne ein verifizierbares Gut, ist die Höhe der Wechselkosten entscheidend: Der Kunde antizipiert, dass er im Fall eines großen Problems den Verkäufer wechseln muss und somit die Wechselkosten – von nun an η genannt – mit einer Wahrscheinlichkeit h erleidet. Für ausreichend hohe Wechselkosten von $\eta > \frac{v-(1-h)c_L - hc_H}{h}$ kommt es demnach zum Marktversagen und die uninformierten Kunden werden die Experten nicht besuchen.[174] Ist im Markt $(0,1,0)$ eine Preisobergrenze aktiv, bestimmt ebenso die Höhe der Wechselkosten ob der Kunde zu einem anderen Verkäufer weiterzieht oder ob er das Gut direkt beim ersten Experten kauft.

Insofern unterscheidet sich die Analyse der Wechselkosten nicht deutlich von der Analyse der Diagnosekosten. Zudem ist eine explizite Annahme des Modells, die der Kaufverpflichtung, durch die Wechselkosten gestärkt: Bei ausreichend hohem Wert implizieren die Wechselkosten einen Markt mit Kaufverpflichtung des Kunden, ohne dass diese explizit angenommen wurde. Da eine der Begründungen für eine Kaufverpflichtung des Kunden die Existenz hoher Wechselkosten ist, ergibt sich hier ein stimmiges Bild.

---

[174]Zur Erfüllung von $\eta > \frac{v-(1-h)c_L - hc_H}{h}$ muss mindestens $v < h\eta + c_H$ gegeben sein. Die Wechselkosten η können also größer als die Diagnosekosten γ werden, ohne dass es zum Marktversagen kommt.

6.2.2.4. Unterschiedliche Kosten bei den Verkäufern

Bei Einführung unterschiedlicher Kosten innerhalb eines Preiswettbewerbs nach Bertrand wird das Unternehmen mit den geringsten Grenzkosten die Preise so setzen, dass die Grenzkosten der Wettbewerber minimal unterboten werden. Damit vereinigt das kostengünstigste Unternehmen die gesamte Nachfrage des Marktes auf sich und erreicht Gewinne. Dieses Verhalten ist auch im Wettbewerbsmodell zu Vertrauensgütern möglich. Es sei angenommen, dass ein Verkäufer 1 existiert, der gegenüber sämtlichen anderen Verkäufern Kostenvorteile mit $c_{H1} < c_{Hx}$ und $c_{L1} < c_{Lx}$, bei $x \in \{2, ..., n\}$, besitzt. Für die Märkte mit verifizierbarem Vertrauensgut wird Experte 1 dann mit Preisen von $p_{H1} = c_{Hx} - \epsilon$ und $p_{L1} = c_{Lx} - \epsilon$ nach dem gängigen Schema abweichen und Gewinne erwirtschaften.[175]

Ohne verifizierbare Güter führt eine ähnliche Strategie des Experten 1 nicht zwangsläufig zu einem Gleichgewicht. Beispielsweise führt die Unterbietung der Grenzkosten der Wettbewerber um ϵ im Markt $(0,0,0)$ zu einem Anreiz für den Verkäufer 1, stets p_{L1} zu empfehlen, unabhängig vom Schadenstyp des Kunden. Damit droht den uninformierten Käufern die Unterversorgung und das ehemals glaubwürdige Signal der Verkäufer geht verloren. Da eine solche Modellerweiterung insgesamt den Fokus von der Untersuchung der Information im Markt nimmt – und sich zudem das Ergebnis nicht ohne eine intensive Analyse ermitteln lässt – wird an dieser Stelle deshalb die oberflächliche Betrachtung der unterschiedlichen Grenzkosten mit dem Verweis auf weitere Forschungsmöglichkeiten beendet.

6.2.2.5. Unterschiedliche Wettbewerbssituationen

Durch eine Verbindung beider Modelle könnten unterschiedliche Wettbewerbssituationen für die Verkäufer modelliert werden. Ein derartiges Modell würde einen Markt betrachten können, der sich – in Abhängigkeit von äußerlichen Faktoren – sowohl mono-

---

[175]Da der Preisbetrug ausscheidet, und der Experte somit nur über- oder unterversorgen kann, ist Experte 1 bei dieser Preisgestaltung aufgrund des gleichen Gewinns weiterhin indifferent zwischen den Behandlungen. Er entscheidet sich damit – gemäß der Annahmen – für die ehrliche Behandlung.

polistisch als auch kompetitiv darstellt.[176] Hierbei müssten einerseits die Käufer anhand ihrer Mobilität unterschieden werden, als auch die Verkäufer anhand ihrer jeweiligen Position. Es ist jedoch insgesamt in Frage zu stellen, inwiefern ein derartiges Modell zu Erkenntnissen führt, welche über die bereits gewonnenen Ergebnisse der beiden Modelle hinausgehen. Da die grundsätzlichen Tendenzen der jeweiligen Märkte ermittelt sind, ist bei einer Vermischung durch die höhere Komplexität vor allem auch ein differenzierteres Ergebnis zu erwarten, welches jedoch einer Verbindung der bisherigen Erkenntnisse entsprechen sollte. Demnach bietet sich zwar Raum für zukünftige Analysen, deren zusätzlicher Erklärungsgehalt ist allerdings als unsicher einzustufen.

6.3. Ansatzpunkte für weitere Forschung

Die beiden in dieser Arbeit vorgestellten Modelle bieten eine erste und umfassende Analyse der Auswirkungen informierter Kunden auf Vertrauensgütermärkte. Hierbei zeigt sich Potential für weitere Forschung in der Kreierung eines neuen Modellrahmens für einen Teilbereich der Vertrauensgütermärkte. Ebenso eröffnet sich Raum in einer Vertiefung der hier vorgestellten Modelle an verschiedenen, zentralen Anknüpfungspunkten.

Durch Anpassungen der Modelle könnte der von Dulleck et al. (2011) angesprochene und im Abschnitt 2.1.4 vorgestellte, zweite Literaturstrang untersucht werden. Dabei würden die Käufer zwar exakte Informationen über die Ausgestaltung ihrer Bedürfnisse besitzen, könnten jedoch in keinem Fall die Qualität des Vertrauensgutes evaluieren. Somit würde die zweite Teilmenge der Informationsasymmetrie in Vertrauensgütermärkten aufgelöst werden, während die erste erhalten bleibt. In der bisherigen Literatur findet sich keine derartige theoretische Untersuchung, auch wird diese Art von Vertrauensgütermärkten in keinem erweiterten Modellrahmen abgebildet. Nützlich könnte sich jedoch ein derartiger Modellrahmen zur Untersuchung von Täuschungen bei Lebensmittelmärkten – auch beispielsweise in Verbindung mit Öko-Zertifizierungen

---

[176]Beispiele der Realität könnten Arztpraxen oder Werkstätten sein, die in ländlicher Gegend weniger häufig vorzufinden sind. Ebenso könnte über ein derartiges Modell auch abgebildet werden, dass für einige Kunden – beispielsweise durch den Zugang zu Internetapotheken – Zusatzoptionen gelten.

– erweisen. Geschlossen könnte diese Forschungslücke durch eine Änderung der grundsätzlichen Annahmen des in dieser Arbeit vorgestellten Modells werden: Indem die informierten Kunden bezüglich Ihrer Behandlung unwissend würden, würde ein Betrug informierter Kunden ermöglicht. Dabei könnten die Kunden mit $k = 1$ gänzlich informiert sein, in Anlehnung an Feddersen und Gilligan (2001), oder heterogen mit $0 < k < 1$ modelliert werden, wie von Baksi und Bose (2007) vorgestellt. Beide Fälle würden grundlegende Änderungen in den Annahmen nach sich ziehen, es würden jedoch durch die Aufrechterhaltung der ersten Teilmenge der Informationsasymmetrie weiterhin Vertrauensgütermärkte bestehen.

Vier verschiedene Anknüpfungspunkte ergeben sich aus den Erweiterungen und der Kritik zur Wohldefiniertheit des Modells. Sollte sich der Typ des Käufers für die Experten als nicht beobachtbar herausstellen, so lassen sich sowohl im Monopol- als auch im Wettbewerbsmodell grundlegende Änderungen für den Fall erahnen, dass die Kunden die schlussendliche Entscheidungsmacht über ihre Behandlung besitzen.[177] Beispielsweise könnten die Kunden durch die Wahl der teureren Behandlung eine Überversorgung willentlich in Kauf nehmen oder sich von der Empfehlung des Experten anleiten lassen. Ein weiterer Anknüpfungspunkt besteht in einer zusätzlichen Heterogenität der Kunden in Bezug auf deren Erfüllungsnutzen. Durch eine Änderung der Modellierung in Anlehnung an Fong (2005) könnte diese umfassend eingeführt werden, wobei durch die Existenz der informierten Kunden damit insgesamt vier unterschiedliche Kundentypen entstehen würden.[178] Dies könnte zu weiteren Erkenntnissen über das ausgeprägte Betrugsverhalten von Experten führen. Der dritte Punkt umfasst die angesprochene Modellierung von abhängigen Kosten einer Informationsbeschaffung für Kunden.[179] Es ist hierbei eine naheliegende Annahme, dass sich für einen uninformierten Kunden die Grenzkosten der Informationsbeschaffung als abhängig von der Anzahl informier-

---

[177]Siehe hierzu die Ausführungen im Abschnitt 6.2.1.2.

[178]Die Diskussion der Heterogenität der Kunden in Bezug auf deren Erfüllungsnutzen findet im Detail unter 4.4.2 und 5.4.2 statt. Die Modellierung von Fong wird im Unterabschnitt 3.2.4.2 auf Seite 56 näher vorgestellt.

[179]Siehe hierzu die Ausführungen im Abschnitt 6.2.2.1.

ter Kunden darstellt. In diesem Zusammenhang könnte das Informationsverhalten von Kunden stärker untersucht werden. Als letzter Punkt zeigt sich eine Modellierung unterschiedlicher Behandlungskosten der Verkäufer. In Märkten ohne verifizierbare Güter würden so Anreize entstehen, die zu neuen Gleichgewichten führen könnten.

6.4. Implikationen für die Praxis

Aus den theoretischen Untersuchungen zu den Auswirkungen heterogener Kunden in Vertrauensgütermärkten lassen sich eine Vielzahl von Implikationen für die Praxis ableiten. Dabei beinhalten die meisten Handlungsempfehlungen den gemeinsamen, grundsätzlich bedingten Punkt einer eingehenden Untersuchung der Marktgegebenheiten, da diese in erster Linie entscheidend für die Ergebnisse und Gleichgewichte des zu betrachtenden Marktes sind. Die Marktgegebenheiten beschränken sich dabei nicht nur auf die drei in den Modellen behandelten Annahmen zur Verifizierbarkeit, Haftung und Verpflichtung, sondern betreffen insbesondere auch die den Modellen übergeordnete Unterscheidung im Hinblick auf das kompetitive Umfeld der Anbieter. Je nachdem ist eine Ermittlung oder Abschätzung weiterer Marktparameter hilfreich.

Als potentieller Käufer eines Vertrauensgutes ist es nach einer ersten Analyse der Marktgegebenheiten ersichtlich, ob mehr Information bezüglich des Vertrauensgutes theoretisch zu einer Nutzensteigerung führen sollte. In Abhängigkeit dieses Ergebnisses kann weiter überlegt werden, inwiefern eigenes Wissen zum Vertrauensgut vorhanden ist oder relativ leicht beschafft werden kann. Außerdem ist eine Abschätzung über das Informationsniveau der anderen Kunden hilfreich. Hierbei ist zu beachten, dass sich Information niemals nachteilig für den einzelnen Kunden auswirken kann, sondern sich im schlechtesten Fall lediglich neutral verhält. Dazu in Verbindung steht jedoch die Erkenntnis, dass die allzu freie Weitergabe von Informationen ohne Gegenleistung an andere Kunden grundsätzlich nicht zu empfehlen ist, da sich eine Zunahme des Anteils informierter Kunden nie für den einzelnen, bereits informierten Kunden als vorteilhaft darstellen wird.

Für die Verkäufer sind die Praxisimplikationen stark vom kompetitiven Umfeld abhängig. Nur falls dieses schwach ausgeprägt ist, bestehen effektive Handlungsmöglichkeiten. Zum einen zeigt sich die Haftbarkeit des Verkäufers als entscheidend. Fehlt diese, gereicht es dem Gewinn des Verkäufers zum Nachteil, da er uninformierte Kunden bezüglich ihrer drohenden Unterversorgung in Sicherheit wiegen muss. An dieser Stelle wäre daher die Einführung einer Zufriedenheitsgarantie zu überlegen, selbst wenn sich eine Unterversorgung auch auf andere Umstände zurückführen lassen könnte. Die Kosten einer derartigen Garantie könnten von den zusätzlichen Einnahmen der optimalen Preissetzung übertroffen werden. Zum anderen sollten Verkäufer in einer schwach ausgeprägten Wettbewerbssituation versuchen, durch den Aufbau von Markteintrittsbarrieren oder glaubwürdigen Drohungen diesen Zustand möglichst lange zu konservieren. Der Hintergrund hierzu ist, dass sich im Wettbewerbsmodell für die Unternehmen keinesfalls Gewinne erwirtschaften lassen und Verkäufer daher angehalten sind, diese Situation zu vermeiden. Je nach Marktsituation kann es für den Verkäufer zudem hilfreich sein, die Verbreitung von Informationen durch Intransparenz, und damit der Aufrechterhaltung der Informationsasymmetrie, zu behindern, oder durch aktive Wissensweitergabe zu fördern. Letzteres ist insbesondere dann hilfreich, wenn sich nur die informierten Kunden zur Marktteilnahme entscheiden.

Bei weiteren Akteuren mit Interesse an den Vertrauensgütermärkten handelt es sich insbesondere um den Staat und Verbraucherschutzorganisationen, ferner auch um mögliche Unternehmensgründer. Im Bezug auf den Staat steht die Förderung der sozialen Wohlfahrt im Vordergrund. Hierbei ist ein Abbau von Informationsasymmetrie nur bedingt zu empfehlen, da mehr informierte Kunden in manchen Märkten nachweislich negative Auswirkungen auf die Gesamtwohlfahrt besitzen. Zwar ist das Wohlfahrtsmaximum stets für den Fall einer mit $k = 1$ homogenen, vollständig informierten Käuferschicht erreicht, ob ein derartiges Ergebnis jedoch im Bereich des Möglichen liegt, ist zu bezweifeln. Ebenso kritisch zu sehen sind regulatorische Eingriffe in den Preismechanismus der Vertrauensgütermärkte. Wie festgestellt wurde, kann eine Preisobergrenze die Effizienz des Marktes gefährden und zu Betrug führen. Vielversprechender sind dagegen Optionen des Staates zur Einführung einer stärkeren Haftung für Verkäufer, beispielsweise durch eine Erleichterung der Durchsetzung von Ansprüchen betrogener Käufer oder eine Umkehr der Beweispflicht in manchen Bereichen.[180] Verbraucherschutzorganisationen, die grundsätzlich am Kundennutzen interessiert sind, sollten ebenso vorsichtig im Umgang mit Informationen sein, da diese nicht allen Kunden zugutekommen. Zur Steigerung des Kundennutzens ist vielmehr der Abbau von Wettbewerbsbeschränkungen sinnvoll, da auf einem Wettbewerbsmarkt die Marktmacht vollständig auf Käuferseite liegt und der Kundennutzen dort am größten ist. Als letztes seien mögliche Unternehmensgründer genannt, die ein Interesse an der Bereitstellung von Informationen haben könnten. Beispielsweise könnten Honorarberater in den Vertrauensgütermärkten gegen ein fixes Entgelt konsultiert werden, in denen informierte Kunden einen Nutzenvorsprung besitzen. Ebenso wäre in solchen Märkten der Betrieb einer Plattform zum Informationsaustausch denkbar, wobei informierte Kunden ihr Wissen gegen eine Bezahlung durch uninformierte Kunden weitergeben.

---

[180]Ersterer Weg wurde bereits innerhalb der Finanzmärkte beschritten. Beispielsweise sind seit Anfang 2010 nach § 34 Absatz 2a des Wertpapierhandelsgesetzes WpHG (2014) ausführliche Beratungsprotokolle bei Anlageberatungen zu führen. Ebenso ist seit November 2012 ein Mitarbeiter- und Beschwerderegister zu pflegen, wobei Michel und Yoo (2013) dessen kontinuierliche Prüfung durch die Bundesanstalt für Finanzdienstleistungsaufsicht (BaFin) beschreiben.

Kapitel 7.

Fazit

Diese Arbeit untersucht die Auswirkungen informierter Kunden in Vertrauensgütermärkten, die unter anderem Teile des Gesundheitswesens, des Finanzwesens oder des
Automobilmarktes darstellen. Zentrales Merkmal dieser Vertrauensgütermärkte ist die
große Informationsasymmetrie zwischen Käufer und Verkäufer des Gutes. Durch die Unkenntnis des Käufers über sein individuelles Bedürfnis und die für ihn nicht beurteilbare
Qualität des Gutes wird Betrug durch den Verkäufer möglich, welcher in Form von Unterversorgung, Überversorgung oder Preisbetrug vorliegen kann. Der jährliche Umfang
der finanziellen Schäden derartiger Betrugsformen wird in Deutschland innerhalb des
Gesundheitswesens auf bis zu 20 Milliarden Euro geschätzt, während Prognosen für den
Bereich der Altersvorsorge und Verbraucherfinanzen Summen von über 50 Milliarden
Euro nennen.[181]

In der bisherigen Forschungsliteratur wird ein Vertrauensgut meist in Form zweier Bedürfnisse eines Käufers mit den jeweils zugehörigen Behandlungsmöglichkeiten
eines Verkäufers abgebildet. Den theoretischen Modellrahmen hierzu bilden insbesondere die aufeinander aufbauenden Arbeiten von Pitchik und Schotter (1987), Wolinsky
(1993) und Dulleck und Kerschbamer (2006). Letztere unterscheiden verschiedene Vertrauensgütermärkte durch die Einführung dreier Annahmen: der Verifizierbarkeit des

---

[181]Siehe hierzu die Ausführungen im Unterkapitel 3.1, welche sich auf Statistisches Bundesamt (2013),
Federal Bureau of Investigation (FBI) (2011), Transparency International Deutschland e.V. (2008)
und Oehler (2012) beziehen.

Vertrauensgutes, der Haftbarkeit des Verkäufers und der Verpflichtung des Käufers. Auf diese Art gelingt es die drei Betrugsformen Überversorgung, Unterversorgung und Preisbetrug zu modellieren. Jedoch werden innerhalb dieser Untersuchungen und auch in den auf ihnen aufbauenden wissenschaftlichen Arbeiten die Verkäufer und Käufer des Vertrauensgutes – mit wenigen Ausnahmen – als homogene Gruppen betrachtet. Insbesondere der Aspekt unterschiedlich informierter Kunden wurde bisher nicht untersucht, obwohl es neben anekdotischen Hinweisen auch in empirischen Arbeiten, wie Domenighetti et al. (1993) und Balafoutas et al. (2013), Anzeichen auf eine derartige Unterscheidung gibt. Die vorliegende Arbeit leistet einen Beitrag, diese Forschungslücke zu schließen. Hierfür wird in Tradition der oben vorgestellten theoretischen Modelle eine detaillierte Untersuchung der Auswirkungen heterogener Käufer vorgenommen, die sich im Hinblick auf ihre Information bezüglich des Gutes unterscheiden.

Die zentralen Erkenntnisse der Arbeit umfassen einerseits die Einflüsse informierter Kunden auf die Effizienz und das Betrugsverhalten in den Vertrauensgütermärkten, andererseits die neu bewertete Bedeutung der bisherigen Marktannahmen. Unstrittig bleibt, dass die Informationsasymmetrie als Merkmal der Vertrauensgüter das betrügerische Verhalten von Verkäufern im Markt begünstigt und ermöglicht. Zusätzliche Informationen im Markt in Form von einer besser informierten, heterogenen Käuferschicht sind jedoch keine Garantie für effizientere Märkte, sondern können im Gegenteil nachweislich zu Ineffizienzen und zum Auftreten von Betrug führen. Diese Erkenntnis ist insbesondere deshalb hervorzuheben, da sie kontraintuitiv ist und deren fehlende Bekanntheit somit leicht zu falschen Annahmen und Handlungen verleiten kann. Bezüglich der Auswirkungen informierter Kunden auf die Bedeutung der bisherigen Marktannahmen verdeutlicht sich vor allem deren Abhängigkeit von der Wettbewerbsstruktur: Die Haftbarkeit der Verkäufer ist eine stets hinreichende Bedingung für effiziente Märkte und bei einem einzelnen Verkäufer zusätzlich entscheidend für die Betrugslosigkeit des Marktes. Im Gegensatz dazu bleibt die Verifizierbarkeit des Gutes hier ohne umfassende Bedeutung. Sie besitzt jedoch im Falle des Wettbewerbs unter Verkäufern zentralen Einfluss, indem sie Effizienz und Betrugslosigkeit des Marktes garantiert. Bisherige theoretische Arbeiten sehen beide Marktannahmen als gleichwertig an, konträr zu den Ergebnissen empirischer Arbeiten.

Um unterschiedlichen Wettbewerbssituationen gerecht zu werden, sind in dieser Arbeit zwei Modelle dargestellt, die sich in der Anzahl der Verkäufer im Markt unterscheiden. Ein Modell wendet sich einem monopolistischen Verkäufer zu, das andere untersucht mehrere Verkäufer, die miteinander im Preiswettbewerb nach Bertrand stehen. Durch die Annahmen der Verifizierbarkeit, der Haftbarkeit und der Verpflichtung werden über beide Modelle hinweg insgesamt zwölf Märkte differenziert. In diesen Märkten werden heterogene Käufer angenommen, die sich im Hinblick auf die Ausgestaltung ihres Bedürfnisses unterscheiden, welches mit einer Wahrscheinlichkeit bestimmt wird und entweder groß oder klein ausfallen kann. Darüber hinaus wird eine Zugehörigkeit des Kunden entweder zur informierten oder uninformierten Kundenschicht angenommen, die ebenso durch eine Wahrscheinlichkeit ermittelt wird. Die Verkäufer sind hingegen homogen und können sowohl das Bedürfnis als auch den Informationstyp des Käufers beobachten. Zur Befriedigung der beiden Bedürfnisse der Käufer stehen ihnen dabei zwei Behandlungen zur Verfügung, die unterschiedliche Kosten verursachen. Während die kostenintensive Behandlung beide Bedürfnisse löst, befriedigt die günstige Behandlung nur das kleine Bedürfnis. Der oder die Verkäufer setzen die Preise für beide Behandlungen fest, bevor die Kunden über einen Besuch des Verkäufers entscheiden, eine Empfehlung bekommen und das Vertrauensgut schlussendlich kaufen. Ist ihr Bedürfnis am Ende des Spiels befriedigt, erreichen die Käufer einen festen Nutzen. Da die informierten Kunden bezüglich des Vertrauensgutes informiert sind, können sie nicht durch die Verkäufer betrogen werden. Im Gegenzug stellen sich die uninformierten Kunden als potentielle Opfer durch die drei Betrugsformen dar, je nachdem ob diese durch die Marktannahmen ermöglicht werden.

Die Ergebnisse des Monopolmodells sind bestimmt durch die starke Bedeutung der Haftung des Verkäufers. Ist diese gegeben, sind die Märkte effizient und es findet kein Betrug statt. Auch kommt dann den informierten Kunden kein Vorteil zugute, ihre Information bleibt in sämtlichen Belangen wirkungslos. Weniger wichtig als die Haftbarkeit des Verkäufers zeigt sich die Verifizierbarkeit des Gutes. Sie kann den Einfluss informierter Kunden lenken. Dabei ist als besonderes Ergebnis hervorzuheben, dass informierte Kunden bei verifizierbaren Gütern nicht zu einer Verbesserung der Marktsituation im Hinblick auf die soziale Wohlfahrt beitragen, sondern sie sogar tendenziell verschlechtern. Positive Ausnahmen gibt es, falls weder die Haftbarkeit noch die Verifizierbarkeit gelten und die informierten Kunden einen kompletten Marktzusammenbruch verhindern. Ebenso können informierte Kunden in Märkten ohne haftenden Verkäufer einen positiven Nutzen erreichen und in einem bestimmten Gleichgewicht auch den uninformierten Kunden durch eine induzierte Preissenkung des Verkäufers helfen. Dies ist insofern bemerkenswert, da in allen anderen Fällen der Verkäufer durch die Ausnutzung seiner Monopolstellung Maximalgewinne erzielen kann.

Die Ergebnisse des Wettbewerbmodells beinhalten, dass in allen Märkten die Preise auf die Grenzkosten der Verkäufer sinken und diese somit Nullgewinne erwirtschaften. Als bedeutendste Markteigenschaft erweist sich die Verifizierbarkeit des Vertrauensgutes, da diese das Erreichen der maximalen sozialen Wohlfahrt garantiert und zudem sämtlichen Betrug verhindert. Hierbei existieren keine Auswirkungen informierter Kunden. Die Haftbarkeit des Verkäufers verliert an Bedeutung, stellt jedoch immer noch die Effizienz des Marktes sicher. Mit dem Fehlen von sowohl Haftbarkeit als auch Verifizierbarkeit wird die maximale soziale Wohlfahrt nicht erreicht. Dabei hat – je nach Marktparametern – die Existenz informierter Kunden diesbezüglich positive oder negative Auswirkungen. Im Gegensatz dazu beeinflusst die Verpflichtung der Kunden das Auftreten von Betrug im Markt. Sind die Käufer zum Kauf beim Besuch verpflichtet und ist das Gut nicht verifizierbar, findet Betrug statt. Dieser führt dazu, dass uninformierte Kunden systematisch mit höheren Preisen betrogen werden, während informierte Kunden durch insgesamt geringere Preise direkt von diesem Betrug profitieren. Ein derartiges Gleichgewicht kann jedoch auch auftreten, falls keine Verpflichtung der Kunden besteht, in den Markt allerdings mit einer extern vorgegebenen Preisobergrenze eingegriffen wird.

Mögliche Modellerweiterungen werden für beide Wettbewerbssituationen betrach-

tet. Diese umfassen zwei Arten von Diagnosekosten sowie eine nochmals gesteigerte Kundenheterogenität aufgrund von unterschiedlichen Schadenswahrscheinlichkeiten
oder unterschiedlichen Erfüllungsnutzen. Die durch ihre Exogenität und Endogenität
unterschiedlichen Modellierungen der Diagnosekosten führen zu denselben Veränderungen. Diese sind nennenswert innerhalb des Wettbewerbmodells, wenn eine deutliche
Zunahme der Diagnosekosten wie eine Kaufverpflichtung der Kunden wirken kann. Besitzen die beiden Kundengruppen einen unterschiedlichen Erfüllungsnutzen, sind die
Auswirkungen innerhalb des Monopolmodells bemerkenswert. Hier können durch Preisanpassungen gänzlich neue Gleichgewichte auftreten, bei denen nur informierte Kunden behandelt werden und die soziale Wohlfahrt selbst bei einem haftenden Verkäufer
nicht maximiert wird. Liegt eine unterschiedliche Schadenswahrscheinlichkeit zugrunde, ändert sich vor allem in den betrügerischen Wettbewerbsmärkten die Verteilung des
Käufernutzens zwischen den uninformierten und informierten Kunden.

Weitere Betrachtungen der Arbeit umfassen mögliche Kosten einer Informationsbeschaffung für uninformierte Kunden, unterschiedliche Kosten der Verkäufer, Wech-
selkosten sowie die Möglichkeit eines erneuten Besuchs bei Unterversorgung. Aus der
Diskussion der Modellannahmen heraus ergibt sich zudem Raum für weitere Forschung.
Dabei könnte das Modell insbesondere in eine Richtung entwickelt werden, die einen
bisher theoretisch unerforschten Bereich der Vertrauensgüter umfasst. Dieser betrifft
Produkte, bei denen der Käufer zwar sein Bedürfnis exakt kennt, aber unter keinen
Umständen die Qualität des Gutes einschätzen kann. Darüber hinaus werden vier weitere Ansatzpunkte zur Weiterentwicklung des Modells vorgestellt: die mögliche Unbeobachtbarkeit des Käufertyps durch den oder die Verkäufer, die weitere Unterscheidung
der Kunden in Bezug auf deren Erfüllungsnutzen, die Abbildung der Kosten der Informationsbeschaffung in Abhängigkeit des Anteils der informierten Kunden im Markt
sowie die unterschiedlich ausgeprägten Kostenniveaus bei den Verkäufern.

Insgesamt zeigt sich in dieser Arbeit, dass der Einfluss informierter Kunden auf
Vertrauensgütermärkte substanziell sein kann. Eine Zunahme des Informationsniveaus
im Markt wirkt sich dabei nicht zwangsläufig positiv auf die soziale Wohlfahrt aus,

sondern kann zur Ineffizienz führen. Aus diesem Grunde wird in den angesprochenen Implikationen für die Praxis zu einer detaillierten Prüfung der Marktsituation vor einem möglichen Eingriff geraten. Dies gilt auch für potentielle Kunden eines Vertrauensgutes, für die sich die kostenintensive Beschaffung von Informationen nicht in jedem Markt lohnt, stellenweise aber angeraten wird.

Anhang A.

Verwendete Modellvariablen

Variable	
SW	Soziale Wohlfahrt eines Marktes
U	Erreichter Nutzen eines Kunden
Π	Erreichter Gewinn eines Verkäufers
k	Wahrscheinlichkeit für den informierten Kundentyp
h	Wahrscheinlichkeit für das große Bedürfnis (Schwerewahrscheinlichkeit)
c_H	Kosten der schweren Behandlung
c_L	Kosten der leichten Behandlung
c_D	Kosten der Diagnose
p_H	Vom Experten festgesetzter Preis der schweren Behandlung
p_L	Vom Experten festgesetzter Preis der leichten Behandlung
p_C	Vom Experten festgesetzter Preis für die Diagnose
v	Erreichter Kundennutzen bei Bedürfnisbefriedigung (Erfüllungsnutzen)
t	Indexmenge zur Beschreibung der zeitlichen Stufe eines Spiels
q	Indexmenge zur Beschreibung der Verifizierbarkeit im Markt (binär)
r	Indexmenge zur Beschreibung der Haftung im Markt (binär)
s	Indexmenge zur Beschreibung der Verpflichtung im Markt (binär)
$\vdots$	

Variable	
	$\vdots$
u	Index für uninformierte Kunden
i	Index für informierte Kunden
h	Index für Kunden mit großen Bedürfnissen
l	Index für Kunden mit kleinen Bedürfnissen
a	Bestimmte Preisstrategie eines Verkäufers
b	Bestimmte Preisstrategie eines Verkäufers
c	Bestimmte Preisstrategie eines Verkäufers
d	Bestimmte Preisstrategie eines Verkäufers
e	Bestimmte Preisstrategie eines Verkäufers
A	Aus Preisstrategie a resultierendes Marktgleichgewicht
B	Aus Preisstrategie b resultierendes Marktgleichgewicht
C	Aus Preisstrategie c resultierendes Marktgleichgewicht
D	Aus Preisstrategie d resultierendes Marktgleichgewicht
E	Aus Preisstrategie e resultierendes Marktgleichgewicht
ϵ	Positiver Wert zur Veranschaulichung von besten Antworten
γ	Positive Diagnosekosten, die vom Käufer zu bezahlen sind
n	Anzahl der Verkäufer im Markt, mit $n \in \mathbb{N}$
y	Bestimmter Typ eines Verkäufers, mit $y \in \{1, ..., n\}$
δ	Wahrscheinlichkeit des Preisbetruges durch einen Verkäufer
α	Wahrscheinlichkeit der Annahme von p_H durch einen Kunden
c_I	Kosten der Informationsbeschaffung, mit $0 \leq c_{Il} < c_{Ih} < v$
x	Nicht dem Typ $y = 1$ entsprechende Verkäufer mit $x \in \{2, ..., n\}$

Anhang B.

Rechnungen und Beweise

B.1. Berechnungen aus Kapitel 4

B.1.1. Markt (1,0) – Preisstrategien

B.1.1.1. Nebenrechnung: Gewinnrückgang bei Preisstrategie a

Umformung des Gewinnrückgangs des Verkäufers in Preisstrategie a durch den Austritt informierter Kunden aus dem Markt:

- $kh(p_H - c_H)$ wird durch die Anwendung der Gleichung 4.1 mit $p_H - c_H = p_L - c_L$ zu $kh(p_L - c_L)$.

- Durch Umformung von Gleichung 4.2 mit $v = hp_H + (1-h)p_L$ zu $v = p_L + h(p_H - p_L)$ und weiter zu $p_L = v - h(p_H - p_L)$, welche in die obige Gleichung $kh(p_L - c_L)$ eingesetzt wird, entsteht $kh(v - c_L - h(p_H - p_L))$.

- Eine wiederholte Anwendung der Gleichung 4.1, diesmal in der Form $p_H - p_L = c_H - c_L$, führt zu $kh(v - c_L - h(c_H - c_L))$ und damit zum Endresultat von $kh(v - h(c_H) - (1-h)c_L)$.

B.1.1.2. Zusammenfassung der Prioritäten der Preisstrategien

Preisstrategie	Erste Priorität Erste Bedingung	Zweite Priorität Zweite Bedingung
a	Uninformierte Kunden 4.1	Uninformierte Kunden 4.2
b	Uninformierte Kunden 4.1	Informierte Kunden 4.3
c	Informierte Kunden 4.3	Informierte Kunden 4.4
d	Informierte Kunden 4.6	Uninformierte Kunden 4.5

Tabelle 18.: Prioritäten der vier Preisstrategien. Quelle: eigene Darstellung.

B.1.2. Markt $(1,0)$ – Lemma 1

Der Experte wird von Preisstrategie a auf b wechseln, falls $\Pi_{a(1,0)}$ mit $(1 - kh)(v - hc_H - (1-h)c_L)$ kleiner als $\Pi_{b(1,0)}$ mit $v - c_H$ wird. Wegen $\frac{\partial \Pi_{a(1,0)}}{\partial k} < 0$ und $\frac{\partial U_{b(1,0)}}{\partial k} = 0$ ist dies der Fall für ein $k > k_{ab}$, wobei für k_{ab} das Verhältnis $\Pi_{a(1,0)} = \Pi_{b(1,0)}$ gilt. Wird demnach gleichgesetzt mit $(1 - k_{ab}h)(v - hc_H - (1-h)c_L) = v - c_H$, so ergibt sich ein

$$k_{ab} = \frac{(1-h)(c_H - c_L)}{h(v - c_L - h(c_H - c_L))}$$

als Vereinfachung der Gleichung, mit $k_{ab} > 0$ aufgrund von $v > c_H > c_L$ und $0 < h < 1$.[182] Die Gewinne beider Strategien werden für Beispielwerte im linken Schaubild der Abbildung 38 gezeigt, wobei sich k_{ab} gut erkennen lässt.

Der Experte hat jedoch ebenso die Möglichkeit, auf die Preisstrategie c zu wechseln, was er tun wird, falls $\Pi_{a(1,0)} < \Pi_{c(1,0)}$ ist. Durch $\frac{\partial \Pi_{a(1,0)}}{\partial k} < 0$ und $\frac{\partial \Pi_{c(1,0)}}{\partial k} > 0$ muss dies für ein $k > k_{ac}$ gelten, wenn durch k_{ac} die Gleichung $\Pi_{a(1,0)} = \Pi_{c(1,0)}$ mit $(1 - k_{ac}h)(v -$

---

[182]Nebenrechnung siehe unter B.1.2.1 ab Seite 242.

$hc_H - (1 - h)c_L) = k_{ac}(v - hc_H - (1 - h)c_L)$ erfüllt ist. Es ergibt sich

$$k_{ac} = \frac{1}{1 + h}$$

aus der Berechnung der Gleichung mit $0{,}5 < k_{ac} < 1$ aus $0 < k < 1$.[183] Das mittlere Schaubild der Abbildung 38 verdeutlicht k_{ac}, indem es die Gewinne der beiden Strategien für Beispielwerte zeigt.

Sowohl k_{ab} als auch k_{ac} hängen von h ab, und der Experte ist indifferent zwischen einem Wechsel von der Preisstrategie a zu b oder c falls $k_{ab} = k_{ac}$ ist. Der Wert von h, welcher diese Gleichung erfüllt, sei mit h^* bezeichnet. Es gilt also $k_{ab} = k_{ac}$ für h^*, was in der Bedeutung $\Pi_{a(1,0)} = \Pi_{b(1,0)} = \Pi_{c(1,0)}$ entspricht. Eingesetzt bedeutet das $\frac{(1-h^*)(c_H-c_L)}{h^*(v-c_L-h(c_H-c_L))} = \frac{1}{1+h^*}$ und ist erfüllt für

$$h^* = \frac{c_H - c_L}{v - c_L} \, ,$$

wobei nach $v > c_H > c_L$ ein $0 < h^* < 1$ gilt.[184]

Es verbleibt die Prüfung eines Wechsels zur Preisstrategie d, wobei der Experte indifferent zwischen den beiden Strategien bei $\Pi_{a(1,0)} = \Pi_{d(1,0)}$ ist. Das k, welches diese Gleichung erfüllt, sei k_{ad} genannt. Da sich der Gewinn in Preisstrategie d auf zwei Fälle teilt, müssen diese Fälle getrennt berechnet werden. Unter $\frac{c_H-c_L}{v} < h$ gilt $(1-k_{ad}h)(v-hc_H-(1-h)c_L) = (1-h)v - c_L - k_{ad}h\epsilon$. Dies löst sich zu $\lim_{\epsilon\to 0} k_{ad} = \frac{v-c_H+c_L}{v-c_L-h(c_H-c_L)}$ auf. Für den Gegenfall $\frac{c_H-c_L}{v} \geq h$ gilt analog $(1-k_{ad}h)(v-hc_H-(1-h)c_L) = k_{ad}h(v-c_H)+(1-k_{ad}h)((1-h)v-c_L)$, welches sich zu $k_{ad} = \frac{v-c_H+c_L}{v-c_H+h(v-c_H+c_L)}$ auflöst. Damit ist die Gesamtfunktion für k_{ad} gegeben mit

$$\lim_{\epsilon\to 0} k_{ad} = \begin{cases} \frac{v-c_H+c_L}{v-c_L-h(c_H-c_L)} & \text{falls} \quad \frac{c_H-c_L}{v} < h \\[2mm] \frac{v-c_H+c_L}{v-c_H+h(v-c_H+c_L)} & \text{sonst} \end{cases}$$

---

[183]Nebenrechnung siehe unter B.1.2.2 ab Seite 243.

[184]Nebenrechnung siehe unter B.1.2.3 ab Seite 243.

und $0 < k_{ad}$ durch $v > c_H > c_L$ und $0 < h < 1$.[185] Auch die Gewinne dieser beiden Strategien werden für Beispielwerte gezeigt, im rechten Schaubild der Abbildung 38.

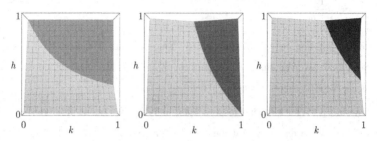

Abbildung 38.: Abgrenzung von $\Pi_{a(1,0)}$ gegenüber $\Pi_{b(1,0)}$, $\Pi_{c(1,0)}$ und $\Pi_{d(1,0)}$ in Abhängigkeit von h und k.[186] Quelle: eigene Darstellung.

B.1.2.1. Nebenrechnung: Preisstrategie a zu b

Ermittlung des Wertes k_{ab}, für den $\Pi_{a(1,0)} = \Pi_{b(1,0)}$ gilt:

- Mit Einsetzen der beiden Gewinnfunktionen ergibt sich $(1 - k_{ab}h)(v - hc_H - (1 - h)c_L) = v - c_H$. Durch Umformen ergibt sich $(1 - h)(c_H - c_L) - k_{ab}(hv - h^2c_H - hc_L + h^2c_L) = 0$, was zu $k_{ab} = \frac{(1-h)(c_H-c_L)}{h(v-c_L-h(c_H-c_L))}$ vereinfacht werden kann.

Testen der Grenze von $k_{ab} > 0$:

- Es sei $k_{ab} = 0$ angenommen, so dass $\frac{(1-h)(c_H-c_L)}{h(v-c_L-h(c_H-c_L))} = 0$ gelten muss. Demnach müsste $(1 - h)(c_H - c_L) = 0$ sein, was für $c_H > c_L$ und Werte von $0 < h < 1$ ausgeschlossen ist.

- Für $k_{ab} < 0$ müsste entweder $(1 - h)(c_H - c_L) < 0$ oder $h(v - c_L - h(c_H - c_L)) < 0$ erfüllt sein. Ersteres wurde bereits ausgeschlossen, Zweiteres ist nach Umformung

---

[185]Nebenrechnung siehe unter B.1.2.4 ab Seite 244.

[186]Die gewählten Werte im Schaubild sind $v = 1$, $c_H = 0{,}5$ und $c_L = 0{,}25$. Die Variablen h sind auf der vertikalen, die Variablen k auf der horizontalen Achse abgebildet. Dargestellt ist jeweils der Gewinn der Preisstrategie a sowie genau einer weiteren Strategie. Dabei ist $\Pi_{a(1,0)}$ hellgrau, $\Pi_{b(1,0)}$ grau, $\Pi_{c(1,0)}$ dunkelgrau und $\Pi_{d(1,0)}$ schwarz gekennzeichnet. Größere Abbildungen der Schaubilder finden sich unter C.1 ab Seite 265.

zu $h(v - (1 - h)c_L - hc_H) < 0$ für Werte von $v > c_H > c_L$ und $0 < h < 1$ ebenso unmöglich.

B.1.2.2. Nebenrechnung: Preisstrategie a zu c

Ermittlung des Wertes k_{ac}, für den $\Pi_{a(1,0)} = \Pi_{c(1,0)}$ gilt:

- Einsetzen der beiden Gewinnfunktionen führt zu $(1 - k_{ac}h)(v - hc_H - (1 - h)c_L) = k_{ac}(v - hc_H - (1 - h)c_L)$. Durch Umformen ergibt sich $\frac{v - hc_H - (1-h)c_L}{(1+h)(v - hc_H - (1-h)c_L)} = k_{ac}$, was sich zu $k_{ac} = \frac{1}{1+h}$ kürzt.

Testen der Grenze von $0{,}5 < k_{ac} < 1$:

- Es sei $k_{ac} \leq 0{,}5$. Dann müsste $\frac{1}{1+h} \leq 0{,}5$ sein, was nur durch $h \geq 1$ erfüllt sein könnte. Dies ist nach $0 < h < 1$ ausgeschlossen.

- Weiter sei $k_{ac} \geq 1$ geprüft. Damit ist $\frac{1}{1+h} \geq 1$, was nur durch $h < 0$ erfüllt sein könnte, welches ebenso nach $0 < h < 1$ ausgeschlossen ist.

B.1.2.3. Nebenrechnung: Indifferenz zwischen a, b und c

Ermittlung von h^*, für das $\Pi_{a(1,0)} = \Pi_{b(1,0)} = \Pi_{c(1,0)}$ gilt:

- Da für k_{ab} ein $\Pi_{a(1,0)} = \Pi_{b(1,0)}$ gilt, und für k_{ac} ein $\Pi_{a(1,0)} = \Pi_{c(1,0)}$ erfüllt ist, muss für $k_{ab} = k_{ac}$ gelten, dass $\Pi_{a(1,0)} = \Pi_{b(1,0)} = \Pi_{c(1,0)}$ ist.

- $k_{ab} = k_{ac}$ ausgeschrieben und mit h^* eingefügt ist $\frac{(1-h^*)(c_H - c_L)}{h^*(v - c_L - h^*(c_H - c_L))} = \frac{1}{1+h^*}$. Aufgelöst und durch Anwendung einer binomische Formel ergibt sich $(1 - h^{*}2)(c_H - c_L) = h^*(v - c_L - h^*(c_H - c_L))$. Dies lässt sich zu $h^* = \frac{c_H - c_L}{v - c_L}$ vereinfachen.

Testen der Grenze von $0 < h^* < 1$:

- Es sei $h^* = 0$. Dann müsste $\frac{c_H - c_L}{v - c_L} = 0$ sein, was nur durch $c_H - c_L = 0$ erfüllt sein kann. Dies ist nach $c_H > c_L$ jedoch ausgeschlossen.

- Es sei $h^* < 0$. Dann müsste $\frac{c_H - c_L}{v - c_L} < 0$ sein, was entweder durch $c_H - c_L < 0$ oder durch $v - c_L < 0$ erfüllt sein kann. Beides ist nach $v > c_H > c_L$ ausgeschlossen.

- Weiter sei $h^* = 1$ geprüft. Damit ist $\frac{c_H - c_L}{v - c_L} = 1$, was nur durch $c_H = v$ erfüllt sein könnte, welches nach $v > c_H$ ausgeschlossen ist.

- Für $h^* > 1$ müsste $\frac{c_H - c_L}{v - c_L} > 1$ gelten, was nur durch $c_H > v$ erfüllt sein könnte, welches ebenso nach $v > c_H$ ausgeschlossen ist.

B.1.2.4. Nebenrechnung: Indifferenz zwischen a und d

Ermittlung von k_{ad}, für das $\Pi_{a(1,0)} = \Pi_{d(1,0)}$ gilt. Für diese Rechnung wird zur Vereinfachung $\epsilon = 0$ angenommen:

- Für den Fall $\frac{c_H - c_L}{v} < h$ gilt $(1 - k_{ad}h)(v - hc_H - (1 - h)c_L) = (1 - h)v - c_L$. Durch Umformen und Kürzen wird $k_{ad} = \frac{v - c_H + c_L}{v - c_L - h(c_H - c_L)}$ erreicht.

- Im Falle $\frac{c_H - c_L}{v} \geq h$ gilt $(1 - k_{ad}h)(v - hc_H - (1 - h)c_L) = k_{ad}h(v - c_H) + (1 - k_{ad}h)((1 - h)v - c_L)$. Vereinfachen und Ausklammern führt zu $h(v - c_H + c_L) = k_{ad}h(v - c_H + h(v - c_H + c_L))$ und damit $k_{ad} = \frac{v - c_H + c_L}{v - c_H + h(v - c_H + c_L)}$.

- Beide Funktionen zusammengeführt und nach den Fällen gewichtet ergibt die bekannte Formel:

$$
\lim_{\epsilon \to 0} k_{ad} = \begin{cases} \frac{v - c_H + c_L}{v - c_L - h(c_H - c_L)} & \text{falls } \frac{c_H - c_L}{v} < h \\[2mm] \frac{v - c_H + c_L}{v - c_H + h(v - c_H + c_L)} & \text{sonst.} \end{cases}
$$

Testen der Grenze von $k_{ad} > 0$:

- Es sei $k_{ad} = 0$. Dann müsste in beiden Fällen $v - c_H + c_L = 0$ sein, was für $v > c_H > c_L$ unmöglich ist.

- Es sei $k_{ad} < 0$. Dann müsste entweder $v - c_H + c_L < 0$, $v - c_L - h(c_H - c_L) < 0$ oder $v - c_H + h(v - c_H + c_L) < 0$ erfüllt sein. Alle drei Möglichkeiten sind nach $v > c_H > c_L$ und $0 < h < 1$ ausgeschlossen.

B.1.3. Markt (1,0) – Lemma 2

Mit der Strategie c versorgt der Experte auf Kosten des Marktaustritts uninformierter Kunden lediglich die informierten, kann jedoch deren Zahlungsbereitschaft komplett abschöpfen. Da $\Pi_{c(1,0)}$ für homogene Kunden mit $k = 1$ maximal wird und Π_{max} entspricht, zudem $\frac{\partial SW_{c(1,0)}}{\partial k} > 0$ ist, muss es ein $k_{bc} < 1$ geben, für das $\Pi_{b(1,0)} = \Pi_{c(1,0)}$ gilt und ab dem sich für $k > k_{bc}$ ein Wechsel der Preise zur Strategie c lohnt. Aus den eingesetzten Formeln mit $v - c_H = k_{bc}(v - hc_H - (1 - h)c_L)$ ergibt sich der Wert

$$k_{bc} = \frac{v - c_H}{v - c_L - h(c_H - c_L)}$$

mit $k_{bc} > 0$ aus $0 < h < 1$ und $v > c_H > c_L$.[187] Das mittlere Schaubild aus Abbildung 13 auf Seite 91 verdeutlicht k_{bc} für Beispielwerte.

Für den Vergleich mit Preisstrategie d müssen wieder die verschiedenen Fälle betrachtet werden, um $\Pi_{b(1,0)} = \Pi_{d(1,0)}$ für ein k_{bd} zu ermitteln. Die Berechnung findet sich ebenso im Anhang unter B.1.3.2. Als Ergebnis zeigt sich, dass die Wahl der Preisstrategie nicht durch den Anteil informierter Käufer k, sondern über die Schwerewahrscheinlichkeit des Problems h bestimmt wird. Damit bezeichnet h_{bd} das Indifferenz bringende $h = \frac{c_H - c_L}{v}$. Für $h > h_{bd}$ wird der Verkäufer stets Preisstrategie b gegenüber d wählen, während er unter $h < h_{bd}$ stets d gegenüber b präferiert. Es sei angemerkt, dass $0 < h_{bd} < 1$ durch $v > c_H > c_L$ stets erfüllt ist. Damit existiert in jedem Markt eine Wahrscheinlichkeit des schwerwiegenden Problems von h_{bd}, für welches der Verkäufer indifferent zwischen den beiden Preisstrategien b und d ist. Abbildung 13 zeigt dies im rechten Schaubild für Beispielwerte.

Zwar sind jetzt die drei alternativen Preisstrategien zu b mit den jeweiligen Indifferenzwerten ermittelt und es ist bekannt, dass die Preisstrategie b nur für ein $k_{ab} \leq k \leq k_{bc}$ und ein $h \geq h_{bd}$ nicht von den Strategien a, c und d dominiert wird. Es fehlt jedoch die Untersuchung, ob sich diese drei Bereiche möglicherweise so überschneiden, dass dadurch die Preisstrategie b dominiert würde. Dazu ist notwendig, mehr über die

---

[187]Nebenrechnung siehe unter B.1.3.1 ab Seite 246.

Funktionen k_{ab} und k_{bc} im Hinblick auf ihre Abhängigkeit zu h zu erfahren. Zuerst wird

der Wert der Schwerewahrscheinlichkeit der Probleme für den Schnittpunkt der beiden

Gleichungen k_{ab} und k_{bc} ermittelt: Für $\frac{(1-h)(c_H-c_L)}{h(v-c_L-h(c_H-c_L))} = \frac{v-c_H}{v-c_L-h(c_H-c_L)}$ gilt

$$h_{(k_{ab}=k_{bc})} = \frac{c_H - c_L}{v - c_L} \ (= h^*),$$

welches bereits als h^* bekannt und durch $v > c_H > c_L$ stets positiv und kleiner als

1 ist. Da weiterhin bekannt ist, dass $\frac{\partial \Pi_{a(1,0)}}{\partial h} < 0$ und $\frac{\partial \Pi_{c(1,0)}}{\partial h} < 0$ sind, während für

$\frac{\partial \Pi_{b(1,0)}}{\partial h} = 0$ gilt, so muss für ein $h > h^*$ unter $k_{ab} = k_{bc}$ sowohl $\Pi_{b(1,0)} > \Pi_{a(1,0)}$ als auch

$\Pi_{b(1,0)} > \Pi_{c(1,0)}$ sein. Zur Prüfung werden k_{ab} und k_{bc} nach h_{ab} und h_{bc} umgeformt und

abgeleitet. Die Umformung gibt Werte von

$$h_{bc} = \frac{-v + c_H + k_{bc}(v - c_L)}{k_{bc}(c_H - c_L)} \quad \text{und}$$

$$h_{ab} = \frac{c_H - c_L + k_{ab}(v - c_L) - \sqrt{(-c_H + c_L + k_{ab}(c_L - v))^2 - 4k_{ab}(c_H - c_L)^2}}{2k_{ab}(c_H - c_L)}$$

wieder, mit $0 < h_{ab} < 1$ und $h_{bc} < 1$ für $0 < k_{ab} < 1$ und $0 < k_{bc} < 1$. Die Ableitungen

der beiden Funktionen fallen dabei mit $\frac{\partial h_{ab}}{\partial k_{ab}} < 0$ und $\frac{\partial h_{bc}}{\partial k_{bc}} > 0$ unterschiedlich aus.

Dadurch wird bestätigt, dass für ein $h > h^*$ bei $k = k_{ab} = k_{bc}$, was von nun an k^*

genannt wird, die Ungleichungen $\Pi_{b(1,0)} > \Pi_{a(1,0)}$ und $\Pi_{b(1,0)} > \Pi_{c(1,0)}$ erfüllt sind.

Im Vergleich von h^* mit h_{cd} ist durch $\frac{c_H-c_L}{v-c_L}$ und $\frac{c_H-c_L}{v}$ direkt ersichtlich, dass für

den gegebenen Wert von $c_L \geq 0$ stets $h^* \geq h_{cd}$ gilt. Damit dominiert $h \geq h^*$ die Bedin-

gung $h \geq h_{cd}$ schwach und kann sie ersetzen. Es ist damit bewiesen, dass Preisstrategie

b für $k_{ab} \leq k \leq k_{bc}$ und $h \geq h^*$ von keiner anderen Preisstrategie dominiert wird. Da

$k_{ab} \leq k \leq k_{bc}$ ein $h \geq h^*$ impliziert, ist der Beweis für Lemma 2 erbracht.[188]

B.1.3.1. Nebenrechnung: Indifferenz zwischen b und c

Ermittlung von k_{bc}, für das $\Pi_{b(1,0)} = \Pi_{c(1,0)}$ gilt.

---

[188]Es könnte damit theoretisch auch auf die Erwähnung von $h \geq h^*$ in Lemma 2 verzichtet werden. Da ein Mindestwert von $h \geq h^*$ jedoch bei einem Verhältnis von $k_{ab} \leq k \leq k_{bc}$ nicht direkt ersichtlich ist, wird auf die Nichterwähnung verzichtet.

- Eingesetzt entsteht $v - c_H = k_{bc}(v - hc_H - (1 - h)c_L)$, dies lässt sich durch Umformen zu $k_{bc} = \frac{v - c_H}{v - c_L - h(c_H - c_L)}$ vereinfachen.

Testen der Grenze von $k_{bc} > 0$:

- Es sei $k_{bc} = 0$. Dann müsste $\frac{v - c_H}{v - c_L - h(c_H - c_L)} = 0$ sein, was nur durch $v - c_H = 0$ möglich wäre. Dies ist durch $v > c_H$ ausgeschlossen.

- Es sei $k_{bc} < 0$. Dann müsste $\frac{v - c_H}{v - c_L - h(c_H - c_L)} < 0$ sein, was entweder durch $v - c_H < 0$, $(c_H - c_L) < 0$ oder durch $v - c_L - h(c_H - c_L) < 0$ möglich ist. Durch $0 < h < 1$ und $v > c_H > c_L$ sind beide Fälle jedoch ausgeschlossen.

B.1.3.2. Nebenrechnung: Indifferenz zwischen b und d

Je nach dem Verhältnis von $\frac{c_H - c_L}{v}$ zu h können drei Fälle unterschieden werden. Gegeben $\frac{c_H - c_L}{v} < h$, so stellt sich für $k = k_{bd}$ die Gleichung $v - c_H = (1 - h)v - c_L - k_{bd}h\epsilon$ dar. Aus der Umformung und in Verbindung mit der Grenzwertberechnung von ϵ wird $\lim_{\epsilon \to 0} hv = c_H - c_L - k_{bd}h\epsilon$ zu $h = \frac{c_H - c_L}{v}$. Da als Voraussetzung dieser Rechnung jedoch ein $\frac{c_H - c_L}{v} < h$ gegeben ist, gibt es keine Werte, für die diese Gleichung erfüllt werden könnte und somit – unter dieser Bedingung – kein ermittelbares k_{bd}. Um den höheren Gewinn in diesem Fall zu ermitteln, wird deshalb $\Pi_{b(1,0)} < \Pi_{d(1,0)}$ angenommen, mit $v - c_H < (1 - h)v - c_L - k_{bd}h\epsilon$. Die Umformung zu $h < \frac{c_H - c_L - k_{bd}h\epsilon}{v}$ kann durch $\epsilon > 0$ niemals erfüllt werden, weshalb für den Fall $\frac{c_H - c_L}{v} < h$ die Preisstrategie d durch Preisstrategie b streng dominiert wird.

Wird der Fall $\frac{c_H - c_L}{v} = h$ angenommen, so gilt zur Ermittlung des k_{bd}, bei dem $\Pi_{b(1,0)} = \Pi_{d(1,0)}$ erfüllt ist, die Gleichung $v - c_H = k_{bd}h(v - c_H) + (1 - k_{bd}h)((1 - h)v - c_L)$. Umgeformt wird diese zu $\frac{c_H - c_L}{v} = h$, was exakt der Vorgabe des Falles entspricht. Damit ist der Experte – unabhängig vom Anteil informierter Kunden k – unter einem $h = \frac{c_H - c_L}{v}$ indifferent zwischen den beiden Preisstrategien b und d.

Ist stattdessen der Fall $\frac{c_H - c_L}{v} > h$ gegeben, so kann $\Pi_{b(1,0)} = \Pi_{d(1,0)}$ – aufgrund der obigen Rechnungen – offensichtlich nicht erfüllt werden. Es dominiert damit eine Strategie, die durch das Ausrechnen der Ungleichung $\Pi_{b(1,0)} > \Pi_{d(1,0)}$ ermittelt werden kann. Diese ergibt sich ausgeschrieben mit $v-c_H > k_{bd}h(v-c_H)+(1-k_{bd}h)((1-h)v-c_L)$ und kürzt sich zu $h > \frac{c_H-c_L}{v}$, was durch den gegebenen Fall unerfüllbar ist. Somit gilt für $\frac{c_H-c_L}{v} > h$ stets $\Pi_{b(1,0)} < \Pi_{d(1,0)}$ und die Preisstrategie b wird von der Preisstrategie d dominiert. Abbildung 13 auf Seite 91 zeigt dies im rechten Schaubild für Beispielwerte.

B.1.4. Markt (1,0) – Lemma 3

Abbildung 39 zeigt im rechten und mittleren Schaubild die Darstellungen von $\Pi_{c(1,0)}$ und $\Pi_{a(1,0)}$ bzw. $\Pi_{b(1,0)}$. Unklar bleibt, wie sich $\Pi_{c(1,0)}$ im Vergleich zu $\Pi_{d(1,0)}$ verhält. Im Beweis von Lemma 2 wurde bereits gezeigt, dass Preisstrategie d für $h > h^* = \frac{c_H-c_L}{v-c_L}$ von Preisstrategie b dominiert wird. Für den Fall $h < h^*$ müssen jedoch trotzdem die beiden Fälle $h > \frac{c_H-c_L}{v} = h_{bd}$ und $h < h_{bd}$ unterschieden werden, da für $c_L > 0$ ein $h^* > h > h_{bd}$ möglich ist. Demnach ergibt sich für den ersten Fall der Ermittlung von k_{cd} unter $h > h_{bd}$ ein $\Pi_{c(1,0)} = \Pi_{d(1,0)}$ mit $k_{cd}(v-hc_H-(1-h)c_L) = (1-h)v-c_L-k_{cd}h\epsilon$, was sich zu $\lim_{\epsilon \to 0} k_{cd} = \frac{(1-h)v-c_L}{v-hc_H-(1-h)c_L}$ berechnet. Im zweiten Fall mit $h \leq h_{bd}$ wird $\Pi_{c(1,0)} = \Pi_{d(1,0)}$ zu $k_{cd}(v-hc_H-(1-h)c_L) = k_{cd}h(v-c_H)+(1-k_{cd}h)((1-h)v-c_L)$ mit $k_{cd} = \frac{(1-h)v-c_L}{(1-h^2)v-c_L}$. Somit kann

$$\lim_{\epsilon \to 0} k_{cd} = \begin{cases} \frac{(1-h)v-c_L}{v-hc_H-(1-h)c_L} & \text{falls} \quad h > h_{bd} \\ \frac{(1-h)v-c_L}{(1-h^2)v-c_L} & \text{sonst} \end{cases}$$

mit $k_{cd} < 1$ beschrieben werden. $k_{cd} < 1$ gilt für den ersten Fall $h > h_{bd}$, da $0 < h_{bd} < h < 1$ und $v > c_H > c_L$ ist. Für $h > \frac{v-c_L}{v} > h_{bd}$ gilt sogar $k_{cd} < 0$. Im zweiten Fall $h < h_{bd}$ ist $0 < k_{cd} < 1$ stets erfüllt durch $0 < h < h_{bd} < 1$.

Nun ist zwar k_{cd} berechnet, doch da $\frac{\partial \Pi_{c(1,0)}}{\partial k} > 0$ ist, und je nach Fall $\frac{\partial \Pi_{d(1,0)}}{\partial k} < 0$ oder > 0 ist, muss noch die Verteilung der jeweiligen Gewinne für $k \neq k_{cd}$ und $h \neq h_{bd}$ geprüft werden. Da für $h > h_{bd}$ die Ableitung $\frac{\partial \Pi_{d(1,0)}}{\partial k}$ negativ ist, dominiert hier offensichtlich Preisstrategie c für Werte von $k > k_{cd}$. Für $h < h_{bd}$ ergibt eine schnelle Prüfung von $\lim_{k_{cd} \to 1} \Pi_{c(1,0)} = SW_{max}$, während $\lim_{k_{cd} \to 1} \Pi_{d(1,0)} = h(v-c_H) < SW_{max}$ ist. Damit kann auch für den Fall $h < h_{bd}$ die Dominanz der Preisstrategie c

gegenüber der Preisstrategie d für $k > k_{cd}$ bestätigt werden. Abbildung 39 zeigt im rechten Schaubild für Beispielwerte eine Darstellung von $\Pi_{c(1,0)}$ und $\Pi_{d(1,0)}$.

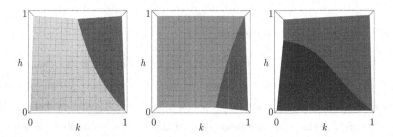

Abbildung 39.: Abgrenzung von $\Pi_{c(1,0)}$ gegenüber $\Pi_{a(1,0)}$, $\Pi_{b(1,0)}$ und $\Pi_{d(1,0)}$ in Abhängigkeit von h und k.[189] Quelle: eigene Darstellung.

B.1.5. Markt (1,0) – Lemma 4

Es wird ermittelt, ob ein k unter $h \leq h^*$ existiert, das $k_{ad} \leq k \leq k_{cd}$ erfüllen kann:

- Unter $h > h_{bd} = \frac{c_H - c_L}{v}$ wird $k_{cd} - k_{ad} \geq 0$ mit $\lim_{\epsilon \to 0}$ zu $\frac{(1-h)v - c_L}{v - h c_H - (1-h)c_L} -$ $\frac{v - c_H + c_L}{v - c_L - h(c_H - c_L)} \geq 0$ und weiter vereinfacht zu $\frac{-hv - 2c_L + c_H}{v - h c_H - (1-h)c_L} \geq 0$. Der Term kann nur erfüllt werden, falls der Zähler positiv oder gleich Null wird. Für $-hv - 2c_L + c_H = 0$ muss $\frac{c_H - 2c_L}{v} = h$ gelten, während für > 0 ein $\frac{c_H - 2c_L}{v} > h$ erfüllt sein muss. Beides ist unmöglich für das gegebene $h > h_{bd} = \frac{c_H - c_L}{v}$ und jedes $c_L \geq 0$.

- Unter $h \leq h_{bd} = \frac{c_H - c_L}{v}$ wird $k_{cd} - k_{ad} \geq 0$ zu $\frac{(1-h)v - c_L}{(1-h^2)v - c_L} - \frac{v - c_H + c_L}{v - c_H + h(v - c_H + c_L)} \geq 0$. Stark vereinfacht lässt sich dieser Term als $h c_H c_L - c_L^2 h - c_L v + c_L^2 \geq 0$ darstellen. Nun werden die zwei Fälle > 0 und $= 0$ unterschieden: Da für $v > c_H > c_L \geq 0$ stets $c_L^2 h \leq h c_H c_L$ und $c_L v \geq c_L^2$ gilt, kann $h c_H c_L - c_L^2 h - c_L v + c_L^2 > 0$ nie erfüllt werden. Im Gegensatz dazu ist es möglich, dass $h c_H c_L - c_L^2 h - c_L v + c_L^2 = 0$ erfüllt

---

[189]Die gewählten Werte im Schaubild sind $v = 1$, $c_H = 0{,}5$ und $c_L = 0{,}25$. Die Variablen h sind auf der vertikalen, die Variablen k auf der horizontalen Achse abgebildet. Dargestellt ist jeweils der Gewinn der Preisstrategie c sowie genau einer weiteren Strategie. Dabei ist $\Pi_{a(1,0)}$ hellgrau, $\Pi_{b(1,0)}$ grau, $\Pi_{c(1,0)}$ dunkelgrau und $\Pi_{d(1,0)}$ schwarz gekennzeichnet. Größere Abbildungen der Schaubilder finden sich ebenso im Anhang unter C.1 ab Seite 265.

wird, allerdings nur falls $c_L^2 h = h c_H c_L$ und $c_L v = c_L^2$ gelten, womit $c_L = 0$ sein muss.

B.1.6. Markt (1,1) – Lemma 7

Um die Existenz des Betrugs durch Überversorgung zu prüfen, sei an dieser Stelle $p_H - c_H > p_L - c_L$ angenommen. Damit hat der Verkäufer in der vierten Stufe des Spiels tatsächlich den Anreiz zur Überversorgung eines jeden Kunden, da sein Gewinn aus einer großen Behandlung den Gewinn aus der kleinen Behandlung übertrifft und die Option des Preisbetrugs in diesem Szenario nicht verfügbar ist. Es sind nun die beiden Fälle $p_H > v$ und $p_H \leq v$ zu unterscheiden.

Für $p_H > v$ nehmen keine uninformierten Kunden am Markt teil, da sie die Überbehandlung antizipieren und sich aufgrund eines erwarteten negativen Nutzens gegen den Besuch des Verkäufers entscheiden. Ebenso handeln informierte Kunden mit großem Schaden. Informierte Kunden mit kleinem Schaden nehmen teil für $p_L \leq v$, so dass der Gewinn des Verkäufers $(1 - h)k(p_L - c_L)$ beträgt, falls $p_L \leq v$. Unter Beachtung der aufgestellten Konditionen maximiert der Preis $p_L = v$ unter $p_H = v - c_L + c_H + \epsilon$, bei $\epsilon > 0$, den Gewinn zu $(1 - h)k(v - c_L)$.

Im Falle von $p_H \leq v$ ist der erwartete Nutzen aller Kundentypen größer oder gleich Null, womit sämtliche Partizipationsbedingungen der Konsumenten erfüllt sind. Da der Verkäufer jeden uninformierten Kunden überversorgt ergibt sich sein Gesamtgewinn von $((1-k)+hk)(p_H - c_H) + (1-h)k(p_L - c_L)$. Er kann diesen Gewinn unter den gegebenen Bedingungen durch $p_H = v$ und $p_L = v - c_H + c_L - \epsilon$ mit $\epsilon > 0$ maximieren, wodurch $((1-k)+hk)(v - c_H) + (1-h)k(v - c_H - \epsilon)$ erreicht wird, was sich zu $v - c_H + (1-h)k(-\epsilon)$ vereinfachen lässt. Das ϵ beeinflusst den Gewinn negativ, weshalb dessen Minimierung einen Maximalgewinn von

$$\lim_{\epsilon \to 0} v - c_H + (1 - h)k(-\epsilon) = v - c_H$$

bedeutet.

In beiden Fällen ist die Preissetzung des Verkäufers in der ersten Stufe des Spiels nicht optimal und die Aufhebung der Preiseinschränkung von $p_H - c_H > p_L - c_L$ führt zu höheren Gewinnen. Nimmt man die gewinnmaximalen Preise unter Überversorgung bei $p_H \leq v$ als Ausgangspunkt, so hat eine deutliche Erhöhung von p_L auf das Niveau von p_H eine Preiskonstellation von $p_L - c_L > p_H - c_H$ zur Folge und der Anreiz zur Überversorgung würde verschwinden. Jeder Konsument würde effizient behandelt und der resultierende Gesamtgewinn wäre $h(p_H - c_H) + (1 - h)(p_L - c_L)$. Maximiert der Verkäufer diesen Gewinn unter den gegebenen Bedingungen durch die Festlegung von $p_H = p_L = v$, so wird $h(v - c_H) + (1 - h)(v - c_L)$ erreicht. Durch $c_H > c_L$ ist dieser Gewinn größer als der Gewinn bei Überversorgung unter $p_H \leq v$, und durch $v > c_H$ sowie $k > 0$ größer als der Überversorgungsgewinn unter $p_H > v$. Gleichzeitig entspricht der Gewinn der maximal möglichen sozialen Wohlfahrt SW_{max}.

Unter der Preiskonstellation von $p_H = p_L = v$ erreicht der Verkäufer einen Gewinn von SW_{max}, welchen er nicht weiter verbessern kann. Gleichzeitig ist der erwartete Nutzen der Käufer gleich Null, so dass sie keinen Anreiz haben, den Markt zu verlassen. Damit ist ein Gleichgewicht des Marktes identifiziert. Der erreichte Gewinn des Verkäufers wird als $\Pi_{(1,1)}$ bezeichnet und im Schaubild 40 in Abhängigkeit der Variablen h und k dargestellt. Es ist nun zu klären, ob noch andere Gleichgewichte auftreten können.

Dulleck und Kerschbamer (2006) identifizieren als Bedingungen für ein Gleichgewicht unter $k = 0$ in diesem Markt die beiden Gleichungen $p_L + h(p_H - p_L) = v$ und $p_H - c_H \leq p_L - c_L$. Das Gleichgewicht mit $p_H = p_L = v$ erfüllt beide Konditionen, zusätzlich wurde Letztere in diesem Abschnitt als bindend bewiesen und damit bestätigt. Es ist weiter offensichtlich, dass unter heterogenen Kunden die beiden Gegengleichungen von $p_L + h(p_H - p_L) = v$ nicht gewinnmaximal sein können: Für $p_L + h(p_H - p_L) > v$ verlassen sämtliche uninformierten Kunden den Markt, da ihr Erwartungsnutzen des Besuchs des Verkäufers negativ wird, während für $p_L + h(p_H - p_L) < v$ die uninformierten Kunden zwar teilnehmen, ihre Zahlungsbereitschaft von v jedoch nicht komplett

---

[190]Die gewählten Werte im Schaubild sind $v = 1$, $c_H = 0,5$ und $c_L = 0,25$. Auf der horizontalen Achse sind die Werte von k, auf der vertikalen Achse die Werte von h abgebildet. Die z-Achse zeigt den Gewinn des Verkäufers.

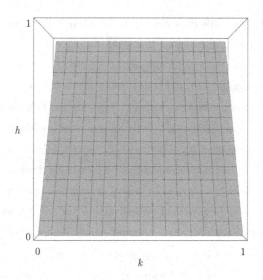

Abbildung 40.: $\Pi_{(1,1)}$ in Abhängigkeit von h und k.[190] Quelle: eigene Darstellung.

abgeschöpft und damit ein SW_{max} unerreichbar wird.

Um die Bedingung $p_L + h(p_H - p_L) = v$ näher zu betrachten, wird sie unter den drei möglichen Fällen $p_H = p_L$, $p_H > p_L$ und $p_H < p_L$ untersucht. Der Fall $p_H < p_L$ kann direkt ausgeschlossen werden, da dieser unter $p_L + h(p_H - p_L) = v$ ein $p_L > v$ impliziert, aufgrund dessen sämtliche informierten Kunden mit geringem Schaden den Markt verlassen würden. Ein Erreichen von SW_{max} wäre damit nicht mehr möglich. Analog verhalten sich Preiskonstellationen von $p_H > p_L$: Diese implizieren $p_H > v$ und veranlassen damit informierte Kunden mit großem Schaden zum Marktaustritt. Es verbleibt als letzte Möglichkeit das bereits ermittelte Gleichgewicht von $p_H = p_L$, welches bei $p_H = v$ und $p_L = v$ zum einzigen Marktgleichgewicht führt.

Während bei $k = 0$ unter Beachtung von $p_L + h(p_H - p_L) = v$ und $p_H - c_H \leq p_L - c_L$ eine Vielzahl möglicher Gleichgewichte existiert, die wie von Dulleck und Kerschbamer (2006) bewiesen sämtlich effizient und betrugslos sind, führt Information im Markt zur Reduktion dieser Gleichgewichte auf ein Einziges. Damit ist der Beweis für Hilfssatz 7 erbracht.

B.2. Berechnungen aus Kapitel 5

B.2.1. Markt (0,1,0)

B.2.1.1. Prüfung eines Gleichgewichtes in reinen Strategien

Im Folgenden werden sämtliche reinen Preissetzungsstrategien des Experten eines Typs $y = 1$ behandelt, in Verbindung mit deren notwendigen Voraussetzungen und den möglichen Kontern eines Experten vom Typ $y = 2$.[191] Eine reine Preisstrategie bedeutet hierbei, dass ein Experte entweder stets im Preis betrügt oder stets ehrlich handelt, jedoch nicht mit einer Wahrscheinlichkeit zwischen betrügerischer und ehrlicher Behandlung mischt. Das Ziel hierbei ist es, Preisstrategien der Experten zu finden, die – gegeben die Strategie des ersten Experten steht fest – koexistieren können und demnach stabil sind. Dies beinhaltet, dass keiner der Experten Verlust erleiden darf, zudem müssen die Gewinne entweder identisch oder jeweils positiv sein.[192] Nach dieser Auflistung wird dann in einem zweiten Schritt untersucht, ob auch die Strategie der Kunden für ein eventuelles Gleichgewicht kompatibel ist.

Fall a. $c_H \geq p_{H1} \wedge c_L > p_{L1}$: Offensichtlich würde Experte 1 hier nur dann möglicherweise keinen Verlust erreichen, falls er stets preisbetrügt. In diesem Falle würde jedoch ein ehrlich handelnder Experte 2 mit $c_H = p_{H2} \geq p_{H1} > p_{L2} > c_L$ und einer ehrlichen Behandlung positive Gewinne erzielen, da er sämtliche Kunden mit geringen Problemen abgreift. Experte 1 blieben entweder bei $c_H = p_{H2} = p_{H1}$ nur Nullgewinne, da alle Kunden zuerst Experte 2 besuchen und dort kaufen, oder bei $c_H = p_{H2} > p_{H1}$ Verluste, da weiterhin alle Kunden zuerst Experte 2 besuchen, jedoch nur die H-Typen zu ihm weiterziehen. Diese müsste er verlustreich versorgen.

Fall b. $c_H > p_{H1} \wedge p_{L1} = c_L$: Diese leichte Abwandlung des obigen Preisverhältnisses bringt nur dann keine Verluste, falls Experte 1 entweder stets im Preis betrügt,

---

[191]Experte 2 steht stellvertretend für alle weiteren $n - 1$ Experten.

[192]Würde nur Experte 2 einen positiven Gewinn erreichen, hätte Experte 1 offensichtlich den Anreiz, wieder seine Strategie zu wechseln und wie Experte 2 zu agieren.

oder nur von L-Kunden besucht wird. Betrügt Experte 1 stets, so kann Experte 2 ähnlich zu Fall a. mit $c_H \geq p_{H2} > p_{H1} > p_{L2} > c_L = p_{L1}$ und einer ehrlichen Behandlung reagieren. Experte 1 würde analog zu Fall a. nur von H-Kunden besucht und zwangsläufig Verluste erleiden. Behandelt Experte 1 dagegen stets ehrlich, so darf er nur Kunden mit geringen Problemen behandeln, da er durch die Versorgung von H-Kunden Verluste erleidet, die er nicht über den Betrug an L-Kunden decken könnte. Dies stellt jedoch Experte 2 vor ein Dilemma:

- Behandelt er ebenso stets ehrlich, wechseln bei $p_{H2} > p_{H1}$ alle Kunden mit großem Schaden zu Experte 1, und dieser erzielt Verluste. Setzt er stattdessen $p_{H2} < p_{H1}$ bei ehrlicher Behandlung, wird er zwangsläufig Verluste durch die Behandlung der H-Kunden erzielen. Dies ist darin begründet, dass er Kunden mit geringem Schaden nur bei $p_{L2} = p_{L1}$ von einem Wechsel zu Experte 1 abhalten kann, was jedoch keinen Profit erzielt und demnach die Verluste der großen Behandlungen nicht auszugleichen vermag. Setzt er als letzte Möglichkeit $p_{H2} = p_{H1}$ und $p_{L2} = p_{L1}$ bei ehrlicher Behandlung, sind die Kunden indifferent zwischen den Experten und besuchen beide mit gleicher Wahrscheinlichkeit, was bei beiden zu Verlusten führt.

- Betrügt Experte 2, so verlangt er stets p_{H2}. Ist $p_{H2} > p_{H1}$, werden alle Kunden direkt zu Experte 1 gehen und dort kaufen, was zu Verlusten bei Experte 1 führt. Ist stattdessen $p_{H2} \leq p_{H1}$, so werden die Kunden zuerst Experte 1 besuchen. Sind sie L-Typ ist Experte 1 ehrlich und verlangt p_{L1}, was die Kunden akzeptieren. Den H-Kunden wird p_{H1} empfohlen, welches sie bei $p_{H2} = p_{H1}$ akzeptieren, während sie bei $p_{H2} > p_{H1}$ zu Experte 2 wechseln. In beiden Fällen erwirtschaften entweder Experte 1 oder Experte 2 nur Verluste.

Fall c. $c_H > p_{H1} > p_{L1} > c_L$: In diesem Fall ist es unerheblich, ob sich Experte 1 ehrlich oder betrügerisch verhält. Experte 2 kann stets Preise nach $c_H \geq p_{H2} \geq p_{H1} > p_{L1} > p_{L2} > c_L$ setzen, und ehrlich behandeln. Dies führt dazu, dass alle Kunden zuerst Experte 2 besuchen. Sie kaufen bei ihm, falls er p_{L2} empfiehlt und ziehen zu Experte 1 weiter, sollte ihnen p_{H2} angeboten werden. Damit würde Experte 1 nur von H-Typen besucht und erreicht Verluste durch $c_H > p_{H1}$, während Experte 2 mit $p_{L2} > c_L$ positiven Gewinn erzielt.

Fall d. $c_H > p_{H1} = p_{L1} > c_L$: Diese Preiskonstellation impliziert eine ehrliche Empfehlung und wird – wie im einleitenden Abschnitt dargelegt – vom zweiten Experten durch $c_H \geq p_{H2} \geq p_{H1} = p_{L1} > p_{L2} > c_L$ ausgenützt. Experte 1 behandelt so nur schwere Probleme und erzielt Verluste, Experte 2 erreicht Gewinne.

Fall e. $c_H = p_{H1} > p_{L1} = c_L$: Bei einer solchen Gestaltung der Preise kann weder die stets ehrliche noch die stets betrügerische Abrechnung zu Verlusten für den Experten 1 führen.

- Handelt er betrügerisch, so wird p_{L1} nie verlangt und Experte 2 kann durch eine Preisgestaltung von $c_H = p_{H2} = p_{H1} > p_{L2} > p_{L1} = c_L$ in Verbindung mit einer ehrlichen Abrechnung sämtliche Kunden zu sich ziehen. Die L-Kunden kaufen das von ihm angebotene p_{L2} und bescheren ihm damit durch $p_{L2} > c_L$ Gewinne, während die Kunden mit großem Schaden gewinnneutral bleiben.

- Handelt Experte 1 stets ehrlich, kann Experte 2 keinen positiven Gewinn erreichen: Setzt er $p_{L2} > c_L$, so verliert er die L-Kunden an Experte 1. Er könnte damit theoretisch nur per Preisbetrug von den L-Kunden profitieren, was von diesen jedoch antizipiert und durch einen Wechsel zu Experte 1 bestraft würde. Setzt er zudem ein $c_H > p_{H2}$, so lassen sich sämtliche H-Kunden des Marktes bei ihm behandeln, was zu Verlusten führt. Es bleibt ihm nur, die Strategie von Experte 1 mit $p_{H2} = p_{H1}$ und $p_{L2} = p_{L1}$ zu replizieren, um Verluste zu vermeiden und seinen Umsatz zu maximieren.

Fall f. $c_H = p_{H1} > p_{L1} > c_L$: Hier kann sich Experte 2 ähnlich zu Fall c. verhalten und durch Preise von $c_H = p_{H2} = p_{H1} > p_{L1} > p_{L2} > c_L$ mit einer ehrlichen Behandlung sämtliche L-Kunden zu sich ziehen, bei positiven Gewinnen. Experte

1 würde zwar keine Verluste erleiden, hätte jedoch einen Anreiz seine Strategie ebenso durch eine Reduzierung von p_{L1} hin zum Verhältnis $p_{L2} > p_{L1} > c_L$ zu ändern. Dieser Preiskampf würde bis zu Preisen von $p_{L2} = p_{L1} = c_L$ andauern und damit direkt zum Fall e. führen.

Fall g. $c_H = p_{H1} = p_{L1} > c_L$: Experte 1 hätte hier keinen Anreiz zum Betrug und würde sich daher ehrlich verhalten. Experte 2 könnte derweil – in Anlehnung an die Fälle c. und f. – durch eine Reaktion von $c_H = p_{H2} = p_{H1} = p_{L1} > p_{L2} > c_L$ sämtliche Kunden mit geringen Problemen ehrlich behandeln und so positive Gewinne erreichen.

Es ist damit festgestellt, dass es bei reinen Strategien nur eine Preissetzungsstrategie gibt, bei der Experten weder direkt Verlust machen noch sich durch eine andere Preissetzung verbessern können. Diese besteht in der stets ehrlichen Behandlung unter Preisen von $p_H = c_H$ und $p_L = c_L$. Allerdings müssen hierbei die Aktionen der uninformierten Kunden geprüft werden, und ob die Experten ihr ehrliches Verhalten – gegeben die Strategie der Kunden steht fest – verändern würden. Unter diesen Preisen und der Ehrlichkeit der Experten kann die Strategie der Kunden nur aus der zufälligen Wahl eines Experten in Stufe $t = 3$ sowie der Annahme jeder Empfehlung des Experten in Stufe $t = 5$ bestehen. Genau diese Annahme jeder Empfehlung wird dann jedoch wieder von den Experten antizipiert, und sie haben in Stufe $t = 4$ den Anreiz zum Preisbetrug, da sie vom sicheren Kauf des Kunden in Stufe $t = 5$ wissen. Dieser Preisbetrug führt in der Folge zum ersten Unterpunkt des Falles e. mit der profitablen Abweichung eines Experten zu $p_L > c_L$ unter ehrlicher Behandlung. Damit zeigt sich auch diese Preissetzung der Experten als instabil.

Im Ergebnis steht fest, dass ein Gleichgewicht in reinen Strategien in diesem Markt nicht existieren kann.

B.2.1.2. Ermittlung des Gleichgewichtes in gemischten Strategien

Als Voraussetzung für das Mischen zwischen zwei Strategien – in diesem Fall Betrug und Nicht-Betrug – muss die Indifferenz der Erwartungswerte beider Optionen gegeben sein. Ein Experte mischt also nur dann zwischen der betrügerischen und der ehrlichen Behandlung, wenn der erwartete Gewinn aus dem Preisbetrug gleich dem erwarteten Gewinn der ehrlichen Behandlung ist. Die folgenden Bedingungen können aufgestellt werden, sie bauen stellenweise aufeinander auf:

B1: Die Erwartungswerte des Experten aus der p_H- und der p_L-Empfehlung müssen identisch sein, da andererseits keine Indifferenz zwischen den Empfehlungen gegeben ist.

B2: Der Erwartungsgewinn eines Verkäufers muss größer oder gleich Null sein.

B3: Es muss $p_H > p_L$ gelten, da sonst ein Preisbetrug nicht attraktiv sein kann.

B4: Es muss $p_L > c_L$ gelten, da sonst keine Indifferenz zwischen Betrug und Nicht-Betrug am unwissenden L-Kunden gegeben sein kann. Sowohl der Preisbetrug, als auch die ehrliche Behandlung des unwissenden L-Kunden müssen einen positiven Erwartungsnutzen aufweisen.

B5: Es muss $c_H > p_H$ gelten, da die Experten sonst trotz Bertrand-Wettbewerb positive Gewinne erreichen würden. Wäre $c_H = p_H$ und sowohl der Betrug als auch der Nicht-Betrug des unwissenden L-Kunden hätten einen positiven Erwartungswert, würde ein Experte Anreiz zum Abweichen haben: Durch eine minimale Senkung beider Preise könnte der Abweichler sämtliche Marktnachfrage aggregieren und damit seinen Gewinn maximieren.

B6: Es kann nur einen Typ Verkäufer geben, da alle Verkäufer dieselben Preise setzen müssen. Anderenfalls könnten Experten die Reihenfolge der Besuche antizipieren und wären nicht mehr indifferent zwischen ihren Optionen.

- Dies ist offensichtlich für den hohen Preis, da ansonsten der Experte mit dem niedrigsten p_H schlussendlich von allen Kunden mit großem Schaden besucht würde und wegen $p_H \in (0, c_H)$ und somit $c_H > p_H$ Verluste erleiden müsste.

- Für p_L sei angenommen, dass Experte 1 den niedrigsten Preis mit $p_{L1} > c_L$ gesetzt hat. Ein uninformierter Kunde würde dann stets zuerst Experte 1 besuchen, da er die Möglichkeit auf den kleinsten Preis in jedem Fall wahrnehmen möchte. Der Kunde würde in diesem Fall p_{L1} direkt akzeptieren, bei der Empfehlung von p_{H1} jedoch zum nächsten Experten wechseln, da er einen Preisbetrug nicht ausschließen kann und versucht, weiterhin eine eventuell mögliche p_L-Empfehlung zu erreichen. Damit ist Experte 1 aber nicht mehr indifferent zwischen seinen Optionen und würde stets p_{L1} verlangen.

B7: Die Experten werden mit einer Wahrscheinlichkeit $\delta \in [0,1]$ den unwissenden Kunden mit geringem Problem im Preis betrügen. Anderenfalls wäre eine reine Preisstrategie die Folge. Ebenso ist δ gleich für alle Experten, unter anderem da die Kunden sonst den Experten mit dem geringsten δ zur Minimierung ihrer Gesamtbesuche zuerst besuchen würden. Dieser Experte wäre dann nicht mehr indifferent zwischen seinen Optionen.

B8: Die Kunden würden eine p_L Empfehlung stets sofort akzeptieren, da dies den günstigsten zu erreichenden Preis darstellt und sie sich nicht weiter verbessern können.

B9: Für den Experten nehmen die Kunden mit einer Wahrscheinlichkeit $\alpha \in [0,1]$ die p_H Empfehlung an. Dabei steht α_H für Kunden mit großem und α_L für Kunden mit kleinem Problem. Würden die Kunden mit Sicherheit p_H annehmen oder ablehnen, hätte der Experte entweder stets den Anreiz im Preis zu betrügen, oder stets ehrlich zu behandeln.

B10: Die Kunden werden erst beim n-ten Besuch jede Empfehlung annehmen. Dies hat zwei Gründe:

- Bei den Besuchen 1 bis $n-1$ besteht für unwissende Kunden durch $\delta < 1$ die Wahrscheinlichkeit, in einem weiteren Besuch noch eine p_L Empfehlung zu erlangen. Da weitere Besuche keine negativen Folgen haben und ein unwissender Kunde seinen Problemtyp nicht kennt, sieht der Kunde bei jedem nicht-besuchten Experten eine weiterhin positive Restwahrscheinlichkeit für eine günstige p_L Empfehlung.

- Beim letzten Experten n kann der Kunde nach einer erneuten p_H-Empfehlung keine p_L-Empfehlung mehr erreichen. Zudem ist er aufgrund der Preisgleichheit aller p_H-Angebote indifferent zwischen den einzelnen Verkäufern und entscheidet sich daher zum direkten Kauf.

Es wird nun schrittweise das Gleichgewicht hergeleitet. Aus den Bedingungen B3-B6 ergibt sich $y = 1$ sowie ein Preisverhältnis von $c_H > p_H > p_L > c_L$. In Verbindung mit der Bedingung B9 ergeben sich die beiden Erwartungswerte des Preisbetrugs und der ehrlichen Behandlung mit $\alpha_L(p_H - c_L)$ beziehungsweise $p_L - c_L$. Diese müssen nach B1 identisch sein, deshalb folgt Gleichung 5.13 mit

$$p_L = \alpha_L p_H + (1 - \alpha_L)c_L \ . \tag{B.1}$$

Gleichzeitig kann durch B.1 und den Bedingungen B2, B7, B8 und B10 bereits die Gleichung des Gesamtgewinns aller Experten hergeleitet werden. Da im Markt die Unterversorgung von Kunden ausgeschlossen ist, werden unwissende Kunden mit großem Schaden stets eine p_H-Empfehlung bekommen. Aus Bedingung 10 folgt daher, dass ein solcher H-Kunde alle n Experten besuchen und beim letzten Experten p_H kaufen wird. Die Wahrscheinlichkeit auf die Annahme einer p_H Empfehlung durch einen unwissenden H-Kunden ist demnach

$$\alpha_H = \frac{1}{n} \ ,$$

da sie – wie alle Kunden – ihre Expertenbesuche aufgrund von $y = 1$ absolut zufällig wählen. Bezogen auf die Gesamtheit der Experten n bedeutet das, dass alle H-Kunden behandelt werden. Diese Wahrscheinlichkeit lässt sich aufgrund von B7 und B8 jedoch nicht auf Kunden mit geringem Problem übertragen: Da nach B7 ein $\delta \in [0,1]$ gilt, bekommt eine positive Anzahl der L-Kunden beim Expertenbesuch die p_L Empfehlung und nimmt diese nach B8 an. Mit jedem Besuch sinkt also deren Anzahl, bis beim letzten Besuch nur noch ein Anteil von δ^{n-1} der unwissenden L-Kunden verbleibt. Der letzte Experte betrügt ebenfalls mit der Wahrscheinlichkeit δ, weshalb insgesamt

δ^n der uninformierten Kunden mit geringem Problem im Preis betrogen werden. Die Gegenwahrscheinlichkeit $1 - \delta^n$ steht damit für den Anteil der ehrlich behandelten Konsumenten, die im Laufe ihrer Besuche ein p_L angeboten bekommen und nach B8 direkt angenommen haben. Es kann somit der Gesamtgewinn der Experten mit

$$\Pi = \underbrace{h\,(p_H - c_H)}_{\text{H-Kunden}} + \underbrace{(1 - h)\,\delta^n\,(p_H - c_L)}_{\text{L-Kunden (Preisbetrug)}} + \underbrace{(1 - h)\,(1 - \delta^n)\,(p_L - c_L)}_{\text{L-Kunden (kein Betrug)}} = 0 \qquad \text{(B.2)}$$

aufgestellt werden, welcher durch Bedingung 2 gleich Null gesetzt wird.

Durch die Ermittlung von α_L kann eine weitere Gleichung aufgestellt werden. Nach Bedingung 9 und Gleichung B.1 steht α_L für den Anteil an uninformierten Kunden mit geringem Problem, die den empfohlenen Preis p_H des Experten akzeptieren würden. In der Herleitung des Gesamtgewinns der Experten wurde bereits der Anteil δ^{n-1} ermittelt. Dieser verteilt sich auf alle Experten, deshalb gilt dementsprechend pro Experte die Anzahl $\frac{\delta^{n-1}}{n}$ an uninformierten Kunden bei ihrem letzten Expertenbesuch. Da uninformierte Kunden jedoch bekannterweise mehr als einen Experten besuchen, wird der Experte von mehr als den ansonsten pro rata verbleibenden $\frac{1-\delta^{n-1}}{n}$ uninformierten Kunden besucht. Dies ist insbesondere im Hinblick darauf wichtig, dass jeder besuchende L-Kunde nach B8 ein unmittelbarer Käufer einer p_L Empfehlung darstellt.

Da sich die Kunden stets zufällig auf die n Experten verteilen, kann zur Herleitung der besuchenden L-Kunden wie folgt vorgegangen werden: Ein Experte 1 wird von $\frac{1}{n}$ unwissenden L-Kunden als erstes besucht. Kunden, die bei ihrem ersten Besuch mit der Wahrscheinlichkeit δ eine p_H-Empfehlung bekommen haben, führen einen weiteren Besuch durch, wobei Experte 1 diesmal von $\frac{1}{n}\delta$ als zweiter Experte besucht wird. Da dies wiederum für alle Experten symmetrisch ist, werden die verbleibenden unwissenden L-Kunden erneut insgesamt mit der Wahrscheinlichkeit δ betrogen, weswegen $\frac{1}{n}\delta^2$ Kunden den Experte 1 für ihren dritten Besuch auswählen. Folgt man dieser Systematik weiter, so verbleiben beim n-ten Besuch die bekannten $\frac{1}{n}\delta^{n-1}$ beim Experten 1. Insgesamt wird

Experte 1 demnach von

$$\sum_{i=1}^{n} \left(\frac{1}{n} \delta^{n-i} \right)$$

der uninformierten L-Kunden besucht. Von diesen Kunden führt die Anzahl $\frac{\delta^{n-1}}{n}$ ihren letzten Besuch durch und würde demnach den Preisbetrug durch die p_H-Empfehlung akzeptieren. Da der Experte diese nicht identifizieren kann, ergibt sich in der Konsequenz die Annahmewahrscheinlichkeit von p_H durch einen L-Kunden, α_L, mit

$$\alpha_L = \frac{\frac{\delta^{n-1}}{n}}{\sum_{i=1}^{n} \left(\frac{1}{n} \delta^{n-i} \right)} = \frac{\delta^{n-1}}{\sum_{i=1}^{n} \delta^{n-i}} \tag{B.3}$$

und $0 < \alpha_L < 1$. Durch B.3 lässt sich B.1 zu

$$p_L = \frac{\delta^{n-1}}{\sum_{i=1}^{n} \delta^{n-i}} p_H + (1 - \frac{\delta^{n-1}}{\sum_{i=1}^{n} \delta^{n-i}}) c_L \tag{B.4}$$

erweitern. Ebenso lässt sich B.2 nach p_H umformen, es ergibt sich

$$p_H = \frac{c_H h + (1-h)c_L - (1-h)(1-\delta^n)p_L}{h + (1-h)\delta^n} . \tag{B.5}$$

Gleichung B.5 kann nun in Gleichung B.4 eingesetzt werden und nach p_L aufgelöst werden. Damit lassen sich p_L und p_H in Abhängigkeit von δ darstellen. Es sei zuerst p_H gegeben mit

$$p_H = \frac{(1-h)\delta^{n-1}c_L + hc_H}{(1-h)\delta^{n-1} + h}$$

und den Ableitungen $\frac{\partial p_H}{\partial \delta} < 0$ und $\frac{\partial p_H}{\partial n} > 0$. Der Preis der geringen Behandlung p_L lässt sich zu

$$p_L = \frac{h\delta c_L - (1-h)\delta^{2n}c_L - ((2h-1)c_L - h(1-\delta)c_H)\delta^n}{(1-\delta^n)(h\delta + (1-h)\delta^n)}$$

bestimmen, wobei nur die Ableitung $\frac{\partial p_L}{\partial n}$ mit $\frac{\partial p_L}{\partial n} < 0$ eindeutig ist. $\frac{\partial p_L}{\partial \delta}$ kann unterschiedliche Richtungen annehmen: Für Randwerte von kleinen n und großen δ ist $\frac{\partial p_L}{\partial \delta} < 0$ möglich, wobei stets eine ausreichend kleine Schwerewahrscheinlichkeit h mit $h < \frac{1}{2}$ gegeben sein muss. Für den Minimalfall $n = 2$ würde dann $\frac{\partial p_L}{\partial \delta}$ ab $\delta > \sqrt{\frac{h}{1-h}}$ negativ, $h < \frac{1}{2}$ vorausgesetzt.[193]

B.2.2. Markt (0,0,0)

Gleichgewicht bei $k = 0$

Es sei von $k = 0$ und $(1-h)v \geq c_L$ ausgegangen und der Frage, ob unter gleichen Voraussetzungen andere Preise als die des Marktes $(0,0,1)$ mit $p_H = p_L$ und $p_L = c_L$ existieren können. Zuerst sei $p_H \geq p_L$ mit $p_L > c_L$ angenommen unter $y = 1$. Hierbei würde ein Experte zu $p_L > p_{H2} = p_{L2} > c_L$ abweichen können, womit unter antizipierter Unterversorgung eine Gewinnsteigerung erzielt würde. Im Zuge dessen müsste sich zumindest p_L durch den Wettbewerb auf $p_L = c_L$ angleichen. Ist nun ein $p_H > p_L$ mit $p_L = c_L$ angenommen, so ist der Erwartungsgewinn eines Experten für die Preisempfehlung p_L mit Null neutral, eine p_H Preisempfehlung könnte unter $p_H > p_L$ jedoch attraktiv sein. Damit dies der Fall ist, müsste ein Kunde p_H mit positiver Wahrscheinlichkeit akzeptieren, wozu er nur bereit ist, wenn kein anderer Experte p_L empfiehlt. Selbst wenn diese Umstände gegeben wären, müsste sich p_H durch den Wettbewerb jedoch ebenso den Grenzkosten der Unterversorgung c_L angleichen.

Durch die Möglichkeit des Anbieterwechsels nach einer Preisempfehlung kommt den uninformierten Kunden mit großem Schaden eine besondere Bedeutung zu. Bei einer Preiskonstellation von $p_H = p_L = c_L$ ist der erwartete Gewinn jedes Verkäufers gleich Null, unabhängig von seiner Preisempfehlung. Experten sind daher bereit, eine ehrliche Diagnose zu geben, da sie in Stufe $t = 4$ indifferent zwischen Betrug und nicht-Betrug

---

[193]Die Intuition zu $\frac{\partial p_L}{\partial \delta} < 0$ findet sich in den Gleichungen B.1, B.2 und B.3: Für ausreichend kleine n ist α_L nach B.3 relativ hoch und steigt in δ trotz $\frac{\partial \alpha_L}{\partial \delta} > 0$ weniger stark, da $\frac{\partial \alpha_L^2}{\partial^2 \delta} < 0$ gilt. Gleichzeitig sinkt p_H durch Gleichung B.2 vergleichsweise deutlich, da h gering ist und sich somit die Verluste durch $p_H < c_H$ in Grenzen halten. Nach Gleichung B.1 überwiegt damit das sinkende p_H den steigenden α_L-Wert und führt insgesamt zu sinkendem p_L.

sind. Dies ermöglicht es uninformierten Kunden, die Preisempfehlung als glaubhaftes Signal aufzufassen und, nach einer Empfehlung von p_H, ihren Problemtyp als hoch identifiziert zu wissen. Die Zahlungsbereitschaft eines uninformierten Kunden nach einer p_H Empfehlung aktualisiert sich demnach auf Null, da die Unterversorgung antizipiert wird. Dies führt zum Verlassen des Marktes ohne Behandlung. Beobachtet der uninformierte Kunde stattdessen eine p_L Empfehlung, lernt er ebenso seinen Problemtyp kennen und weiß von der sicheren, erfolgreichen Behandlung. Seine Zahlungsbereitschaft steigt somit auf v – ohne weitere Folgen – und er kauft direkt.

Das glaubhafte Signal des Experten hat demnach zwei Effekte zur Folge: Die anfängliche Annahme von $(1 - h)v \geq c_L$ zur Sicherstellung der Teilnahme uninformierter Kunden wird unbedeutend, da der Erwartungsnutzen einer Teilnahme nun mit $h0 + (1 - h)(v - c_L) > 0$ stets positiv ist, unabhängig von h. Weiter ist die soziale Wohlfahrt unter $k = 0$ größer als im Markt mit Verpflichtung, da keine unnötigen Unterversorgungen stattfinden. Gleichwohl kann durch die mit dem Marktaustritt uninformierter H-Kunden verbundene nicht-Behandlung der schwerwiegenden Problemfälle kein SW_{max} erreicht werden und der Markt bleibt – wenn auch ohne Betrug – ineffizient.

Anhang C.

Schaubilder

C.1. Markt (1,0)

Größere Versionen der verwendeten Schaubilder aus den Abbildungen 13, 38 und 39:

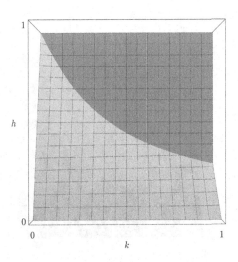

Abbildung 41.: Vergrößerte Version des linken Schaubildes der Abbildung 13 mit der Abgrenzung von $\Pi_{b(1,0)}$ gegenüber $\Pi_{a(1,0)}$. Quelle: eigene Darstellung.

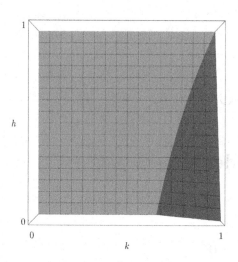

Abbildung 42.: Vergrößerte Version des mittleren Schaubildes der Abbildung 13 mit der Abgrenzung von $\Pi_{b(1,0)}$ gegenüber $\Pi_{c(1,0)}$. Quelle: eigene Darstellung.

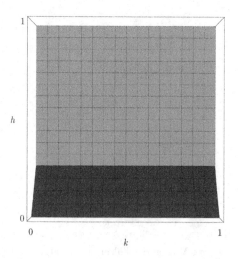

Abbildung 43.: Vergrößerte Version des rechten Schaubildes der Abbildung 13 mit der Abgrenzung von $\Pi_{b(1,0)}$ gegenüber $\Pi_{d(1,0)}$. Quelle: eigene Darstellung.

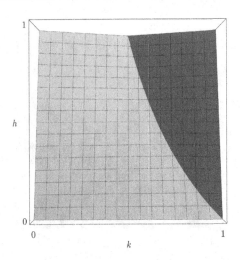

Abbildung 44.: Vergrößerte Version des mittleren Schaubildes der Abbildung 38 mit der Abgrenzung von $\Pi_{a(1,0)}$ gegenüber $\Pi_{c(1,0)}$. Quelle: eigene Darstellung.

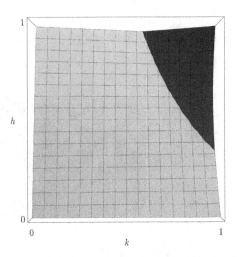

Abbildung 45.: Vergrößerte Version des rechten Schaubildes der Abbildung 38 mit der Abgrenzung von $\Pi_{a(1,0)}$ gegenüber $\Pi_{d(1,0)}$. Quelle: eigene Darstellung.

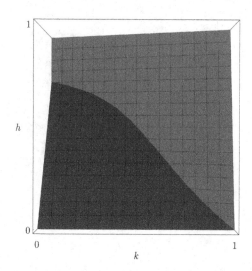

Abbildung 46.: Vergrößerte Version des rechten Schaubildes der Abbildung 39 mit der Abgrenzung von $\Pi_{c(1,0)}$ gegenüber $\Pi_{d(1,0)}$. Quelle: eigene Darstellung.

C.2. Markt (0,1)

Zusätzliche Ansicht zum Schaubild 21 (Abbildung 47).

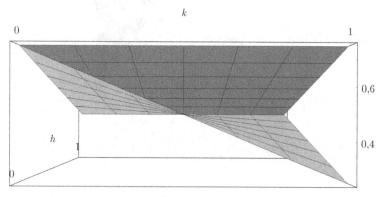

Abbildung 47.: Veränderte Perspektive des Schaubildes 21. Quelle: eigene Darstellung.

C.3. Markt (0,1,0)

Zusätzliche Ansicht zum Schaubild 29 (Abbildung 48).

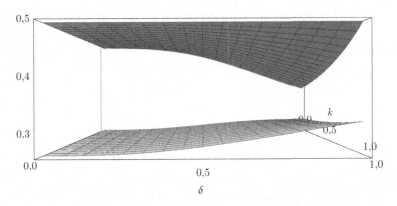

Abbildung 48.: Veränderte Perspektive des Schaubildes 29. Quelle: eigene Darstellung.

Zusätzliche Ansicht zum Schaubild 30 (Abbildung 49).

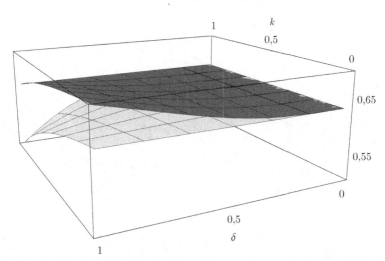

Abbildung 49.: Veränderte Perspektive des Schaubildes 30. Quelle: eigene Darstellung.

Literaturverzeichnis

Ackerberg, D. A. (2003). Advertising, learning, and consumer choice in experience good markets: An empirical examination. International Economic Review, 44(3):1007–1040.

Afendulis, C. C. und Kessler, D. P. (2007). Tradeoffs from integrating diagnosis and treatment in markets for health care. The American Economic Review, 97(3):1013–1020.

Aghion, P. und Hermalin, B. (1990). Legal restrictions on private contracts can enhance efficiency. Journal of Law, Economics, & Organization, 6(2):381–409.

Aghion, P. und Tirole, J. (1997). Formal and real authority in organizations. Journal of Political Economy, 105(1):1–29.

Ahlert, M., Felder, S., und Vogt, B. (2012). Which patients do i treat? an experimental study with economists and physicians. Health Economics Review, 2(1):1–11.

Akerlof, G. A. (1970). The market for 'lemons': quality uncertainty and the market mechanism. The Quarterly Journal of Economics, 84(3):488–500.

Alchian, A. A. und Demsetz, H. (1972). Production, information costs, and economic organization. The American Economic Review, 62(5):777–795.

Alger, I. und Salanie, F. (2006). A theory of fraud and overtreatment in experts markets. Journal of Economics & Management Strategy, 15(4):853–881.

Allgemeine Deutsche Automobil-Club e. V. (ADAC) (2011a). ADAC Werkstatt-Test 2011. ADAC Motorwelt, 2011(9):34–39.

Allgemeine Deutsche Automobil-Club e. V. (ADAC) (2011b). ADAC Werkstatt-Test 2011 – Aus Fehlern nicht immer gelernt. Online unter `http://www.adac.de/infotestrat/tests/autohaus-werkstatt/auto-werkstatt/2011/`. Zuletzt abgerufen am 04.09.2014.

Anagol, S., Cole, S., und Sarkar, S. (2013). Understanding the advice of commissions-motivated agents: Evidence from the indian life insurance market. Harvard Business School Finance Working Paper 12-055, Harvard Business School.

AOK Bundesverband (2012). Krankenhaus-Report 2013: Steigende Anzahl an Operationen in Kliniken lässt sich nicht allein mit medizinischem Bedarf erklären. Pressemitteilung online unter `http://www.aok-bv.de/presse/veranstaltungen/2012/index_09215.html`. Zuletzt abgerufen am 19.03.2014.

Arrow, K. J. (1963). Uncertainty and the welfare economics of medical care. The American Economic Review, 53(5):941–973.

Auto Motor und Sport (2013). Werkstattärger: So schützen Sie sich vor Abzocke. Online unter `http://www.auto-motor-und-sport.de/news/werkstattaerger-so-schuetzen-sie-sich-vor-abzocke-7195013.html`. Zuletzt abgerufen am 19.03.2014.

Autobild (2009). Ratgeber Recht: So wehren Sie sich gegen Werkstattpfusch. Online unter `http://www.autobild.de/artikel/ratgeber-recht-1018310.html`. Zuletzt abgerufen am 19.03.2014.

Badische Zeitung (2010). Kritische Ärzte: Gebärmutter-OPs oft überflüssig. Online unter `http://www.badische-zeitung.de/gesundheit-ernaehrung/kritische-aerzte-gebaermutter-ops-oft-ueberfluessig--25397367.html`. Zuletzt abgerufen am 19.03.2014.

Bagwell, K. (2007). The economic analysis of advertising. Handbook of Industrial Organization, 3:1701–1844.

Baksi, S. und Bose, P. (2007). Credence goods, efficient labelling policies, and regulatory enforcement. Environmental and Resource Economics, 37(2):411–430.

Balafoutas, L., Beck, A., Kerschbamer, R., und Sutter, M. (2013). What drives taxi drivers? a field experiment on fraud in a market for credence goods*. The Review of Economic Studies, 80(3):876–891.

Beck, A., Kerschbamer, R., Qiu, J., und Sutter, M. (2013). Shaping beliefs in experimental markets for expert services: Guilt aversion and the impact of promises and money-burning options. Games and Economic Behavior, 81(0):145–164.

Beck, A., Kerschbamer, R., Qiu, J., und Sutter, M. (2014). Car mechanics in the lab-investigating the behavior of real experts on experimental markets for credence goods. Journal of Economic Behavior & Organization, 108:166–173.

Benabou, R. und Laroque, G. (1992). Using privileged information to manipulate markets: Insiders, gurus, and credibility. The Quarterly Journal of Economics, 107(3):921–958.

Benabou, R. und Tirole, J. (2003). Intrinsic and extrinsic motivation. The Review of Economic Studies, 70(3):489–520.

Bennett, V. M., Pierce, L., Snyder, J. A., und Toffel, M. W. (2013). Customer-driven misconduct: How competition corrupts business practices. Management Science, 59(8):1725–1742.

Besley, T. (1988). A simple model for merit good arguments. Journal of Public Economics, 35(3):371–383.

Bester, H. und Strausz, R. (2001). Contracting with imperfect commitment and the revelation principle: the single agent case. Econometrica, 69(4):1077–1098.

Bester, H. und Strausz, R. (2007). Contracting with imperfect commitment and noisy communication. Journal of Economic Theory, 136(1):236–259.

Blume, A., Board, O. J., und Kawamura, K. (2007). Noisy talk. Theoretical Economics, 2(4):395–440.

Bolton, P., Freixas, X., und Shapiro, J. (2007). Conflicts of interest, information provision, and competition in the financial services industry. Journal of Financial Economics, 85(2):297–330.

Broecker, T. (1990). Credit-worthiness tests and interbank competition. Econometrica, 58(2):429–452.

Brown, J. und Minor, D. (2013). Misconduct in credence good markets. NBER Working Paper w18608, National Bureau of Economic Research.

Bucher-Koenen, T. und Koenen, J. (2015). Do seemingly smarter consumers get better advice? MEA Discussion Paper 01-2015, Max Planck Institute for Social Law and Social Policy.

Bundeskriminalamt (2012). Wirtschaftskriminalität – Bundeslagebild 2011. On-line unter http://www.bka.de/nn_193360/DE/Publikationen/Jahresberichte UndLagebilder/Wirtschaftskriminalitaet/wirtschaftskriminalitaet__node. h tml?__nnn=true. Zuletzt abgerufen am 18.03.2014.

Calcagno, R. und Monticone, C. (2015). Financial literacy and the demand for financial advice. Journal of Banking & Finance, 50:363–380.

Calfee, J. E. und Ford, G. T. (1988). Economics, information and consumer behavior. Advances in Consumer Research, 15(1):234–238.

Çelen, B., Kariv, S., und Schotter, A. (2010). An experimental test of advice and social learning. Management Science, 56(10):1687–1701.

Chalkley, M. und Malcomson, J. M. (1998). Contracting for health services when patient demand does not reflect quality. Journal of Health Economics, 17(1):1–19.

Che, Y. und Kartik, N. (2009). Opinions as incentives. Journal of Political Economy, 117(5):815–860.

Chen, Y., Kartik, N., und Sobel, J. (2008). Selecting cheap-talk equilibria. Econometrica, 76(1):117–136.

Christensen, L. R., Jorgenson, D. W., und Lau, L. J. (1975). Transcendental logarithmic utility functions. The American Economic Review, 65(3):367–383.

Coase, R. H. (1937). The nature of the firm. Economica, 4(16):386–405.

Cooper, R. W. und Frank, G. L. (2005). The highly troubled ethical environment of the life insurance industry: Has it changed significantly from the last decade and if so, why? Journal of Business Ethics, 58(1-3):149–157.

Cornes, R. (1996). The theory of externalities, public goods, and club goods. Cambridge University Press.

Crawford, V. und Sobel, J. (1982). Strategic information transmission. Econometrica, 50(6):1431–1451.

Cromwell, J. und Mitchell, J. B. (1986). Physician-induced demand for surgery. Journal of Health Economics, 5(4):293–313.

Darby, M. und Karni, E. (1973). Free competition and the optimal amount of fraud. Journal of law and economics, 16(1):67–88.

Deaton, A. und Muellbauer, J. (1980). An almost ideal demand system. The American Economic Review, 70(3):312–326.

Deci, E. L. (1971). Effects of externally mediated rewards on intrinsic motivation. Journal of personality and Social Psychology, 18(1):105–115.

Demougin, D. und Fluet, C. (2001). Monitoring versus incentives. European Economic Review, 45(9):1741–1764.

Demski, J. und Sappington, D. (1987). Delegated expertise. Journal of Accounting Research, 25(1):68–89.

Der Bundesgerichtshof (2012). Keine Strafbarkeit von Kassenärzten wegen Bestechlichkeit. Mitteilung der Pressestelle Nr. 97/2012.

Der Spiegel (1962). Auto-Test: Geradezu kriminell. Online unter `http://www.spiegel.de/spiegel/print/d-45140162.html`. Zuletzt abgerufen am 19.03.2014.

Der Spiegel (2012a). Kampf gegen Abzocke: Verbraucher sollen öfter für Finanzberatung zahlen. Online unter `http://www.spiegel.de/wirtschaft/service/hohe-provisionen-bei-banken-regierung-will-mehr-honorarberater-a-865692.html`. Zuletzt abgerufen am 18.03.2014.

Der Spiegel (2012b). Korruption im Gesundheitswesen: Kassen-Detektive jagen betrügerische Ärzte. Online unter `http://www.spiegel.de/wirtschaft/krankenkassen-detektive-jagen-betruegerische-aerzte-mit-spezialsoftware-a-873059.html`. Zuletzt abgerufen am 19.03.2014.

Der Spiegel (2012c). Wir machen uns mal frei: Einmal überflüssig operieren, bitte. Online unter `http://www.spiegel.de/gesundheit/diagnose/wir-machen-uns-mal-frei-wenn-aerzte-unnoetige-therapien-durchfuehren-a-873513.html`. Zuletzt abgerufen am 19.03.2014.

Die Welt (2006). Im Zweifel für den Anwalt. Online unter `http://www.welt.de/print-wams/article141139/Im-Zweifel-fuer-den-Anwalt.html`. Zuletzt abgerufen am 19.03.2014.

Die Welt (2014). Für Makler bleibt es bei der Narrenfreiheit. Online unter `http://www.welt.de/finanzen/immobilien/article124507149/Fuer-Makler-bleibt-es-bei-der-Narrenfreiheit.html`. Zuletzt abgerufen am 19.03.2014.

Die Zeit (2009). Finanzberater – „brutal viel geld verdienen". Online unter `http://www.zeit.de/2009/20/Abzocker`. Zuletzt abgerufen am 18.03.2014.

Die Zeit (2012a). Autoreparatur: Wenn die Werkstatt schröpfen will. Online unter http://www.zeit.de/auto/2012-07/werkstatt-auto-reparatur-abzocke. Zuletzt abgerufen am 19.03.2014.

Die Zeit (2012b). Krankenhaus-Report: Kliniken operieren zu häufig, weil es sich lohnt. Online unter http://www.zeit.de/wissen/gesundheit/2012-12/krankenhaeuser-operationen-patienten. Zuletzt abgerufen am 19.03.2014.

Domenighetti, G., Casabianca, A., Gutzwiller, F., und Martinoli, S. (1993). Revisiting the most informed consumer of surgical services: The physician-patient. International Journal of Technology Assessment in Health Care, 9(4):505–513.

Dranove, D. (1988). Demand inducement and the physician/patient relationship. Economic Inquiry, 26(2):281–298.

Dranove, D. und Wehner, P. (1994). Physician-induced demand for childbirths. Journal of Health Economics, 13(1):61–73.

Droste, F. (2014). Die strategische Manipulation der elektronischen Mundpropaganda, volume 15 of Management, Organisation und ökonomische Analyse. Springer Fachmedien, Wiesbaden.

Dulleck, U., Johnston, D., Kerschbamer, R., und Sutter, M. (2012). The good, the bad and the naive: Do fair prices signal good types or do they induce good behaviour? Working Papers in Economics and Statistics 6491, Institute for the Study of Labor (IZA).

Dulleck, U. und Kerschbamer, R. (2006). On doctors, mechanics, and computer specialists: The economics of credence goods. Journal of Economic Literature, 44(1):5–42.

Dulleck, U. und Kerschbamer, R. (2009). Experts vs. discounters: Consumer free-riding and experts withholding advice in markets for credence goods. International Journal of Industrial Organization, 27(1):15–23.

Dulleck, U., Kerschbamer, R., und Sutter, M. (2011). The economics of credence goods:

An experiment on the role of liability, verifiability, reputation, and competition. The American Economic Review, 101(2):526–555.

Eisenberg, J. M. (1985). Physician utilization: The state of research about physicians' practice patterns. Medical Care, 23(5):461–483.

Eisenhardt, K. M. (1989). Agency theory: An assessment and review. Academy of Management Review, 14(1):57–74.

Ekelund, R., Mixon, F., und Ressler, R. (1995). Advertising and information: an empirical study of search, experience and credence goods. Journal of Economic Studies, 22(2):33–43.

Ellis, R. P. und McGuire, T. G. (1986). Provider behavior under prospective reimbursement: Cost sharing and supply. Journal of Health Economics, 5(2):129–151.

Emons, W. (1997). Credence goods and fraudulent experts. The RAND Journal of Economics, 28(1):107–119.

Emons, W. (2000). Expertise, contingent fees, and insufficient attorney effort. International Review of Law and Economics, 20(1):21–33.

Emons, W. (2001). Credence goods monopolists. International Journal of Industrial Organization, 19(3-4):375–389.

Feddersen, T. und Gilligan, T. (2001). Saints and markets: Activists and the supply of credence goods. Journal of Economics & Management Strategy, 10(1):149–171.

Federal Bureau of Investigation (FBI) (2011). Financial crimes report to the public: Fiscal years 2010-2011. Online unter http://www.fbi.gov/stats-services/publications/financial-crimes-report-2010-2011. Zuletzt abgerufen am 18.03.2014.

Focus (2013a). Korruption bisher nicht strafbar: Krankenkassen fordern Strafen für bestechliche Ärzte. Online unter http://www.focus.de/finanzen/versicherungen/

krankenversicherung/korruption-bisher-nicht-strafbar-krankenkassen
-fordern-strafen-fuer-bestechliche-aerzte_aid_890130.html. Zuletzt
abgerufen am 19.03.2014.

Focus (2013b). Operationen häufig unnötig: Wer einen zweiten Arzt fragt, kann
sich die OP sparen. Online unter http://www.focus.de/gesundheit/news/
operationen-sehr-haeufig-unnoetig-wer-einen-zweiten-arzt-fragt-kann
-sich-die-op-sparen_id_3499207.html. Zuletzt abgerufen am 19.03.2014.

Focus (2013c). Umsonst ist nicht kostenlos: Bei Anlageberatung fließt Provision. Online unter http://www.focus.de/finanzen/recht/finanzen-umsonst-ist-nicht-
kostenlos-bei-anlageberatung-fliesst-provision_aid_940611.html. Zuletzt
abgerufen am 18.03.2014.

Fombrun, C. und Shanley, M. (1990). What's in a name? reputation building and
corporate strategy. Academy of Management Journal, 33(2):233–258.

Fong, Y. (2005). When do experts cheat and whom do they target? The RAND Journal
of Economics, 36(1):113–130.

Ford, G. T., Smith, D. B., und Swasy, J. L. (1988). An empirical test of the search,
experience and credence attributes framework. Advances in Consumer Research,
15(1):239–244.

Ford, G. T., Smith, D. B., und Swasy, J. L. (1990). Consumer skepticism of advertising
claims: Testing hypotheses from economics of information. Journal of Consumer
Research, 16(4):433–41.

Frankfurter Allgemeine Zeitung (2010). Geldanlage: Finanzberater sind Verkäufer
und werden dafür bezahlt. Online unter http://www.faz.net/aktuell/finanzen/
strategie-trends/geldanlage-finanzberater-sind-verkaeufer-und-werden
-dafuer-bezahlt-1911524.html. Zuletzt abgerufen am 18.03.2014.

Frankfurter Allgemeine Zeitung (2012). Ohne Schutz. Online unter `http://www.faz.`
`net/aktuell/politik/staat-und-recht/gastbeitrag-ohne-schutz-11784394.`
`h tml`. Zuletzt abgerufen am 19.03.2014.

Frankfurter Allgemeine Zeitung (2013). Schummelnde Ärzte – Krankenkassen ermitteln
53.000 Betrugsfälle. Online unter `http://www.faz.net/aktuell/wirtschaft/`
`wirtschaftspolitik/schummelnde-aerzte-krankenkassen-ermitteln-53-000`
`-betrugsfaelle-12028723.html`. Zuletzt abgerufen am 19.03.2014.

Fuchs, V. R. (1978). The supply of surgeons and the demand for operations. The
Journal of Human Resources, 13:35–56.

Fuchs, V. R. (1996). Economics, values, and health care reform. The American
Economic Review, 86(1):1–24.

Fußwinkel, O. (2014).   Grauer Kapitalmarkt: Rendite und Risiko –
Marktabgrenzung, Regulierung und Verantwortung des Anlegers.   In
BaFin Journal – Mitteilungen der Bundesanstalt für Finanzdienstleistungsaufsicht.
Bundesanstalt für Finanzdienstleistungsaufsicht. Ausgabe 3.

Georgarakos, D. und Inderst, R. (2014). Financial advice and stock market participation. Cepr discussion paper no. dp9922, Centre for Economic Policy Research.

Gneezy, U. (2005). Deception: The role of consequences. The American Economic
Review, 95(1):384–394.

Goltsman, M., Hörner, J., Pavlov, G., und Squintani, F. (2009). Mediation, arbitration
and negotiation. Journal of Economic Theory, 144(4):1397–1420.

Grossman, S. und Hart, O. (1980). Disclosure laws and takeover bids. The Journal of
Finance, 35(2):323–334.

Gruber, J. und Owings, M. (1996). Physician financial incentives and cesarean section
delivery. The RAND Journal of Economics, 27(1):99–123.

Güth, W. und Kliemt, H. (2001). Allgemein bekannte, einseitige und eingeschränkte Formen der Rationalität. In Jost, P.-J., editor, Die Spieltheorie in der Betriebswirtschaftslehre. Schäffer-Poeschel, Stuttgart. 447–474.

Haas-Wilson, D. und Gaynor, M. (1998). Physician networks and their implications for competition in health care markets. Health Economics, 7(2):179–182.

Habschick, M. und Evers, J. (2008). Anforderungen an Finanzvermittler – mehr Qualität, bessere Entscheidungen. Online unter http://www.bmelv.de/cae/servlet/contentblob/379922/publicationFile/21929/StudieFinanzvermittler.pdf. Studie im Auftrag des Bundesministeriums für Ernährung, Landwirtschaft und Verbraucherschutz. Zuletzt abgerufen am 25.03.2014.

Hackethal, A., Inderst, R., und Meyer, S. (2011). Trading on advice. CEPR Discussion Papers 8091, Centre for Economic Policy Research.

Handelsblatt (2013). Viele Autowerkstätten arbeiten mangelhaft. Online unter http://www.handelsblatt.com/auto/test-technik/adac-werkstatt-test-2013-viele-autowerkstaetten-arbeiten-mangelhaft/8710594.html. Zuletzt abgerufen am 19.03.2014.

Harsanyi, J. C. (1967). Games with incomplete information played by "bayesian" players part i. the basic model. Management Science, 14(3):159–182.

Harsanyi, J. C. (1968a). Games with incomplete information played by "bayesian" players part ii. bayesian equilibrium points. Management Science, 14(5):320–334.

Harsanyi, J. C. (1968b). Games with incomplete information played by "bayesian" players part iii. the basic probability distribution of the game. Management Science, 14(7):486–502.

Harsanyi, J. C. und Selten, R. (1972). A generalized nash solution for two-person bargaining games with incomplete information. Management Science, 18(5):80–106.

Hart, O. (1989). An economist's perspective on the theory of the firm. Columbia Law Review, 89(7):1757–1774.

Hart, O. und Holmström, B. (1987). The theory of contracts. In Advances in Economic Theory, 5th World Congress of the Econometric Society, Cambridge. Cambridge University Press.

Hauser, J. und Wernerfelt, B. (1990). An evaluation cost model of consideration sets. Journal of Consumer Research, 16(4):393–408.

Hennig-Schmidt, H., Selten, R., und Wiesen, D. (2011). How payment systems affect physicians' provision behaviour—an experimental investigation. Journal of Health Economics, 30(4):637–646.

Hermalin, B. E. und Katz, M. L. (1993). Judicial modification of contracts between sophisticated parties: A more complete view of incomplete contracts and their breach. Journal of Law, Economics, & Organization, 9(2):230–255.

Hermalin, B. E. und Katz, M. L. (2009). Information and the hold-up problem. The RAND Journal of Economics, 40(3):405–423.

Hermalin, B. E. und Weisbach, M. S. (2012). Information disclosure and corporate governance. The Journal of Finance, 67(1):195–233.

Hoch, S. J. und Deighton, J. (1989). Managing what consumers learn from experience. Journal of Marketing, 53(2):1–20.

Hubbard, T. N. (1998). An empirical examination of moral hazard in the vehicle inspection market. The RAND Journal of Economics, 29(2):406–426.

Hubbard, T. N. (2002). How do consumers motivate experts? reputational incentives in an auto repair market. Journal of Law and Economics, 45(2):437–468.

Iizuka, T. (2007). Experts' agency problems: evidence from the prescription drug market in japan. The RAND Journal of Economics, 38(3):844–862.

Inderst, R. und Ottaviani, M. (2009). Misselling through agents. The American Economic Review, 99(3):883–908.

Inderst, R. und Ottaviani, M. (2012a). Competition through commissions and kickbacks. The American Economic Review, 102(2):780–809.

Inderst, R. und Ottaviani, M. (2012b). How (not) to pay for advice: A framework for consumer financial protection. Journal of Financial Economics, 105(2):393–411.

Ivanov, M. (2010). Communication via a strategic mediator. Journal of Economic Theory, 145(2):869–884.

Jost, P.-J. (2001a). Der Transaktionskostenansatz im Unternehmenskontext. In Jost, P.-J., editor, Der Transaktionskostenansatz in der Betriebswirtschaftslehre. Schäffer-Poeschel, Stuttgart. 9–34.

Jost, P.-J. (2001b). Die Prinzipal-Agenten-Theorie im Unternehmenskontext. In Jost, P.-J., editor, Die Prinzipal-Agenten-Theorie in der Betriebswirtschaftslehre. Schäffer-Poeschel, Stuttgart. 11–43.

Jost, P.-J. (2001c). Die Spieltheorie im Unternehmenskontext. In Jost, P.-J., editor, Die Spieltheorie in der Betriebswirtschaftslehre. Schäffer-Poeschel, Stuttgart. 9–42.

Jost, P.-J. (2008). Organisation und Motivation: eine ökonomisch-psychologische Einführung. Gabler Verlag.

Jost, P.-J. (2011). The Economics of Organization and Coordination. Edward Elgar, Cheltenham, UK & Northampton, MA, USA.

Kaas, K. P. (1993). Informationsprobleme auf Märkten für umweltfreundliche Produkte. In Betriebswirtschaft und Umweltschutz. Schäffer-Poeschel, Stuttgart.

Kamenica, E. (2008). Contextual inference in markets: On the informational content of product lines. The American Economic Review, 98(5):2127–2149.

Kerschbamer, R., Sutter, M., und Dulleck, U. (2013). How distributional preferences shape incentives on (experimental) markets for credence goods. Proceedings of EEA-ESEM2013, 1:1–40.

Kihlstrom, R. E. und Riordan, M. H. (1984). Advertising as a signal. Journal of Political Economy, 92(3):427–450.

Klein, L. R. (1998). Evaluating the potential of interactive media through a new lens: Search versus experience goods. Journal of Business Research, 41(3):195–203.

Koenen, J. und Reik, S. (2010). Individual (ir)rationality? an empirical analysis of behavior in an emerging social online-network. CDSE Discussion Paper 97, Universität Mannheim. 2010.

Krausz, M. und Paroush, J. (2002). Financial advising in the presence of conflict of interests. Journal of Economics and Business, 54(1):55–71.

Kreps, D. M. und Wilson, R. (1982). Reputation and imperfect information. Journal of Economic Theory, 27(2):253–279.

Krishna, V. und Morgan, J. (2001). A model of expertise. The Quarterly Journal of Economics, 116(2):747–775.

Kuksov, D. und Villas-Boas, J. (2010). When more alternatives lead to less choice. Marketing Science, 29(3):507–524.

Laband, D. N. (1989). The durability of informational signals and the content of advertising. Journal of Advertising, 18(1):13–18.

Levitt, S. D. und Syverson, C. (2008). Market distortions when agents are better informed: The value of information in real estate transactions. The Review of Economics and Statistics, 90(4):599–611.

Li, M. (2010). Advice from multiple experts: A comparison of simultaneous, sequential, and hierarchical communication. The BE Journal of Theoretical Economics, 10(1):1–24.

Li, M. und Madarasz, K. (2008). When mandatory disclosure hurts: Expert advice and conflicting interests. Journal of Economic Theory, 139(1):47–74.

Liu, T. (2011). Credence goods markets with conscientious and selfish experts. International Economic Review, 52(1):227–244.

Madrian, B. und Shea, D. (2001). The power of suggestion: Inertia in 401 (k) participation and savings behavior. The Quarterly Journal of Economics, 116(4):1149–1187.

Mailath, G. J. und Samuelson, L. (2001). Who wants a good reputation? The Review of Economic Studies, 68(2):415–441.

Marshall, A. (1895). Principles of Economics. Macmillan, London, third edition.

Marx, K. (1867). Das Kapital: Kritik der politischen Ökonomie. Verlag von Otto Meisner.

Matthews, S. und Postlewaite, A. (1985). Quality testing and disclosure. The RAND Journal of Economics, 16(3):328–340.

Maute, M. F. und Forrester Jr, W. R. (1991). The effect of attribute qualities on consumer decision making: A causal model of external information search. Journal of Economic Psychology, 12(4):643–666.

Mazar, N. und Ariely, D. (2006). Dishonesty in everyday life and its policy implications. Journal of Public Policy & Marketing, 25(1):117–126.

McGuire, T. G. (2000). Chapter 9 physician agency. In Culyer, A. J. und Newhouse, J. P., editors, Handbook of Health Economics, volume 1, Part A of Handbook of Health Economics. Elsevier. 461–536.

Mechtenberg, L. und Münster, J. (2012). A strategic mediator who is biased in the same direction as the expert can improve information transmission. Economics Letters, 117(2):490–492.

Michel, M. und Yoo, C.-J. (2013). Anlageberatung: Beratungsprotokoll und Mitarbeiter- und Beschwerderegister in der Aufsichtspraxis. Fachartikel, BaFin – Bundesanstalt für Finanzdienstleistungsaufsicht, Online unter `http://www.bafin.de/SharedDocs/Veroeffentlichungen/DE/Fachartikel/2013 /fa_bj_2013_07_beratungsprotokoll_aufsichtspraxis.html`. Zuletzt abgerufen am 12.08.2014.

Milgrom, P. und Roberts, J. (1986). Relying on the information of interested parties. The RAND Journal of Economics, 17(1):18–32.

Milgron, P. (1981). Good news and bad news: Representation theorems and applications. Bell journal of Economics, 12(2):380–391.

Mimra, W., Rasch, A., und Waibel, C. (2013). Price competition and reputation in credence goods markets: Experimental evidence. Working Paper 13/176, CER-ETH-Center of Economic Research (CER-ETH) at ETH Zurich.

Mitusch, K. und Strausz, R. (2005). Mediation in situations of conflict and limited commitment. Journal of Law, Economics, and Organization, 21(2):467–500.

Morgan, J. und Stocken, P. (2003). An analysis of stock recommendations. The RAND Journal of Economics, 34(1):183.

Morris, S. (2001). Political correctness. Journal of Political Economy, 109(2):231–265.

Mullainathan, S., Noeth, M., und Schoar, A. (2012). The market for financial advice: An audit study. NBER Working Paper w17929, National Bureau of Economic Research.

Musgrave, R. A. (1957). A multiple theory of budget determination. Finanzarchiv, 17(3):333–343.

Musgrave, R. A. (1959). Theory of public finance; a study in public economy. McGraw-Hill.

Nelson, P. (1970). Information and consumer behavior. Journal of Political Economy, 78(2):311–329.

Nelson, P. (1974). Advertising as information. Journal of Political Economy, 82(4):729.

Norton, S. W. und Norton Jr, W. (1988). An economic perspective on the information content of magazine advertisements. International Journal of Advertising, 7(2):138–148.

Oehler, A. (2012). Die Verbraucherwirklichkeit: Mehr als 50 Milliarden Euro Schäden jährlich bei Altersvorsorge und Verbraucherfinanzen. Befunde, Handlungsempfehlungen und Lösungsmöglichkeiten. Online unter https://www.uni-bamberg.de/ fileadmin/uni/fakultaeten/sowi_lehrstuehle/finanzwirtschaft/Transfer/ 20122012x__Milliardenschaeden_bei_Altersvorsorge_und_Verbr....pdf. Gutachten im Auftrag der Bundestagsfraktion Bündnis 90 Die Grünen, Berlin/Bamberg. Zuletzt abgerufen am 25.03.2014.

Okuno-Fujiwara, M., Postlewaite, A., und Suzumura, K. (1990). Strategic information revelation. The Review of Economic Studies, 57(1):25–47.

Organisation für wirtschaftliche Zusammenarbeit und Entwicklung (OECD) (2011). Health at a glance 2011. Online unter http://dx.doi.org/10.1787/health_glance -2011-en. Zuletzt abgerufen am 18.03.2014.

Ottaviani, M. und Sorensen, P. (2006). Professional advice. Journal of Economic Theory, 126(1):120–142.

Ottaviani, M. und Squintani, F. (2006). Naive audience and communication bias. International Journal of Game Theory, 35(1):129–150.

Park, I.-U. (2005). Cheap-talk referrals of differentiated experts in repeated relationships. The RAND Journal of Economics, 36(2):391–411.

Pauly, M. V. (1986). Taxation, health insurance, and market failure in the medical economy. Journal of Economic Literature, 24(2):629–675.

Pesendorfer, W. und Wolinsky, A. (2003). Second opinions and price competition: Inefficiency in the market for expert advice. The Review of Economic Studies, 70(2):417–437.

Pitchik, C. und Schotter, A. (1987). Honesty in a model of strategic information transmission. The American Economic Review, 77(5):1032–1036.

Pitchik, C. und Schotter, A. (1988). Honesty in a model of strategic information transmission: Correction. The American Economic Review, 78(5):1164.

Pitchik, C. und Schotter, A. (1993). Information transmission in regulated markets. Canadian Journal of Economics, 26(4):815–829.

Rasch, A. und Waibel, C. (2013). What drives fraud in a credence goods market? evidence from a field study. Working Paper 13/179, CER-ETH-Center of Economic Research (CER-ETH) at ETH Zurich.

Reisinger, M., Ressner, L., Schmidtke, R., und Thomes, T. P. (2014). Crowding-in of complementary contributions to public goods: Firm investment into open source software. Journal of Economic Behavior & Organization, 106(0):78–94.

Samuelson, P. A. (1954). The pure theory of public expenditure. The Review of Economics and Statistics, 36(4):387–389.

Samuelson, P. A. (1955). Diagrammatic exposition of a theory of public expenditure. The Review of Economics and Statistics, 37(4):350–356.

Sandmo, A. (1983). Ex post welfare economics and the theory of merit goods. Economica, 50(197):19–33.

Schmalensee, R. (1978). A model of advertising and product quality. Journal of Political Economy, 86(3):485–503.

Schneider, H. S. (2012). Agency problems and reputation in expert services: Evidence from auto repair. Journal of Industrial Economics, 60(3):406–433.

Schotter, A. (2003). Decision making with naïve advice. The American Economic Review, 93(2):196–201.

Schotter, A. und Sopher, B. (2003). Social learning and coordination conventions in intergenerational games: An experimental study. Journal of Political Economy, 111(3):498–529.

Schotter, A. und Sopher, B. (2007). Advice and behavior in intergenerational ultimatum games: An experimental approach. Games and Economic Behavior, 58(2):365–393.

Süddeutsche Zeitung (2010). Abzocke in Prag: Teures Taxi. Online unter `http://` `www.sueddeutsche.de/reise/abzocke-in-prag-teures-taxi-1.232350`. Zuletzt abgerufen am 19.03.2014.

Süddeutsche Zeitung (2011). Unnötige Tests und Therapien: Weniger ist manchmal mehr. Online unter `http://www.sueddeutsche.de/gesundheit/unnoetige-` `test-und-therapien-weniger-ist-manchmal-mehr-1.1101180`. Zuletzt abgerufen am 19.03.2014.

Süddeutsche Zeitung (2013). Freie Werkstätten schneiden miserabel ab. Online unter `http://www.sueddeutsche.de/auto/adac-werkstatt-test-miserables-` `ergebnis-fuer-freie-werkstaetten-1.1757521`. Zuletzt abgerufen am 19.03.2014.

Süddeutsche Zeitung (2014). Wie gut ist Ihr Finanzberater? Online unter `http://` `www.sueddeutsche.de/geld/geldanlage-wie-gut-ist-ihr-finanzberater-1.` `1862363`. Zuletzt abgerufen am 18.03.2014.

Seidmann, D. J. und Winter, E. (1997). Strategic information transmission with verifiable messages. Econometrica, 65(1):163–169.

Shapiro, C. (1983). Optimal pricing of experience goods. The Bell Journal of Economics, 14(2):497–507.

Sliwka, D. (2007). Trust as a signal of a social norm and the hidden costs of incentive schemes. The American Economic Review, 97(3):999–1012.

Sülzle, K. und Wambach, A. (2005). Insurance in a market for credence goods. The Journal of Risk and Insurance, 72(1):159–176.

Spence, M. (1976). Informational aspects of market structure: An introduction. The Quarterly Journal of Economics, 90(4):591–597.

Spitzenverband der gesetzlichen Krankenversicherung (GKV) (2011).   50 Prozent Falschabrechnung ist kein Kavaliersdelikt.   Online unter http://www.gkv-spitzenverband.de/presse/pressemitteilungen_und_statements/pressemitteilung_2195.jsp. Zuletzt abgerufen am 19.03.2014.

Spitzenverband der gesetzlichen Krankenversicherung (GKV) (2012a). Falschabrechnungen sind kein Kavaliersdelikt. Online unter http://www.gkv-spitzenverband.de/presse/pressemitteilungen_und_statements/pressemitteilung_3611.jsp. Zuletzt abgerufen am 19.03.2014.

Spitzenverband der gesetzlichen Krankenversicherung (GKV) (2012b). Studie belegt: Zuweisungen gegen Entgelt keine Einzelfälle – erhebliches Korruptionspotential. Online unter http://www.gkv-spitzenverband.de/presse/pressemitteilungen_und_statements/pressemitteilung_4613.jsp. Zuletzt abgerufen am 19.03.2014.

Statistisches Bundesamt (2013). Gesundheit - Ausgaben. Wiesbaden. Fachserie 12 Reihe 7.1.1.

Stern (2005). Betrug – Die Maschen der schwarzen Schafe. Online unter http://www.stern.de/wirtschaft/geld/betrug-die-maschen-der-schwarzen-schafe-549990.html. Zuletzt abgerufen am 18.03.2014.

Stern (2012). BGH-Urteil zu Bestechung: Ärzte dürfen Geldgeschenke von Pharmafirmen annehmen. Online unter http://www.stern.de/panorama/bgh-urteil-zubestechung-aerzte-duerfen-geldgeschenke-von-pharmafirmen-annehmen-184$ 700.html. Zuletzt abgerufen am 19.03.2014.

Stiftung Warentest – Finanztest (2014). Banker verstehen – 200 Finanzprodukte verständlich erklärt und bewertet. Stiftung Warentest, Berlin.

Stigler, G. (1961). The economics of information. Journal of Political Economy, 69(3):213–225.

Stigler, G. (1962). Information in the labor market. Journal of Political Economy, 70(5):94–105.

Stigler, G. J. (1947). Notes on the history of the giffen paradox. Journal of Political Economy, 55(2):152–156.

Szalay, D. (2005). The economics of clear advice and extreme options. The Review of Economic Studies, 72(4):1173–1198.

Taylor, C. R. (1995). The economics of breakdowns, checkups, and cures. Journal of Political Economy, 103(1):53–74.

Theil, H. (1965). The information approach to demand analysis. Econometrica, 33(1):67–87.

Tirole, J. (1999). Incomplete contracts: Where do we stand? Econometrica, 67(4):741–781.

Titus, R. M., Heinzelmann, F., und Boyle, J. M. (1995). Victimization of persons by fraud. Crime & Delinquency, 41(1):54–72.

Townsend, R. M. (1979). Optimal contracts and competitive markets with costly state verification. Journal of Economic Theory, 21(2):265–293.

Transparency International Deutschland e.V. (2008). Transparenzmängel, Korruption und Betrug im deutschen Gesundheitswesen – Kontrolle und Prävention als gesellschaftliche Aufgabe. Grundsatzpapier von Transparency Deutschland. Stand Juni 2008 - 5. Auflage.

Verbraucherzentrale Baden-Württemberg e.V. (2011). Finanzberatung ist nicht bedarfsgerecht. Online unter http://www.vz-bawue.de/media158541A. Zuletzt abgerufen am 18.03.2014.

Wambach, A. (2001). Die Bedeutung des institutionellen Umfelds. In Jost, P.-J., editor, Die Spieltheorie in der Betriebswirtschaftslehre. Schäffer-Poeschel, Stuttgart. 431–446.

Weltärztebund (1948). Deklaration von Genf. Online unter http://www.bundesaerztekammer.de/downloads/Genf.pdf. Zuletzt abgerufen am 11.03.2014.

Wolinsky, A. (1993). Competition in a market for informed experts' services. The RAND Journal of Economics, 24(3):380–398.

Wolinsky, A. (1995). Competition in markets for credence goods. Journal of Institutional and Theoretical Economics (JITE)/Zeitschrift für die gesamte Staatswissenschaft, 151(1):117–131.

WpHG (2014). Wertpapierhandelsgesetz in der Fassung der Bekanntmachung vom 9. September 1998 (BGBl. I S. 2708), das durch Artikel 5 des Gesetzes vom 15. Juli 2014 (BGBl. I S. 934) geändert worden ist.

Wrasai, P. und Swank, O. (2007). Policy makers, advisers, and reputation. Journal of Economic Behavior & Organization, 62(4):579–590.

ZDF – Frontal 21 (2013). Fragwürdige Geschäftsmodelle – Ärzte verdienen mit. Sendung vom 13.08.2013. Manuskript online unter http://www.zdf.de/ZDF/zdfportal/blob/29282882/1/data.pdf. Zuletzt abgerufen am 19.03.2014.

Zentralverband deutsches Kraftfahrzeuggewerbe (2013). Zahlen & Fakten 2012. Online unter http://www.kfzgewerbe.de/fileadmin/user_upload/Presse/Zahlen_Fakten/Zahlen_Fakten_2013.pdf. Zuletzt abgerufen am 12.03.2014.

Printed in the United States
by Books on Demand

Printed in the United States
By Bookmasters